ATZ/MTZ-Fachbuch

Die Zugangsinformationen zum eBook inside finden Sie
am Ende des Buchs.

In der Reihe ATZ/MTZ-Fachbuch vermitteln Fachleute, Forscher und Entwickler aus Hochschule und Industrie Grundlagen, Theorien und Anwendungen der Fahrzeug- und Verkehrstechnik. Die komplexe Technik, die moderner Mobilität zugrunde liegt, bedarf eines immer größer werdenden Fundus an Informationen, um die Funktion und Arbeitsweise von Komponenten sowie Systemen zu verstehen. Fahrzeuge aller Verkehrsträger sind ebenso Teil der Reihe, wie Fragen zu Energieversorgung und Infrastruktur.

Das ATZ/MTZ-Fachbuch wendet sich an Ingenieure aller Mobilitätsfelder, an Studierende, Dozenten und Professoren. Die Reihe wendet sich auch an Praktiker aus der Fahrzeug- und Zulieferindustrie, an Gutachter und Sachverständige, aber auch an interessierte Laien, die anhand fundierter Informationen einen tiefen Einblick in die Fachgebiete der Mobilität bekommen wollen.

Fabian Wolf

Fahrzeuginformatik

Eine Einführung in die Software- und
Elektronikentwicklung aus der Praxis der
Automobilindustrie

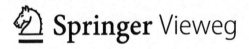 Springer Vieweg

Fabian Wolf
Clausthal University of Technology
Clausthal-Zellerfeld, Deutschland

ATZ/MTZ-Fachbuch
ISBN 978-3-658-21223-0   ISBN 978-3-658-21224-7 (eBook)
https://doi.org/10.1007/978-3-658-21224-7

Die Deutsche Nationalbibliothek verzeichnet diese Publikation in der Deutschen Nationalbibliografie; detaillierte bibliografische Daten sind im Internet über http://dnb.d-nb.de abrufbar.

Springer Vieweg

Verantwortlich im Verlag: Markus Braun
Coverdesigner: Die Texte wurden eingesprochen von: Lee Rychter, Berlin

Gedruckt auf säurefreiem und chlorfrei gebleichtem Papier

Springer Vieweg ist ein Imprint der eingetragenen Gesellschaft Springer Fachmedien Wiesbaden GmbH und ist ein Teil von Springer Nature.
Die Anschrift der Gesellschaft ist: Abraham-Lincoln-Str. 46, 65189 Wiesbaden, Germany

Für Pia, Maja, meine Familie und Freunde: Diese Themen beschäftigen mich, wenn ich nicht bei Euch bin.

Vorwort

Der Einfluss der Digitalisierung aus dem Consumer-Bereich und der globalen Vernetzung, der Trend zum autonomen Fahren sowie die ökologische Notwendigkeit für neue Antriebskonzepte stellen die Automobilindustrie vor große Herausforderungen. Neue Mobilitätskonzepte und Produktideen implizieren einen radikalen Wandel der etablierten Konzepte für Technik und Vorgehensweisen, benötigen jedoch zuverlässige Plattformen zur nachhaltigen Umsetzung der Kundenwünsche. Hierbei muss die Evolution der gesamten Technologie des Fahrzeugs, das nach wie vor die Basis individueller Mobilität sein wird, betrachtet werden.

Der Weg zur vollständig elektronischen oder sogar digitalen Elektromobilität wird durch eine stetige Weiterentwicklung der aktuellen Elektronik und Antriebskonzepte im Fahrzeug geprägt sein. Keine verantwortungsbewusste Industrie, Volkswirtschaft oder Gesellschaft wird nachhaltig in der Lage sein, sowohl technisch als auch ökonomisch und damit letztendlich demografisch sozialverträglich der Geschwindigkeit der Produktvisionen zu folgen. Das teilweise notwendige Abschaffen etablierter, verankerter Konzepte erfordert einen praktikablen Ersatz und stabile Übergangsphasen.

Die „Fahrzeuginformatik" spielt als Schnittstelle zwischen Produktvision und deren konkreter Umsetzung eine Schlüsselrolle in der Elektromobilität. Damit ist dieser Begriff rein sprachlich das deutsche Pendant zum „Automotive Software Engineering" und definiert darüber hinaus ganzheitlich eine neue Disziplin in der Entwicklung der Fahrzeuggenerationen von morgen.

Einordnung des Begriffs Fahrzeuginformatik

Die Grundlagen für die Produkte und Mobilität von morgen sind in aktuellen Fahrzeugen zum Teil bereits vorhanden und können im Sinne einer pragmatischen Umsetzung neuer Produktideen weiterentwickelt werden. Fast alle Funktionen des Fahrzeugs werden bereits heute durch Software gesteuert, geregelt oder überwacht. Die vorhandenen Freiheitsgrade müssen jedoch Randbedingungen wie hohe Qualitäts- und Sicherheitsan-

forderungen, Standards, Gesetzgebung, kurze Entwicklungszeiten und die zunehmende
Nachfrage nach einer Erweiterung der Fahrzeugfunktionen durch Softwareaktualisierung
oder Updates im Lebenszyklus berücksichtigen.

Dieses Fach- und Lehrbuch enthält die Basis für die Umsetzung neuer Trends, wissenschaftliche Arbeiten und ökonomische Entscheidungen. Diese Basis sind unter anderem
die heutigen Grundlagen und Sicht der Praxis zu Elektronik und Software im Fahrzeug.
Elektronikarchitektur, Softwareentwicklung und Test sowie die zugehörigen Prozesse für
zulassungsrelevante Systeme werden vorgestellt.

Die Zielgruppen sind in erster Linie angehende Fachkräfte der Mechatronik, Studierende und Berufseinsteiger im Bereich der Fahrzeugelektronik und Fahrzeuginformatik
sowie sämtliche Mitarbeiter der Automobilindustrie, die sich auf den anstehenden Wandel nachhaltig vorbereiten wollen, um Entscheidungen auf der Basis von Fakten zu treffen.
Damit empfiehlt sich dieses Werk auch als fachliche Basis für Entscheider außerhalb der
Automobilindustrie, die den digitalen Wandel nachhaltig und fundiert vorantreiben oder
diskutieren wollen.

Der Autor greift auf seine inhaltliche, organisatorische und leitende Erfahrung im Bereich der verteilten Entwicklung von Software für Motorsteuerungen sowie Lenkungselektronik zurück. Dazu kommt die Tätigkeit in internationalen Gremien sowie die über
Jahre gereifte didaktische Aufbereitung der Inhalte in Form seiner Vorlesung „Fahrzeuginformatik".

Abgrenzungen

Der Fokus ist auf ein übergreifendes Lehrbuch und den Einstieg im Sinne einer Übersicht
zu den Themenbereichen der Fahrzeuginformatik gesetzt. Es handelt sich weder um eine wissenschaftliche Arbeit, noch sollen die Lehrinhalte in voller fachlicher Tiefe erfasst
werden. Darum wird der Inhalt nach didaktischen und praktischen Gesichtspunkten ver-
mittelt. Die vorgestellten Themen werden in einem Grad detailliert, die einer Übersicht
aus der Praxis angemessen sind. Wichtige Inhalte werden im Sinne der Geschlossenheit
der Kapitel teilweise wiederholt. Bewertungen stellen die persönliche Sicht des Autors
dar, die keine Rückschlüsse auf seinen aktuellen Arbeitgeber oder seinen Lehrauftrag zu-
lassen.

Literaturangaben werden nur bei übernommenen Darstellungen, Zitaten oder zu
Schlüsselquellen gegeben, da die Anzahl der Verweise pro Kapitel aufgrund des Über-
sichtscharakters des Buchs immens hoch wäre. Die Themen und Literatur entwickeln
sich stetig weiter (z. B. Wikipedia) und können dort global recherchiert werden. Durch
die damit kompakte und strukturierte Literaturliste besteht die Möglichkeit, die einzelnen
Themen mit begrenztem Aufwand spezifisch zu vertiefen.

In diesem Buch wird der sprachlichen Einfachheit halber durchgehend die männli-
che Form der Rollenbeschreibungen verwendet. Dies drückt keine geringere Wertschät-
zung gegenüber den Damen und insbesondere interessierten Leserinnen dieses Buchs aus.

Anglizismen sind in der Fahrzeuginformatik nicht auszuschließen und werden nach Ein-schätzung des Autors dort verwendet, wo sie zur Klärung der Thematik beitragen können oder dem Sprachgebrauch entsprechen. Die Silbentrennung zusammengesetzter Begriffe ist nicht konsequent einhaltbar.

Die Kapitel werden jeweils mit einer Zusammenfassung und einem Teil abgeschlos-sen, in dem die wichtigsten inhaltlichen Grundsatzthemen noch einmal reflektiert oder hinterfragt werden. Dies soll der Nachhaltigkeit der Lerninhalte dienen, damit der Aufbau der Inhalte der Kapitel aufeinander gestützt und damit die Verständlichkeit des gesamten Buches sichergestellt wird. Es werden keine Musterlösungen zu den Fragen gegeben, die Antworten sind im jeweiligen Kapitel zu finden.

Danksagungen

In erster Linie möchte ich meinem Arbeitgeber Volkswagen für die Möglichkeit danken, dieses Buch zu schreiben. Dazu gehören der organisatorische Rahmen und die abwechslungsreichen Inhalte meiner Tätigkeit. Ein weiterer Dank gilt der Technischen Universität Clausthal für die Möglichkeit der Vorlesung der Inhalte dieses Buches und die damit verbundene Honorarprofessur.

Neben dem Gastbeitrag zum Variantenmanagement von Christoph Seidl haben etliche Personen bewusst oder unbewusst beim Zusammentragen der Inhalte dieses Buchs geholfen. Hervorzuheben sind Herr Marc Neubauer für die jahrelange Betreuung der Vorlesung und einige Darstellungen, die Buchstabensuppe von Udo Hallmann als Erläuterung für Modulbaukästen und die Umsetzung des Messverfahrens für Rechenzeiten von Andreas Schulze. Weiterhin danke ich etlichen Urhebern, stellvertretend den Herren Reif, Schäuffele und Hofmann, für die Genehmigung zur Verwendung von Teilen ihrer Werke. Diese sind gekennzeichnet und als weiterführende Literatur empfohlen.

Eine große Hilfe war das permanente Hinterfragen aller Aspekte meiner Arbeit seit der Zeit meiner Promotion über die Tätigkeit bei Volkswagen und die Vorlesung bis zum Schreiben dieses Buchs. Dazu gehört auch meine Familie, die in den verschiedenen Phasen auf sehr unterschiedliche Weise positiv dazu beigetragen hat.

Braunschweig, April 2018

Einleitung

Die Kundenanforderungen, Trends und gesetzlichen Vorgaben zur nachhaltigen Mobilität erfordern neue Konzepte für die Elektromobilität, Abgasnachbehandlung, Digitalisierung, dem autonomen Fahren und neuen Antriebskonzepten. Dazu entwickelt die Automobilindustrie neue Technologien wie Vernetzung, Bedienkonzepte, Elektromotoren und Energiespeicher. Neben diesen Schlüsseltechnologien stellen die allgemeine, produktunabhängige Elektronik und Software des Fahrzeugs einen wesentlichen Beitrag zur Steuerung und damit dem effektiven und effizienten Einsatz dieser Innovationen dar.

Solange sich Mobilität als physikalische Bewegung und Funktionen als Software auf elektronischen Steuergeräten darstellen, müssen die Grundsätze der Fahrdynamik und Elektronik sowie die damit zusammenhängenden Grenzen, die Eigenschaften von Materialien und mögliche Ausfälle berücksichtigt werden. Auch die Umsetzung gesetzlicher Vorgaben, z. B. zur übergangsweisen Weiterverwendung der Verbrennungsmotoren, muss sich bei allem Enthusiasmus auf der einen oder Stringenz der Vorgaben auf der anderen Seite entlang der nicht diskutablen oder modifizierbaren Naturwissenschaft und Physik sowie Verfügbarkeit von Ressourcen bewegen. Das gilt auch für die Visionen zur Digitalisierung im Fahrzeug oder die Strategien zur Elektromobilität.

Da bei allen politischen Forderungen, Vorgaben und ideologischen Wünschen die Automobilindustrie als wesentlicher volkswirtschaftlicher Bestandteil Deutschlands in Bezug auf Beschäftigung effizient arbeiten muss, stellt die Einhaltung der Vorgaben immer einen Kompromiss aus verwendeter Technik und gegebenenfalls subventioniertem oder sanktioniertem Verkaufspreis sowie Haltungskosten für den Kunden dar. Die Verletzung dieses Gleichgewichts kann zu nicht statthaften Abweichungen führen, wenn die Interessen einer der Seiten unangemessen beschnitten werden und damit Existenzen bedrohen.

Im Gegensatz zu den kurzen Lebenszyklen für Elektronik und Software im Bereich der IT-Systeme auf Arbeitsplatzrechnern oder Smartphones als Endprodukte sind die Lebenszyklen der Software im Fahrzeug oft an die Entwicklungsprozesse der Fahrzeugplattformen gekoppelt. Diese mehrjährigen Zyklen sind einerseits durch die Komplexität des Gesamtprodukts, unter anderem aber auch durch den Kunden vorgegeben. Dieser wechselt das Fahrzeug in der Regel seltener als sein Smartphone. Die Kundenerwartung an die Zuverlässigkeit des Fahrzeugs ist ebenfalls höher als an reine Softwareprodukte.

Die langen Entwicklungszyklen limitieren auf der einen Seite die Entwicklungsgeschwindigkeit für neue Produkttrends oder Kundenwünsche, stellen auf der anderen Seite allerdings die abgesicherte Funktionalität mit sämtlichen Seitenaspekten und für alle
Varianten im Gesamtsystem Fahrzeug sicher. Die evolutionäre Weiterentwicklung neuer
Funktionen verlangt die Kenntnis der Gesamtarchitektur des Fahrzeugs als System aus
Mechanik, Elektronik und Software. Unter weiterer Berücksichtigung der Umwelteinflüsse und des Fahrers ergibt sich ein komplexes mechatronisches Regelsystem.

Ebenso kann es bei der Umsetzung von Kundenwünschen und Vorgaben in Software
Fehler, Missverständnisse und menschliches Versagen geben, was entsprechende Prozesse
zur Absicherung verlangt. In diesem Zusammenhang können Mechanik, Elektronik und
Software nur begrenzt getrennt betrachtet werden. In Software implementierte Fahrzeugfunktionen werden als Eigenschaft des Gesamtprodukts im System entwickelt, freigegeben und verkauft.

Der immer stärker nachgefragte reine Verkauf von Funktionen in Form einer Softwareaktualisierung des bestehenden Fahrzeugs ist technisch eine Erweiterung der aktuellen
gängigen Praxis der Reparatur des Fahrzeugs durch Software mittels sogenannter Updates. Er unterliegt damit den gleichen Rahmenbedingungen. Diese müssen genauso ohne
eine physikalische Änderung in die Architektur des Fahrzeugs passen und in diesem Zusammenhang für alle Varianten entwickelt, getestet sowie freigegeben werden.

Um den Anforderungen dieses komplexen Umfelds gerecht zu werden, ist dieses Buch
in Abschnitten strukturiert, die immer wieder ineinander greifen und aufgrund des komplexen Systems Fahrzeug nicht isoliert betrachtet werden können. Der Fokus wird auf
Elektronik und Software gesetzt, die zugehörige Mechanik wird gegebenenfalls am Rande
behandelt, wenn sie im Systemkontext eine Rolle spielt. Im Lebenszyklus der Fahrzeugelektronik wird der Schwerpunkt auf die Entwicklung gesetzt. Industrialisierung, Produktion und Betrieb werden nur am Rande betrachtet.

Als entscheidende Basis gilt die in Kap. 1 vorgestellte Fahrzeugelektronik. Neben einer
Erläuterung der Gesamtarchitektur und des mechatronischen Regelkreises Fahrzeug werden Sensoren eingeführt. Dabei wird auf die physikalischen Grundlagen und die Begriffe
der Quantisierung, Wandlerketten und Sensorpartitionierung eingegangen. Hierzu werden
Beispiele aus der Praxis erläutert. Es erfolgt eine Einführung der Aktoren und Bussysteme
mit deren prominenten Vertretern sowie die zugehörigen Zugriffsverfahren. Prozessoren,
Speicher, Controller und Schaltungskonzepte werden erläutert. Diese werden zu Steuergeräten zusammengefasst und es wird auf den Begriff der Hardwarebeschreibungssprachen
mit Beispielen eingegangen.

In Kap. 2 zur Software im Fahrzeug werden verschiedene Topologien mit Vor- und
Nachteilen vorgestellt sowie mit einer Referenz zur Fahrzeug-Gesamtarchitektur und Softwarearchitektur die Begriffe der Domänen und der Funktionsabbildung erläutert, also der
Umsetzung gewünschter Eigenschaften durch die Architektur des Fahrzeugs. Es werden
Treiber, Basissoftware und Echtzeitbetriebssysteme eingeführt. Neben der Eigendiagnose
im Fahrzeug wird die Werkstattdiagnose und Softwareaktualisierung zur Fehlerbehebung
oder Erweiterung der Fahrzeugfunktionalität durch Flashprogrammierung (Updates) erläutert, bevor auf die Netzwerksoftware eingegangen wird. Die Funktionssoftware wird

an mehreren Beispielen illustriert, unter anderem an der Lenkung. Das in der Automobilindustrie etablierte Sicherheitskonzept zum Schutz von Leib und Lebens der Insassen
und des Umfelds wird detailliert. Softwarestandards wie OSEK, ASAM und AUTOSAR
werden in Form einer Übersicht vorgestellt.

Für die Softwareentwicklung in Kap. 3 wird als unumgängliche Basis auf das allgemeine Konzept der Eindeutigkeit und Durchgängigkeit von Anforderungen eingegangen. Die
konkreten Schritte der praxisnahen Softwareentwicklung werden im Detail vorgestellt.
Das beinhaltet auch die für die industrielle Erstellung von Software notwendigen begleitenden Prozesse aus den Bereichen der Qualitätssicherung und des Projektmanagements
sowie das Änderungs- und Konfigurationsmanagement. Der Weg von der Spezifikation bis
zur Codierung in konkreten Programmiersprachen wird beschrieben. Hierbei wird auf Codierungsrichtlinien für Hochsprachen und die modellbasierte Entwicklung eingegangen.
Eine Auswahl in der Praxis eingesetzter Entwicklungswerkzeuge und IT-Infrastruktur
wird exemplarisch vorgestellt. Aus der Praxis wird die Umsetzung eines Baukastens erläutert, der die Entnahme fertiger Softwaremodule ermöglicht. Den Abschluss bildet die
konkrete Darstellung eines industriell eingesetzten hybriden Verfahrens aus Analyse und
Messung für die Ermittlung der Rechenzeit von Software.

Der Softwaretest in Kap. 4 stellt eine besondere Disziplin in der Automobilindustrie
dar, da die Nachweisführung für Kundenanforderungen und Gesetzesvorgaben von der abstrakten Ebene des Gesamtfahrzeugbetriebs bis auf das einzelne Bit der Software bilateral
notwendig ist. Hierzu werden die etablierten und teilweise vorgeschriebenen Testverfahren und Werkzeuge vom bitweisen Software-Debugger bis zum Fahrzeug im Prüfgelände
eingeführt. Es werden Beispiele aus der Praxis, unter anderem aus dem Bereich der Codeanalyse und konkrete Testkataloge für die Abnahmen von Fahrzeugen vor Produktionsstart
gegeben.

Prozessmodelle in Kap. 5 stellen als Erweiterung zur Erläuterung des konkreten Vorgehens der Softwareentwicklung und des Softwaretests in den entsprechenden Kapiteln eine
Besonderheit dar. Sie bilden eine Klammerfunktion in Form einer Beschreibung für die
dargestellten Konzepte. Es werden grundsätzliche Prozessmodelle wie unter anderem das
etablierte Wasserfallmodell und das Vorgehensmodell eingeführt, bevor auf Reifegradmodelle aus der Software-Qualitätssicherung und normative Entwicklungsprozesse aus
dem Bereich der funktionalen Sicherheit sowie die zugehörigen Assessments eingegangen
wird. Der Stand zu den im Rahmen der Digitalisierung zunehmenden agilen Methoden der
Softwareentwicklung wird vorgestellt und bewertet. Die praktische Umsetzung einer Prozessmodellierung als konkrete Arbeitshilfe für Entwickler wird gezeigt.

Das Kap. 6 zur Software Variabilität hat eine Sonderstellung. Es handelt sich um
einen Gastbeitrag, in dem gezeigt wird, wie sich die Variabilität und die Varianten in
der Automobilindustrie mit wissenschaftlichen Methoden fassen lassen. Das Thema wird
spätestens mit der schnell kommenden Digitalisierung und den damit verbundenen zusätzlichen Software-Varianten sowie über die verbundenen mobilen Endgeräte der Nutzer
Einzug in die Entwicklungsprozesse und letztendlich Produkte der Automobilindustrie
halten müssen. Der Fokus dieses Beitrags wird in den Kontext des gesamten Buches gesetzt und stellt damit eine optimale Ergänzung dar.

Inhaltsverzeichnis

Autor

 **Professor Dr.-Ing. Fabian Wolf** Jahrgang 1971, hat von 1996 bis 2001 im Bereich der Software-Entwicklungswerkzeuge im Mobilfunkbereich gearbeitet und über die Rechenzeitanalyse eingebetteter Software an der Technischen Universität Braunschweig promoviert.

Von 2001 bis 2014 hat er die verteilte Entwicklung, den Test und die Prozesse für Software in Motorsteuerungen sowie der Lenkungselektronik in verschiedenen inhaltlichen, organisatorischen und leitenden Positionen bei Volkswagen vorangetrieben. Seit 2014 ist er für die Prozesse der Elektronikentwicklung von Fahrzeugkomponenten im Konzern verantwortlich.

Seit 2009 lehrt er parallel das Fach Fahrzeuginformatik an der Technischen Universität Clausthal, die ihn 2016 zum Honorarprofessor bestellt hat.

Fahrzeugelektronik

1

In diesem Kapitel wird eine Einführung in die Fahrzeugelektronik im Sinne der Hardware und Steuergeräte gegeben. Diese mindestens notwendigen Grundlagen der Thematik sind die Basis für das Verständnis der Zusammenhänge, um das Vorgehen in der Fahrzeuginformatik zu vermitteln.

1.1 Gesamtfahrzeugarchitektur

In modernen Kraftfahrzeugen sind heutzutage mehr als 40 Steuergeräte verbaut. Diese sind für die Umsetzung der Funktionalität in der Gesamtfahrzeugarchitektur mit seinen klassischen Steuerungs- und Regelungsaufgaben, Fahrerassistenzsystemen und darüber hinaus auch in aktuellen und künftigen Kommunikationsmechanismen mit dem Fahrer und vor allem seinen mitgebrachten Endgeräten wie Smartphones zuständig. Dabei gibt es unterschiedliche Domänen im Fahrzeug, die hier beispielhaft dargestellt sind.

Einschätzung der Zahl der Steuergeräte

- **Antriebsstrang**
  Motorsteuerung, Abgasnachbehandlung, Getriebesteuerung, Elektromotoren und -traktion, Hybridsteuerung
- **Energiespeicher**
  Batteriesystem, Leistungselektronik, Laderegelung
- **Fahrsicherheit**
  Fahrdynamikregelung, ABS, ESP, Airbag, Adaptive Cruise Control, Abstandssensoren, Spurhalteassistenten

© Springer Fachmedien Wiesbaden GmbH, ein Teil von Springer Nature 2018
F. Wolf, *Fahrzeuginformatik*, ATZ/MTZ-Fachbuch,
https://doi.org/10.1007/978-3-658-21224-7_1

- **Komfort**
  Lenkassistenten, Klimaanlage, Fensterheber, Zentralverriegelung, Spiegelverstellung
- **Infotainment**
  Radio, DVD, Navigationssystem, Rückfahrkamera, WLAN/Internet, Konnektivität zu mobilen Endgeräten und anderen Fahrzeugen
- **Erweiterte Dienste der künftigen Digitalisierung**

Trotz erheblich längerer Entwicklungs- und Nutzungszeit als im Consumer-Bereich darf man sich auch bei der Fahrzeugelektronik nicht nur auf bewährte Komponenten verlassen, sondern diese müssen stetig weiterentwickelt werden. Die Entwicklung eines Fahrzeugs geschieht heutzutage im Idealfall in drei bis vier Jahren, das Fahrzeug wird dann ca. zehn Jahre genutzt und muss durch Reparaturen gewartet werden. Diese Zeiten gelten, solange die heutigen materialwissenschaftlich etablierten Konzepte von der Erstellung über den Betrieb und den Verschleiß bis zur sachgerechten Entsorgung oder zum Recycling nicht vollständig abgelöst werden können. Mit den aktuellen Nutzungszeiten und Kosten bewegt man sich im wirtschaftlichen und ökologischen Kompromiss.

Der Lebenszyklus moderner Elektronik und Software beträgt dagegen drei bis sechs Monate. In der Fahrzeugelektronik muss also ein Kompromiss aus bewährter langlebiger Technik und der Möglichkeit zur Nutzung aktueller Elektronik und Software gefunden werden. Dazu gehört auch der Umgang mit der Abkündigung oder der Modifikation von Elektronikbauteilen durch die Elektronikindustrie während des Fahrzeuglebenszyklus. Der praktikable Austausch mechanischer oder elektronischer Bauteile sowie der Austausch der Software im Rahmen von Updates müssen schon bei der Entwicklung bedacht und geplant werden.

Die Funktionalität des Fahrzeugs hat sich stetig weiterentwickelt und wird in der Zukunft durch die Themen Digitalisierung, Autonomes Fahren und Elektroantriebe dominiert. In aktuellen Systemen besteht der Fokus in der Kundenwahrnehmung neben der allgemeinen Zuverlässigkeit und Fahrbarkeit sowie der Einhaltung der Gesetzgebung im Wesentlichen auf den Fahrerassistenzsystemen, die im Folgenden in Abb. 1.1 beispielhaft gezeigt werden.

Die historisch gewachsenen und heutigen Fahrerassistenzsysteme sowie die ihnen zugrundeliegende Elektronik der aktuellen Fahrzeuggenerationen bilden bereits einen Teil der Basis für das autonome Fahren der Zukunft. Elektronische Motorsteuerungen mit Adaptiver Geschwindigkeitsregelung, Sensoren, Aktoren, elektronische Lenksysteme und Elektroantriebe können bei intelligenter Weiterverwendung und Vernetzung von über die Nutzerschnittstellen oder Konnektivität zur Verfügung gestellte Daten die Fahrzeuggenerationen der Zukunft realisieren und dem autonomen Fahren wesentlich näher kommen.

Die aktuelle Sensorik, die später im Detail erläutert wird, stellt hierbei die Basis für die Bereitstellung der Informationen dar. Sie ist ebenso über eine intelligente Kombination mit zusätzlichen, über die Konnektivität (Connectivity) des Fahrzeugs und den Fahrer zur Verfügung gestellten Informationen die Basis für die Digitalisierung des Fahrzeugs nach zukunftsorientierten Aspekten. Dazu zählt auch das Forschungsgebiet der Sensor-

Abb. 1.1 Fahrerassistenzsysteme

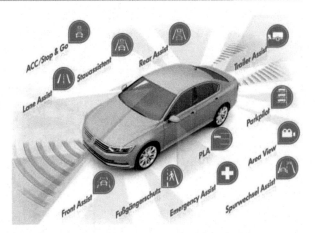

fusion, die neben Zusatzinformationen durch intelligentes Optimieren zu einer höheren Wirtschaftlichkeit führen kann.

1.2 Steuergeräte

Steuergeräte sind elektronische Module oder Bauteile des Fahrzeugs, die eine eigene Funktionalität und zugrundeliegende Logik mit Mikrocontrollern besitzen und grundsätzlich wie in Abb. 1.2 gezeigt aufgebaut sind. Steuergeräte bilden im Sinne der Fahrzeuginformatik den wichtigsten Teil der funktionalen elektrisch/elektronischen Komponenten (**E/E-Komponenten**) im Kraftfahrzeug. Der Aufbau besteht aus der Eingabe und Ausgabe zu Sensoren und Aktoren, Mikrocontrollern und Speichern sowie zusätzlichen spezifischen Komponenten der Fahrzeugelektronik wie Bordnetz oder Bussystemen. Obwohl

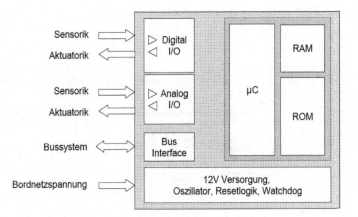

Abb. 1.2 Steuergerät im Kraftfahrzeug. (Form [9])

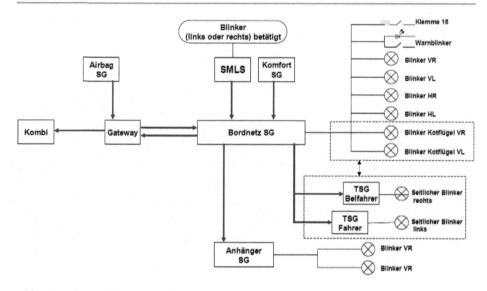

Abb. 1.3 Blinkfunktion im Golf V

die Stückzahlen im Vergleich zur Consumer-Elektronik gering sind, werden spezifische integrierte Controller von den bekannten Herstellern für Prozessoren angeboten.

Bereits an dieser Stelle sei darauf hingewiesen, dass Funktionen nicht an ein Steuergerät gebunden sein müssen, sondern über das Zusammenspiel mehrerer Steuergeräte realisiert werden können. Beispielsweise werden bereits bei der Bedienung des Blinkerhebels im Golf V aus 2003 wie in Abb. 1.3 gezeigt sieben Steuergeräte im Netzwerk angesprochen. Der dafür verwendete Begriff des Funktionsmappings wird in Abschn. 2.2 eingeführt.

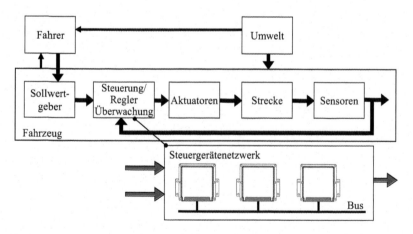

Abb. 1.4 Das Fahrzeug als mechatronisches Regelsystem. ([3] Abb. 1.2)

Die Gesamtarchitektur des Fahrzeugs ist ein System aus Mechanik, Elektronik und Software. Unter weiterer Berücksichtigung der physikalischen Bewegung des Fahrzeugs, der Umwelteinflüsse und des Fahrers ergibt sich ein in Abb. 1.4 gezeigtes komplexes mechatronisches Regelsystem, in dem das Steuergerätenetzwerk mit seiner Software den Regler und die Überwachung im geschlossenen Regelkreis bildet.

1.3 Bordnetz

Während die Steuergeräte den aus funktionaler Sicht wichtigsten Teil der elektrisch/elektronischen Komponenten (E/E-Komponenten) im Fahrzeug im Sinne der Fahrzeuginformatik bilden, wird die Gesamtheit aller E/E-Komponenten Bordnetzwerk oder kurz Bordnetz genannt. Oft wird im Sprachgebrauch unter dem Bordnetz der reine elektrische Kabel- und Energieaspekt verstanden. Hier steht er jedoch ebenso für die informationstechnische Verbindung zur Realisierung der Gesamtfunktionalität des Fahrzeugs. Weitere E/E-Komponenten sind die

- Verkabelung mit Verbindungstechnik und Steckern.
- Sensoren.
- Leuchten und Displays.
- Aktoren (Elektromotoren, Ventile, Relais, . . .).
- Bussysteme (CAN, FlexRay, . . .).
- Energiespeicher (Standard-Batterie(n), Hybrid-Speicher, E-Fahrzeug, . . .).
- zukunftsorientierten Komponenten der Digitalisierung und Konnektivität.

Das Bordnetzwerk ist neben der logischen auch die physikalische Verbindung zwischen den Steuergeräten, Sensoren und Aktoren eines Kraftfahrzeugs in Form von Kabeln und Steckern. Damit sind in diesem Themenbereich auch Nebenaspekte wie schlecht gefertigte, korrodierende oder durch Bewegung, Temperatur und weitere Umwelteinflüsse alternde Verbindungen zu berücksichtigen. Das kann in der Folge bei sporadischen, also nur selten vorhandenen Aussetzern oder Abweichungen der Signale zu schier unlösbaren Problemen bei der Fehlersuche führen, weil sich ein frisch gezogener Stecker oder seine Verbindungen durch die Reibung der erneuten Steckung oder Bewegung oft zunächst erst einmal selbst heilen. Weiterhin sind die zu transportierenden Ströme zu berücksichtigen. Mit diesen Aspekten ist das Bordnetz so zu entwerfen, dass möglichst geringe Kosten, ein geringes Gewicht und eine hohe Verfügbarkeit gewährleistet werden.

Als Beispiel ist in Abb. 1.5 der einfache Teil der Elektrik einer konventionellen Startersteuerung auf Basis der Klemmen gezeigt. Die Verschaltung dieser grundsätzlichen Funktionsimplementierung des Fahrzeugstarts durch Bauteile und die Klemmenbezeichnungen sind in der Automobilindustrie standardisiert und genormt. Sie ermöglichen im klassischen Missbrauchsfall beim Diebstahl den Start des Fahrzeugs ohne Schlüssel durch

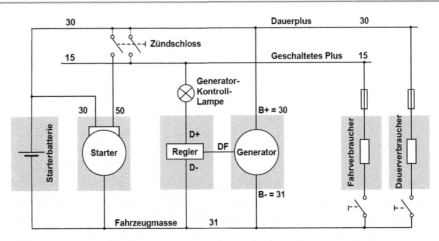

Abb. 1.5 Startfunktion und Klemmenbezeichnung

manuelle Verbindung der Klemme 50 des Starters mit dem Dauerplus Klemme 30 statt dem geschalteten Plus der Klemme 15.

Jedes Fahrzeug bietet die Möglichkeit zur Kombination und damit Konfiguration unzähliger möglicher Ausstattungsvarianten, z. B. unterschiedliche Motoren, Getriebe, Komfortfeatures wie Fensterheber, Navigationssystem, Karosserieformen und Multimedia sowie verbundene Zusatzgeräte der kommenden Digitalisierung. Für jedes gebaute Fahrzeug müsste ein neues optimales Bordnetz synthetisiert und verlegt werden. Da dies zu komplex ist, werden Varianten gebildet.

Bordnetzvarianten werden modularisiert und bereits bei der Fertigung am jeweiligen Standort für die Komponente verlegt, z. B. für Einzelteile wie Türen, Cockpits, etc. Wo keine Modularisierung möglich ist, z. B. bei längeren Hauptleitungen zwischen mehreren Komponenten, wird eine passgenaue Fertigung und Just-In-Time-Anlieferung zur Endmontage des Fahrzeugs aus den Komponenten im jeweiligen Werk und Standort nötig.

Die Voraussetzung dafür ist nicht nur eine klare Arbeitsteilung in der Subsystem- und Komponentenentwicklung, sondern auch die Zusammenarbeit bei der Partitionierung und Integration des Systems hinsichtlich des Bauraums, der Fahrzeugfunktionen und der Produktionstechnik sowie der Logistik der Fahrzeughersteller.

1.4   Elektrik-/Elektronikarchitektur

Unter der Elektrik-/Elektronikarchitektur (E/E) versteht man die planvolle Verteilung und Verknüpfung von E/E-Komponenten auf das Fahrzeug unter der Maßgabe der funktionalen Anforderungen. Die E/E-Architektur beschreibt das Zusammenspiel des gesamten funktionalen Bordnetzes auf oberster Ebene und wird durch folgende Schwerpunkte charakterisiert:

- Funktionale Anforderungen
- Technologie
- Topologie

Allgemeine Erläuterung des Begriffs Architektur

1.4.1   Funktionale Anforderungen

Die vom Kunden gewünschten, benötigten oder auch normenbedingten, meist durch Software zu realisierenden Funktionen führen zu den funktionalen Anforderungen in einem Anforderungskatalog oder Lastenheft. Die Funktionen werden in Steuergeräten nach dem EVA-Prinzip (Eingabe, Verarbeitung, Ausgabe) umgesetzt. Als Eingaben dienen Messwerte, die vom Steuergerät verarbeitet und mit einem Sollwert verglichen werden. Die Ausgaben sind Korrekturwerte, mit dem der Aktor auf die Regelstrecke entsprechend eines mechatronischen Regelkreises eingreift wie in Abschn. 1.1 vorgestellt.

Mit einer Modellierungssprache (z. B. UML oder Matlab/Simulink, ASCET-SD) kann wie später in Abschn. 3.9.4 eingeführt der funktionale Teil der E/E-Architektur entworfen werden. Dadurch werden Funktionen und deren Schnittstellen grafisch transparent und für den Menschen einfacher interpretierbar gemacht. Teilweise kann direkt Code für Simulationsmodelle oder die Steuergeräte generiert werden.

Es besteht ein wesentlicher Unterschied zwischen der abstrakten Funktionsebene und dem physikalischen Steuergerätelayout. Erstere Schicht bezeichnet das Netzwerk der Funktionen und deren logische Verknüpfungen. Die Steuergeräteschicht ist die physikalische und technische Implementierung der Funktionen und die geometrische Anordnung in einer bestimmten Topologie. Die Zuordnung der Funktionen auf Steuergeräte, zum Beispiel des vorgestellten Blinkens, wird als Funktionsmapping bezeichnet wie in Abbildung Abb. 1.6 gezeigt. In der Automobilindustrie ist dies ein sehr komplexer Vorgang der Systementwicklung und des Entwurfs der Fahrzeugarchitektur.

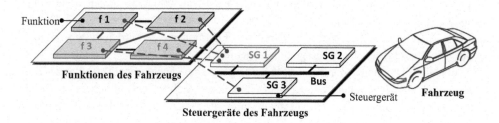

Abb. 1.6 Funktionsmapping: Zuordnung der Funktion auf die Steuergeräte. ([3] Abb. 1.12)

1.4.2 Technologie

Die Technologie bezeichnet die physikalische Realisierung der funktionalen und aus Normen und Gesetzen folgenden Architekturvorgaben durch technologische Methoden und Mittel, konkret im Folgenden gezeigt:

- **Hardware/Elektrik/Elektronik**
  Mikrocontroller (z. B. DSP), FPGA, Batterierelais, Schaltungen, Kabel, Stecker und weitere Verbindungstechnologien.
- **Software**
  Standardisierte Softwaremodule und -Architekturen, Basissoftware, Treibersoftware, Betriebssysteme, Kapselung, konkrete funktionale Algorithmen, offene Schnittstellen.
- **Vernetzung**
  CAN, Flexray, andere Kommunikationsprotokolle, Konnektivität.

Der verfügbare Stand der Technologie in allgemeiner Naturwissenschaft, Physik und Elektronik sowie deren Adaption für die Fahrzeugelektronik setzt die nicht diskutablen Rahmenbedingungen für Funktionen und Topologien. Der Topologiebegriff wird im Folgenden für die Fahrzeuginformatik definiert.

1.4.3 Topologie

Die Topologie beschreibt die Anordnung der E/E-Komponenten im Fahrzeug. Maßgeblich für die Topologie ist neben der geometrischen Anordnung der E/E-Komponenten im Bordnetz (Kabellängen) auch die logische Anordnung, z. B. die Partitionierung oder das Mapping der Funktionen auf Hardware und Software.

Eine weitere wichtige Rolle spielt die Wahl des Kommunikationsprotokolls und dessen physikalische Umsetzung als Leitungen oder Bussystem, das Einfluss auf die Leistungsfähigkeit der Architektur im Hinblick auf die Signallaufzeiten und Sicherheitsanforderungen sowie letztendlich auch die Kosten einer möglichen Lösung hat. In Zukunft werden hier auch robuste und sichere drahtlose Technologien eine zunehmende Rolle spielen.

Zum Entwurf einer passenden Topologie wird eine Optimierung der Zuordnung von Funktionen zu Steuergeräten durchgeführt, indem z. B. ein Teil des Codes als sogenanntes Funktionspackage auf Hardware- und Software-Komponenten partitioniert wird. Dies ist in Abb. 1.7 beispielhaft gezeigt. Die vernetzten Funktionen f... werden mittels zusätzlicher Strukturvorgaben den Steuergeräten zugeordnet.

Im Idealfall können dadurch einzelne Steuergeräte bei gleicher Funktionalität der E/E-Gesamtarchitektur entfallen, was zu einer einfacheren Architektur und höheren Effizienz führt. Diese Effizienz spielt sich vor allem durch die reduzierte Anzahl von Bauteilen in der immer noch an Stücklisten und Teilekosten dominierten Produktion des Fahrzeugs

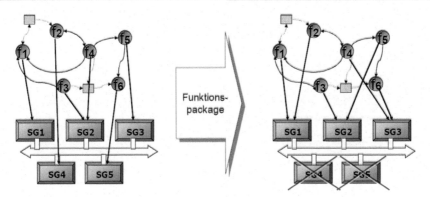

Abb. 1.7 Optimierung der Topologie durch Partitionierung

überproportional wirtschaftlich aus. Das rechtfertigt im Regelfall auch eine aufwändigere Entwicklung, da diese nur einmal notwendig ist. Der Produktionsstart zu bestimmten Eckterminen darf jedoch nicht gefährdet oder das Entwicklungsbudget überzogen werden.

1.5 Entwurfsprozess der Elektrik-/Elektronikarchitektur

Heutzutage werden zur Synthese der Fahrzeugarchitektur nicht mehr nur eine manuelle Anordnung der physikalischen Steuergeräte und eine Definition der benötigten Bandbreite für ihre Verbindungen in Form von Kabeln vorgenommen. Vielmehr fließen die drei genannten Aspekte Funktionale Anforderungen, Technologie und Topologie und ihre Wechselwirkungen untereinander in ein sehr komplexes Optimierungsproblem ein, dessen Lösung einen Architekturentwurf des gesamten E/E-Systems darstellt.

Allgemeinere Erläuterung des Begriffs Entwurfsprozess als Optimierungsproblem

Beim Systementwurf für Elektronik und Software nach dem im Verlauf des Buchs vorgestellten V-Modells als Basis für den Entwicklungsprozess in Abschn. 5.3 steht das Architekturdesign wie in Abb. 1.8 gezeigt an dritter Stelle. Es nimmt damit einen sehr hohen Stellenwert für die weitere Implementierung der Funktionalität durch Software und Elektronik ein. Hier werden wesentliche Entscheidungen getroffen, die einen starken Einfluss auf den gesamten Lebenszyklus des Fahrzeugs haben. Diese Entscheidungen und die Optimierungen der Architektur gehörten heute zu den wichtigsten Kernkompetenzen der Automobilhersteller.

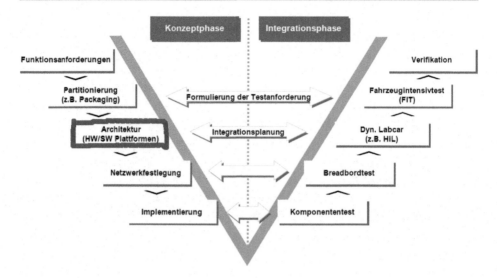

Abb. 1.8 Architekturdesign im Entwicklungsprozess

Das konventionelle elektrische Bordnetz existierte in den 80er Jahren nur für Radio, Zündung, Start- und Lichtanlage und war ein reines Energiemanagementsystem ohne informationstechnischen Hintergrund in Sinne einer Fahrzeuginformatik. Elektronik war nicht vernetzt sondern nur verbunden. In den 90er Jahren wurden erste Steuergeräte für Abgasnachbehandlung, ESP und die Einführung von Komfortfunktionen entwickelt. Die Implementierung aktueller Funktionen und Software auf den Steuergeräten geschieht bis heute nach ähnlichen Prinzipien und Prozessen, die später in Kap. 3 in Bezug auf die Softwareentwicklung und in Kap. 5 in Bezug auf die Darstellung und Modellierung der Prozesse detailliert vorgestellt werden.

Die steigende Anzahl und Komplexität von Funktionen, Daten und Steuergeräten im Fahrzeug benötigt eine optimale funktionale Vernetzung in Form eines besonders leistungsstarken Bussystems, das insbesondere eine gute Kollisionskontrolle beim Zugriff enthält. Ferner werden durch schnellere Zugriffszeiten und höhere Bandbreiten finanzielle Einsparungen im Hinblick auf Verkabelung, kritische Verbindungen und Gewicht des Bordnetzes möglich. Die Steuergerätevernetzung in Form von Bussystemen ist eine Schlüsseldisziplin in der Fahrzeugelektronik und damit Basis für die Fahrzeuginformatik.

1.6   Digitale Bussysteme

In diesem Abschnitt werden die Bussysteme als wesentlicher Teil des Bordnetzes und der Steuergeräte betrachtet. Abb. 1.9 zeigt das Bussystem mit dem Anschluss an das Businterface als Teil des grundsätzlichen Steuergeräts. Über die Grundlagen hinaus werden die Vertreter CAN, Flexray, LIN und MOST in ihrer Funktionalität vorgestellt und verglichen.

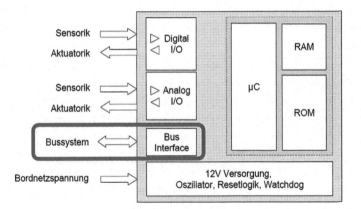

Abb. 1.9 Bussystem im Steuergerät. (Form [9])

Allgemeine Bedeutung von Bussystemen im KFZ

Ein digitales Bussystem ist ein System zur Datenübertragung zwischen mehreren Teilnehmern über ein gemeinsames Medium und einen gemeinsamen Übertragungsweg. Es hat die folgenden Charakteristika:

- **Protokoll** (Kommunikationsregeln zwischen Teilnehmern, vor allem Zugriffsverfahren)
- **Topologie** (Verknüpfung der Teilnehmer)
- Spezifikation der **physikalischen Realisierung**

Zur Beurteilung der technischen Güte eines Bussystems und den daraus folgenden Konsequenzen für eine Systemoptimierung eignen sich die folgenden Merkmale:

- **Latenzzeit**
  Die Latenzzeit ist die Dauer vom Beginn der Sendung bis zum Beginn des Empfangs einer Botschaft. Dies entspricht den Verzögerungen bedingt durch den Durchlauf der Schichten im ISO/OSI-Modell.
- **Übertragungsrate**
  Die Übertragungsrate ist die Anzahl von Bytes, die pro Sekunde übertragen werden.
- **Multicast-/Broadcast-Fähigkeit**
  Dies ist die Fähigkeit, dass der Sender Nachrichten mehreren Empfängern zur Verfügung stellen kann (Broadcast), bzw. dass mehrere Empfänger die Botschaft weiterverarbeiten (Multicast) können.

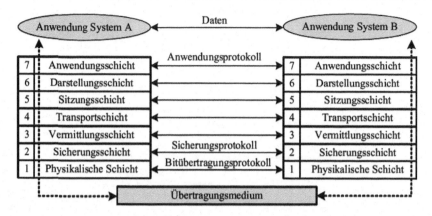

Abb. 1.10 Kommunikation der Fahrzeugbussysteme im ISO/OSI-Modell. ([1] Bild 1-1)

Die Kommunikation in Bussystemen kann als Teil des ISO/OSI Schichtenmodell [1] dargestellt werden wie in Abb. 1.10 gezeigt.

Relevant für die Fahrzeuginformatik sind nur die in Abb. 1.11 gezeigten Schichten 1, 2 und 7 sowie deren spezifische Umsetzung im Bussystem und im Businterface.

Die Schichten sind wie folgt definiert:

- **Physikalische Schicht**
  Die physikalische Schicht definiert die elektrischen, mechanischen, funktionalen und prozeduralen Parameter der physikalischen Verbindung (z. B. Typen und Eigenschaften von Kabeln und Steckern sowie Bitkodierungsverfahren).
- **Sicherungsschicht**
  Die Sicherungsschicht steuert den digitalen Datenfluss, realisiert das Zugriffsverfahren und sichert die Schicht durch Fehlererkennungs- und Korrekturverfahren.

Abb. 1.11 Relevante Schichten im ISO/OSI-Modell. ([1] Bild 1-2)

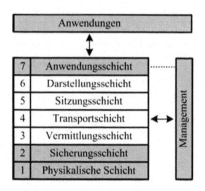

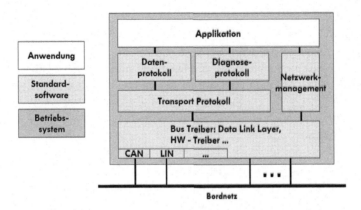

Abb. 1.12 Softwarearchitektur zur Anwendung des ISO/OSI-Modells im Fahrzeug

- **Anwendungsschicht**
  Die Anwendungsschicht steuert den Auf- und Abbau von Verbindungen und das Netzwerkmanagement, d. h. die Funktionalität der Kommunikation. Dies ist nicht die Funktionalität des Steuergeräts.

Die in Abb. 1.12 gezeigte Softwarestruktur als eine Möglichkeit zur Implementierung der Anwendung des ISO/OSI-Modells im Fahrzeug wird als Software auf den Steuergeräten im Businterface implementiert. Dabei gelten die Grundsätze des Funktionsmappings auf die Topologie der E/E-Architektur für die Applikation, also die in Form von Software realisierte Funktionalität aus den Anforderungen.

1.6.1 Protokolle

Die Kommunikation zwischen den Teilnehmern eines Bussystems lässt sich wie in Abb. 1.13 gezeigt durch zwei unterschiedliche Verfahren realisieren:

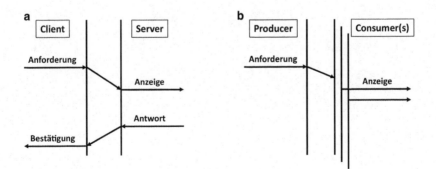

Abb. 1.13 Protokolle der Bussysteme. ([1] Bild 1-6)

- **Client-Server-Modell**

  Dieses Modell ist teilnehmerorientiert. Es gibt nur Punkt-zu-Punkt-Verbindungen.

- **Producer-Consumer-Modell**

  Dieses Modell ist nachrichtenorientiert. Der Empfänger entscheidet über die Annahme der Nachricht. Das Protokoll ist damit für Broadcast und Multicast geeignet.

1.6.2 Topologien

Die allgemeine Topologie ist ein wichtiges Merkmal zur abstrakten Strukturierung der Verbindungen des Bordnetzes. Sie bestimmt, wie die Teilnehmer miteinander verknüpft sind. Durch die Wahl einer guten Topologie werden Flaschenhälse bei der Übertragung vermieden und das System ist ausreichend robust gegen Verbindungsausfälle oder Verzögerungen. Daher bestimmt die Topologie direkt die Performanz des Systems und ist damit Teil der bereits erwähnen Kernkompetenz im Systemarchitekturentwurf. Die unterschiedlichen Topologien sind in Abb. 1.14 dargestellt und werden im Folgenden erläutert.

1.6.2.1 Sterntopologie

Bei der Sterntopologie sind die Teilnehmer über eine Punkt-zu-Punkt-Verbindung mit dem zentralen Teilnehmer, dem Koppler verbunden.

- Vorteil: Höhere Übertragungsraten dank exklusiver Anbindung der Teilnehmer.
- Nachteil: Teilnehmer A muss leistungsfähiger sein, keine Redundanz bei Ausfall.

1.6.2.2 Bustopologie

Bei der Bustopologie sind alle Teilnehmer über einen Bus gekoppelt, dessen Informationen allen Teilnehmern zur Verfügung stehen.

- Vorteil: Geringer Einfluss eines Ausfalls auf das Gesamtsystem.
- Nachteil: Mögliche Kollisionen auf dem Bus.

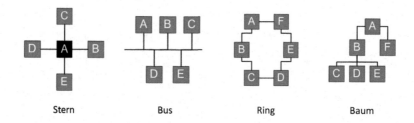

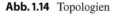

Abb. 1.14 Topologien

1.6.2.3   Ringtopologie

Bei der Ringtopologie handelt es sich um eine kreisförmige, geschlossene Kette von Punkt-zu-Punkt-Verbindungen. Die Kommunikation ist bilateral möglich.

- Vorteil: Kürzere Verbindungswege (z. B. Kabellänge), keine Kollisionen.
- Nachteil: Ein Ausfall unterbricht das System in eine Richtung, höhere Kosten.

1.6.2.4   Baumtopologie

Bei der Baumtopologie werden die Botschaften schichtenweise von einem Wurzelteilnehmer (A) zu den Blättern des Baums (C, D, E, F) übermittelt.

- Vorteil: Gute Erweiterbarkeit, Redundanz der Teilnehmer an den Blättern.
- Nachteil: Kritikalität des Wurzelteilnehmers.

1.6.3   Digitale Bussysteme – CAN

In den 90er Jahren war die Fahrzeugarchitektur unzureichend standardisiert. Jeder Hersteller von Fahrzeug- oder damals Bordelektronik hatte eigene Standards, die gepflegt wurden. Dies war mit hohen Kosten in der Entwicklung, der Produktion und auch im Produkt verbunden. Der zunehmende Entwicklungs- und Produktionsaufwand konnte nicht mit den zur Anpassung der Elektronik an neue Architekturen und Aufgaben notwendigen Rahmenbedingungen und Anforderungen mithalten.

Der CAN-Bus (Controller Area Network) ist in der ISO 11898 [18] spezifiziert, die sämtliche oben genannten Charakteristika auf den ersten beiden Stufen des ISO/OSI-Modells beschreibt. Eine Übersicht über die Spezifikationen ist in Abb. 1.15 zu sehen. Es handelt sich bis heute um den wichtigsten Bus zur Vernetzung der E/E-Architektur im Fahrzeug. Eine Erweiterung der Übersicht über den CAN-Bus ist beispielsweise in [1] gegeben.

1.6.3.1   Allgemeine Eigenschaften

Jede CAN-Botschaft in Abb. 1.16 hat einen eindeutigen Identifier, den Object Identifier, der Auskunft über die Art des Inhalts der Nachricht gibt (z. B. welche physikalische Größen sie enthält). Jeder Teilnehmer prüft selbstständig die Relevanz der aktuellen Botschaft auf dem Bus anhand des Identifiers und entscheidet über eine mögliche Verarbeitung. Dadurch entstehen nach Abschn. 1.6.1 ein Broadcastprotokoll und nach Abschn. 1.6.2 eine Bustopologie.

Es gibt keine protokollseitige Einschränkung der Teilnehmeranzahl. Die räumliche Netzausdehnung wird lediglich durch die Übertragungsrate beschränkt. Diese ist durch die physikalische Implementierung des Netzwerks mit seinen elektrischen Eigenschaften gegeben.

- Beim **Low-Speed CAN** (125 kbps) sind maximal 500 m Leitungslänge möglich.
- Beim **High-Speed CAN** (1 Mbps) sind maximal 40 m Leitungslänge möglich.

1.6.3.2 Buszugriff: CSMA/CA

Der Buszugriff geschieht über das CSMA/CA-Verfahren. Das CSMA/CA-Verfahren (Carrier Sense Multiple Access/Collision Avoidance) beschreibt, wie Kollisionen beim gleichzeitigen Zugriff mehrerer Teilnehmer auf den Bus vermieden werden. Das ist der wesentliche Unterschied zum CSMA/CD-Verfahren (Carrier Sense Multiple Access/Collision

Abb. 1.15 Spezifikationen zum CAN-Bus

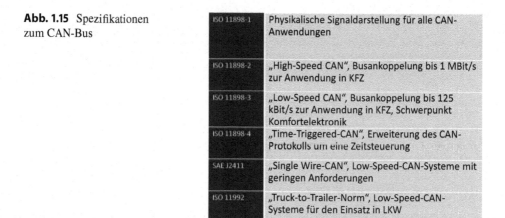

ISO 11898-1	Physikalische Signaldarstellung für alle CAN-Anwendungen
ISO 11898-2	„High-Speed CAN", Busankoppelung bis 1 MBit/s zur Anwendung in KFZ
ISO 11898-3	„Low-Speed CAN", Busankoppelung bis 125 kBit/s zur Anwendung in KFZ, Schwerpunkt Komfortelektronik
ISO 11898-4	„Time-Triggered-CAN", Erweiterung des CAN-Protokolls um eine Zeitsteuerung
SAE J2411	„Single Wire-CAN", Low-Speed-CAN-Systeme mit geringen Anforderungen
ISO 11992	„Truck-to-Trailer-Norm", Low-Speed-CAN-Systeme für den Einsatz in LKW

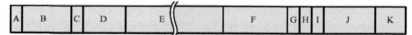

Feld	Bezeichnung	Länge	Bedeutung
A	SOF	1	Start of Frame, Botschaftsbeginn, enthält dominanten Pegel zur Synchr.
B	ID	11/29	Identifier (Standard oder Extended) für eindeutige ID und Priorität der Nachricht
C	RTR		Telegrammtyp (Data-/Remote-/Error-/Overload-Frame)
D	Steuerfeld	6	Format (Standard/Extended), Erweiterungen, Datenfeldlänge (0-64 Bit)
E	Datenfeld	0 – 64	Nutzdaten zur Übertragung
F	CRC-Segment	15	Prüfsequenz (CRC Prüfsumme)
G	CRC-Delimiter	1	CRC – Begrenzung
H	ACK	1	Bestätigungsfeld
I	ACK-Delimiter	1	ACK – Begrenzung
J	EOF	7	End of Frame – Feld
K	Interfr. Space	3	Zwischenraum zwischen zwei Botschaften (kein Inhalt)

Abb. 1.16 CAN-Botschaftsaufbau. ([1] Tabelle 1.7 und Bild 1-16)

Detection) des aus der Rechnervernetzung bekannten Ethernets. Hier werden Kollisionen in Kauf genommen und bei Bedarf die Daten erneut gesendet.

Beim CSMA/CA-Verfahren des CAN-Protokolls horcht der Teilnehmer, der auf dem Bus senden möchte, zunächst für eine vorher definierte Zeitspanne. Ist der Bus in dieser Zeitspanne inaktiv, sendet der Teilnehmer ein Signal, damit andere Stationen nicht senden. Erst dann wird die Nachricht versandt. Beim gleichzeitigen Sendewunsch mehrerer Teilnehmer muss eine Kollisionsvermeidung durchgeführt werden. Basis dafür ist die Struktur einer CAN-Botschaft oder Nachricht.

1.6.3.3 CAN – Bus: Struktur der Nachricht

Es gibt vier verschiedene Strukturen (Frames) von CAN-Nachrichten (Botschaften), die je nach Intention eingesetzt werden. Dazu existieren jeweils zwei mögliche Formate: Standard (11 Bit Identifier) oder Extended (29 Bit Identifier). Diese sind in Abb. 1.16 gezeigt.

1. **Data Frame**
   Der Data Frame dient zur Datenübertragung und enthält bis zu 8 Bytes an Informationen (wird durch den Sender verschickt).
2. **Remote Frame**
   Der Remote Frame dient zur Anforderung eines Data Frames von einem anderen Teilnehmer (wird durch den Empfänger verschickt).
3. **Error Frame**
   Der Sender oder der Empfänger signalisieren einen erkannten Fehler anhand eines Error Frames.
4. **Overload Frame**
   Der Overload Frame erzwingt eine Pause auf dem Bus zwischen dem Senden und Empfangen eines Frames.

1.6.3.4 Bitstuffing

Wird zu lange ein gleichbleibender Pegel von „0" oder „1" gesendet, fehlen der analogen Elektronik die Signalflanken zur Sicherstellung der zeitlichen Synchronisation der Signale und Systemtakte beim Übergang zur Digitaltechnik. Mit Hilfe des Bitstuffing in Abb. 1.17 wird sichergestellt, dass spätestens alle fünf Bitzellen ein Signalwechsel stattfindet und damit die Synchronisation gesichert werden kann.

Abb. 1.17 Bitstuffing

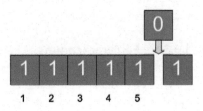

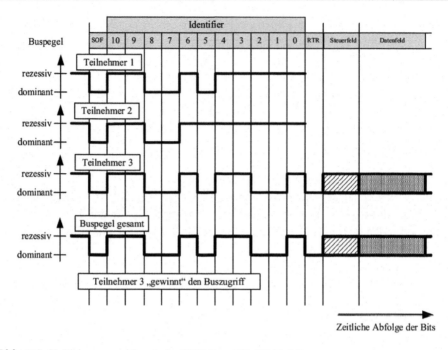

Abb. 1.18 Kollisionsvermeidung beim CAN-Bus. ([1], Bild 1-15)

1.6.3.5 Kollisionsvermeidung

Die bereits in Abschn. 1.6.3.2 eingeführte Kollisionsvermeidung läuft nun wie folgt ab: Auf dem Bus ist nur Platz für die Framesequenz eines Teilnehmers oder eine Überlagerung mehrerer Teilnehmer. Alle Teilnehmer mit Sendewunsch senden ihre Nachricht gleichzeitig bitweise, beginnend mit einer dominanten Flanke im SOF. Sie überwachen gleichzeitig den Bus, bis sie das nächste Bit senden. Ein Beispiel ist in Abb. 1.18 gezeigt.

Beim Senden überlagern sich die dominanten und rezessiven Pegel der Identifier bitweise. Dominante Flanken überschreiben rezessive. Sobald ein Teilnehmer erkennt, dass im Identifier ein dominantes Bit eines anderen Teilnehmers sein eigenes rezessives überschreibt, beendet er seinen Übertragungsversuch. Erkennt ein Teilnehmer, dass er der letzte sendende Teilnehmer von dominanten Bits ist, erhält er damit die Bestätigung, dass er den Buszugriff hat. Er darf in Form des restlichen CAN-Frames seine Daten auf den Bus senden. Diese Erkennung geschieht implizit darüber, dass er seinen Sendeversuch nicht abbrechen muss.

1.6.3.6 Fehlererkennung

Es gibt fünf Mechanismen zur Fehlererkennung, diese sind in Abb. 1.19 gezeigt.

Wird einer der beschriebenen Fehler erkannt, sendet der Teilnehmer einen Error Frame auf den Bus. Diese Nachricht beginnt mit sechs dominanten Bits, den Fehlerflags, die die übertragene Nachricht löschen. Damit wird gegen die Bitstuffing-Regel verstoßen und

Mechanismus	Erläuterung
Bitmonitoring	Der sendende Teilnehmer prüft, ob der zur Sendung beabsichtigte Pegel auch auf dem Bus vorhanden ist.
Überwachung des Nachrichtenformats	Jeder Teilnehmer überwacht, ob die auf dem Bus gesendete Botschaft Formfehler enthält.
Zyklische Blocksicherung (CRC)	Bei diesem Verfahren wird aus Botschaftsbeginn, Arbitrierungsfeld, Steuerfeld und Nutzdaten eine Prüfsequenz durch Polynomdivision gemäß dem CRC-Verfahren gebildet. Diese Sequenz wird empfangsseitig ebenfalls gebildet und durch den Empfänger mit der übertragenen Prüfsequenz verglichen.
Überwachung ACK	Der Sender einer Botschaft erwartet die Bestätigung des fehlerfreien Empfangs durch Aufschaltung eines dominanten Pegels im ACK-Feld durch die Empfänger. Bleibt die Bestätigung aus, geht der Sender davon aus, dass ein Fehler aufgetreten ist.
Überwachung Bit-Stuffing	Alle Busteilnehmer überwachen die Einhaltung der Bit-Stuffing-Regel

Abb. 1.19 Mechanismen zur Fehlererkennung. ([1] Tabelle 1.8)

der ursprüngliche Sender muss die Nachricht erneut senden. Der Fehler ist damit allen Busteilnehmern bekannt.

Durch diese Maßnahmen beträgt die Restfehlerwahrscheinlichkeit, d. h. die Wahrscheinlichkeit, einen Fehler nicht zu erkennen, $4{,}7 \cdot 10^{-11}$ pro Botschaft. Diese lässt sich für das gezeigte CAN-Protokoll nicht weiter reduzieren. Hierfür sind bei Bedarf andere Buskonzepte wie der Flexray oder übergeordnete Sicherungsmaßnahmen als Teil der transportierten Dateninhalte notwendig.

Die elektronischen Pegel des High-Speed CAN auf physikalischer Ebene sind in Abb. 1.20 und die des Low-Speed CAN in Abb. 1.21 gezeigt.

1.6.3.7 High Speed CAN Buspegel

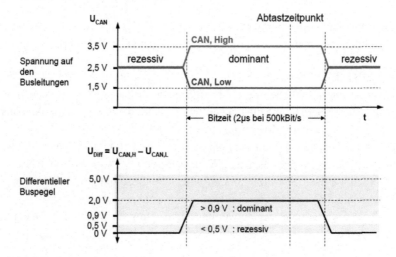

Abb. 1.20 High Speed CAN Buspegel

1.6.3.8 Low Speed CAN Buspegel

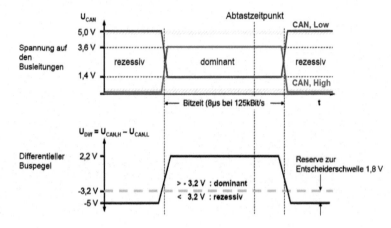

Abb. 1.21 Low Speed CAN Buspegel

1.6.3.9 CAN-Bus: Weitere Anwendungen

Neben der Anwendung in der Fahrzeugelektronik und in der Fahrzeuginformatik hat der CAN-Bus vielfältige weitere Verwendungen, unter anderen auch in dem Gebiet der Prozessautomatisierung erfahren. Weitere Anwendungen sind die folgenden:

- Medizinische Systeme
- Nautische Instrumente
- Fertigungskontrolle
- Landwirtschaftliche Maschinen
- Raumfahrt

Die meisten Standardkomponenten in Form von Elektronikbauteilen, Verbindungen und Softwaremodulen werden jedoch für den Fahrzeugbereich kommerziell angeboten.

1.6.3.10 CAN-Bus: Grenzen

Sicherheitsrelevante Funktionen im Fahrzeug stellen höchste Anforderungen an die Zuverlässigkeit, die Sicherheit und die Echtzeitfähigkeit des die Kommunikation realisierenden Systems. Daher wird ein Kommunikationssystem notwendig, dessen Kerneigenschaft es ist, eine buslastunabhängige deterministische und fehlertolerante Datenkommunikation zu gewährleisten. Diesen anspruchsvollen Anforderungen kann der CAN-Bus nicht gerecht werden, da das CAN-Protokoll auf einem ereignisorientierten Kommunikationsansatz und nicht auf Determinismus basiert.

Das CAN Grundprinzip der bitweisen Arbitrierung bedingt eine Datenrate von < 1 Mbit/s. Durch die Bustopologie ist das System für höhere Bitraten auf kurze Strecken (Leitungslänge < 40 m bei 1 Mbit/s) beschränkt. Dies hat auch eine suboptimale Verkabelung des Fahrzeugs zur Folge. Das Busprotokoll impliziert immer noch die oben genannte Restfehlerwahrscheinlichkeit, die für sicherheitsrelevante Systeme kritisch und ggf. je nach Sicherheitseinstufung nicht akzeptabel sein kann.

Etliche Erweiterungen des CAN-Busses, wie der Time-Triggered-CAN, versuchen, diesem Anspruch gerecht zu werden. Sie können die Probleme jedoch nicht ganzheitlich lösen.

1.6.4 Digitale Bussysteme – Flexray

Die Grenzen des CAN-Busses legen die Entwicklung eines Bussystems mit deterministischem Protokoll für sicherheitsrelevante Systeme und mit hohen Datenraten für kommunikationsintensive Fahrzeugdomänen nahe. Eine mögliche Lösung ist der FlexRay-Bus, dessen Spezifikation im FlexRay-Konsortium erarbeitet wurde. Auf Basis dieser zwischen Automobilherstellern und Zulieferern abgestimmten Protokolle werden kommerzielle Software- und Netzwerkkomponenten ähnlich wie bei CAN angeboten. Der FlexRay ist jedoch stärker auf die Automobilindustrie beschränkt als der CAN.

FlexRay erlaubt ein- oder zweikanalige Systeme, die sowohl in Linien als auch in Sternstruktur (aktiv/passiv) zur Verbindung der Steuergeräte (Electronic Control Units – ECU) aufgebaut sind. Diese Topologien sind in Abb. 1.22 gezeigt.

Der Kommunikationskanal bei FlexRay ist redundant ausgelegt. Jeder der beiden Kanäle kann mit einer Datenrate von 10 Mbit/s betrieben werden, eine Erhöhung der Datenrate auf 20 Mbit/s durch Bündelung ist möglich. FlexRay basiert auf einer zeitgesteuerten Kommunikationsarchitektur, deren Verhalten eindeutig deterministisch ist. Der Aufbau einer FlexRay Botschaft ist in Abb. 1.23 gezeigt.

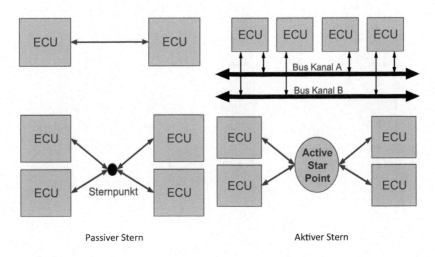

Abb. 1.22 Flexray-Topologien

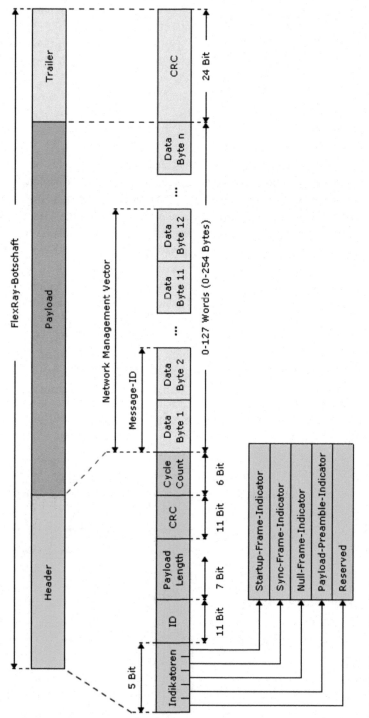

Abb. 1.23 Flexray-Botschaft

Der „Header" besteht aus den folgenden Elementen:

- Der Header startet mit vier Indikatorbits, denen wiederum ein reserviertes Bit vorausgeht. Die Indikatorbits dienen zur näheren Spezifizierung einer Botschaft. Der Payload-Preamble Indicator zeigt an, ob im Payload einer statischen Botschaft ein Network Management Vector bzw. im Payload einer dynamischen Botschaft ein Message Identifier übertragen wird. In besonderen Fällen kann der Sender die Payload einer Botschaft ausschließlich mit Nullen übertragen. Dabei handelt es sich dann um keinen regulären Payload. Um anzeigen zu können, ob der Payload regulär oder ungültig ist, existiert der Null Frame Indicator. Der Sync-Frame Indicator gibt an, ob die im statischen Segment übertragene Botschaft als Sync-Frame im Rahmen der Synchronisation verwendet wird. Der Startup Frame Indicator gibt an, ob die im statischen Segment übertragene Botschaft als Startup Frame im Rahmen des Startup verwendet wird.
- Die ID gibt den Identifier der Botschaft an.
- Es folgt die Länge des Datenpakets.
- Die CRC implementiert die Prüfsumme des Headers.
- Es folgt der Zyklenzähler.

Das Datenpaket „Payload" enthält die Daten, bei denen die ersten zwei Bytes für die Message-ID und die nächsten 10 für den Network Management Vector reserviert sind. Das Datenpaket kann bis zu 254 Bytes lang sein. Der „Trailer" von 24 Bit enthält die Prüfsumme CRC über das gesamte Datenpaket.

Die Zeitsteuerung ist über TDMA (Time Division Multiple Access) realisiert. Es existiert ein exakt definierter Kommunikationsplan, keine nichtdeterministischen Zugriffe wie beim CAN. Dieser Kommunikationsplan wird bei der Systementwicklung festgelegt.

Dem in Abb. 1.24 gezeigten beispielhaften Kommunikationsablaufplan liegt ein Kommunikationssystem zugrunde, das sich aus vier Busknoten zusammensetzt, wobei jeder Busknoten zwei Botschaften zu ganz bestimmten Zeitpunkten zu übertragen hat.

Die Haupteinsatzgebiete von FlexRay sind äußerst sicherheitsrelevante und zeitkritische Anwendungen im Automobil. FlexRay ist dabei aufgrund seiner hohen Datenrate von 10 Mbit/s je Kanal auch als Backbone zur Verbindung anderer Bussysteme im Automobil zu finden. Es sind maximal 64 Steuergeräte je Bussegment möglich. Es handelt sich um ein Bitstrom-orientiertes Übertragungsprotokoll mit bidirektionaler Zwei-Draht-Leitung. Die Buslänge beträgt maximal 24 m (bis zum nächsten aktiven Sternkoppler).

1.6.5 Digitale Bussysteme – LIN

Das Local Interconnect Network (LIN) bezeichnet alle Steuergeräte innerhalb eines begrenzten (lokalen) Bauraums. LIN ist eine kostengünstige Alternative zu Low-Speed-CAN Bussystemen, da nur ein Draht verwendet wird (im Gegensatz zu zwei Drähten beim CAN: CAN-High und CAN-Low). Der Einsatz erfolgt bei einfachen Sensor-Aktor-

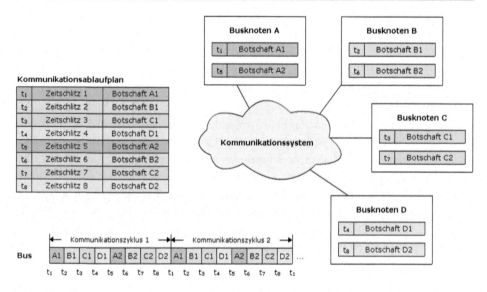

Abb. 1.24 Flexray Kommunikationsablaufplan

Anwendungen, z. B. Tür-, Sitz-, Schiebedachelektronik und andere kostengünstige Netz-
knoten. Die offene Spezifikation ist zeichenorientiert, per UART anzusprechen und daher
sehr einfach zu realisieren oder als fertige Komponenten zu erwerben. Die Datenrate beträgt 1 bis 20 kbit/s.

Der Botschaftsinhalt besteht aus einem bis acht Datenfeldern (Data Fields). Ein Data
Field besteht aus 10 Bit. Jedes Datafield setzt sich aus einem dominanten Startbit, einem
Data Byte, welches die Information enthält, und einem rezessiven Stoppbit zusammen.
Das Start- und das Stoppbit dienen zur Nachsynchronisation und damit zur Vermeidung
von Übertragungsfehlern. Der Aufbau einer LIN Botschaft ist in Abb. 1.25 gezeigt.

Der Header wird durch das Break-Feld eingeleitet. Der Protected Identifier besteht aus
dem eigentlichen Identifier und zwei Paritätsbits. Zur Trennung von Header und Response
wird nach dem Identifier ein Zwischenraum eingefügt, hinter dem die Nutzdaten übertragen werden. Die Nutzdaten werden durch eine Prüfsumme gesichert.

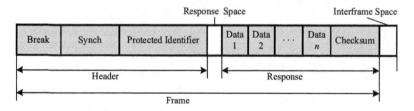

Abb. 1.25 LIN-Botschaft. ([1] Bild 1-23)

1.6.6 Digitale Bussysteme – MOST

Der Begriff MOST „Media Oriented Systems Transport" steht für ein Netzwerk mit me-
dienorientiertem Datentransport. Im Gegensatz zum CAN-Datenbus werden adressorien-
tierte Botschaften an einen bestimmten Empfänger übermittelt. Diese Technik wird zur
Datenübertragung im Infotainment-System verwendet. Das Infotainment-System bietet
eine Vielzahl moderner Informations- und Entertainment-Medien und wird in Zukunft im
Rahmen der Konnektivität deutlich stärker die Kopplung externer Endgeräte ermöglichen
müssen oder als Basis weiterer Dienste der Digitalisierung zur Verfügung stehen.

Mit Hilfe des optischen MOST-Busses erfolgt der Datenaustausch zwischen den beteiligten Komponenten in digitaler Form. Die Datenübertragung mittels Lichtwellen ermöglicht neben einem geringeren Leitungsbedarf und geringerem Gewicht eine wesentlich
größere Datenübertragungsrate. Lichtwellen haben im Vergleich zu Funkwellen sehr kurze Wellenlängen, erzeugen keine elektromagnetischen Störwellen und sind gleichzeitig
gegen diese unempfindlich. Diese Zusammenhänge ermöglichen eine hohe Datenübertragungsrate sowie eine hohe Störsicherheit gegen die restlichen elektronisch betriebenen
E/E-Komponenten des Fahrzeugs.

Zur Realisierung eines komplexen Infotainment-Systems ist die optische Datenübertragung sinnvoll, denn mit den bisher verwendeten CAN-Datenbussystemen können Daten
nicht schnell genug und damit nicht in der entsprechenden Menge übertragen werden.
Die Übertragung eines einfachen digitalen TV-Signals mit Stereo-Ton erfordert allein
schon eine Übertragungsgeschwindigkeit von etwa 6 Mbit/s. Es ergeben sich durch die
Video- und Audioanwendungen Übertragungsraten im Bereich vieler Mbit/s. Der MOST-
Bus ermöglicht es, 21,2 Mbit/s zu übertragen.

1.6.7 Digitale Bussysteme – Vergleich

Die unterschiedlichen Bussysteme werden noch einmal verglichen. Es zeigt sich, dass alle
Bussysteme nach wie vor ihre Berechtigung im Rahmen der E/E-Architektur haben. Im
Rahmen der Digitalisierung werden hier mindestens noch Ethernet und drahtlose Techni-
ken (wie heute bereits Bluetooth oder reine WLAN-Repeater) im Fahrzeug Einzug halten.

Klasse	Bitrate	Vertreter	Anwendung
Diagnose	< 10 Kbit/s	ISO 9141-K-Line	Werkstatttester
A	< 25 Kbit/s	LIN	Karosserieelektronik
B	25 ... 125 Kbit/s	CAN (Low Speed)	Karosserieelektronik
C	125 ... 1000 Kbit/s	CAN (High Speed)	Antriebsstrang
C+	> 1 Mbit/s	Flexray, TTP	X by Wire
Multimedia	> 10 Mbit/s	MOST	Multimedia

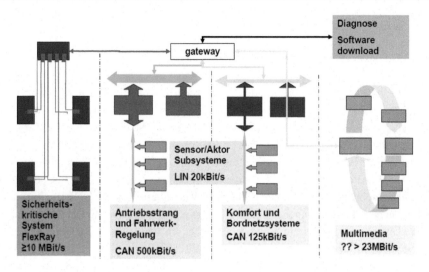

Abb. 1.26   Kombination digitaler Bussysteme

1.6.8   Digitale Bussysteme – Kombination

Durch die Verwendung der für die jeweiligen Domänen im Fahrzeug optimalen Bussysteme ist die Kopplung der Bussysteme auf physikalischer und Protokollebene ein wesentlicher Punkt. Dies wird durch das Gateway-Steuergerät sichergestellt. In Abb. 1.26 ist die Kopplung der unterschiedlichen Domänen gezeigt.

1.6.9   Unterschiede der Zugriffsverfahren

Die unterschiedlichen Zugriffsverfahren sind in Abb. 1.27 noch einmal klassifiziert. Sicherheitsrelevante Systeme verlangen deterministische Konzepte. Der LIN kann das zwar bieten, hat jedoch keine ausreichende Datenrate.

Die dargestellten und verglichenen Bussysteme mit den Zugriffsverfahren in Abb. 1.27 prägen den aktuellen Stand der Technik im Fahrzeug. Gerade vor den Hintergrund der kommenden Digitalisierung und Konnektivität werden neue, besonders leistungsstarke drahtgebundene oder drahtlose Kommunikationsformen benötigt. Da es in diesem Bereich wenige technisch limitierende Faktoren gibt, ist hier eine rasante Entwicklung zu erwarten. Dies beinhaltet auch die intelligente Kombination von Bussystemen wie in Abb. 1.26 gezeigt. Damit wird bei einer Beibehaltung oder Adaption der klassischen Domänen im Fahrzeug die Hauptaufgabe auf die Realisierung der Gateways zukommen.

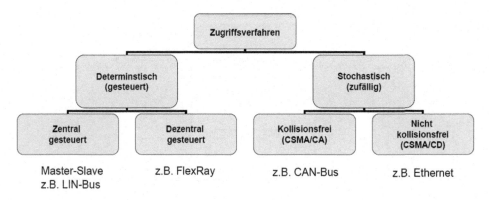

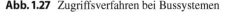

Abb. 1.27 Zugriffsverfahren bei Bussystemen

1.7 Sensoren

In diesem Abschnitt werden die Sensoren als wesentliche Quelle der Informationsbeschaffung für die Algorithmen der Fahrzeuginformatik erläutert. Im Sinne der E/E-Architektur können diese sich sowohl außerhalb (Kühlwassertemperatur, Abgastemperatur) als auch innerhalb der Steuergeräte (Luftdruck, Platinentemperatur) als separate Einheiten oder direkt auf der Leiterplatte befinden.

Eine Einordung der Sensoren in die grobe E/E-Architektur, speziell die Steuergeräte des Fahrzeugs ist in Abb. 1.28 gezeigt. Hier wird die typische Anbindung der Sensoren in der Fahrzeugelektronik dargestellt.

Ein Sensor wandelt nichtelektronische Messgrößen in zunächst analoge elektronische Ausgangssignale um. Dabei können Störgrößen wie zum Beispiel Temperaturschwankungen, Schwankungen bei der Versorgungsspannung oder Störgrößen durch Elektromagnetische Verträglichkeit das Signal verfälschen. Im Fahrzeug ist hier insbesondere der Starter ein Störer. Darum sind Messungen beim Startvorgang zu vermeiden oder entsprechend

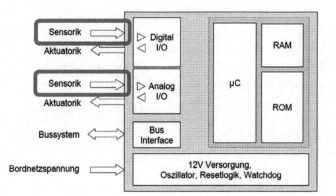

Abb. 1.28 Sensoren in der E/E-Architektur. ([9])

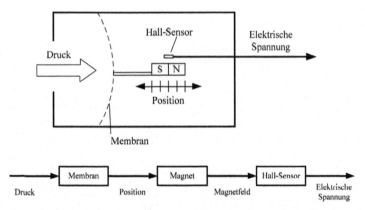

Abb. 1.29 Wandlerketten. ([1] Bild 4-3)

abzusichern. Im Rahmen der Integration starker Elektromaschinen in der Elektromobilität ist hier mit weiteren Störern zu rechnen. Die analogen Signal müssen wir weiter unten detailliert zu Weiterverarbeitung in digitale Signale gewandelt werden.

1.7.1 Wandlerketten

Teilweise ist die Umwandlung einer physikalischen Messgröße in ein elektronisches Ausgangssignal nicht direkt möglich. In diesem Fall werden physikalische Zwischengrößen verwendet. Es entsteht eine Wandlerkette, die in Abb. 1.29 grundsätzlich gezeigt wird.

In diesem Beispiel wird der Druck zunächst in die Bewegung einer Membran und damit in einen Weg umgesetzt. Dieser wird mittels eines Magnetfelds und eines Hall-Sensors in eine elektrische Spannung und dann in das zu verarbeitende Digitalsignal gewandelt.

1.7.2 Sensorkennlinien

Zur Umwandlung der Messgröße (x) (ggf. über Zwischengrößen) in ein Ausgangssignal (y) sind verschiedene Sensorkennlinien möglich, die teilweise bewusst und auch durch die Rahmenbedingungen gegeben sein können. Beispielsweise führt die Betriebsspannung zu einer Begrenzung des elektronischen Ausgangssignals. Grundsätzlich unterscheidet man die folgenden Kennlinien:

- Lineare Kennlinie (a)
- Lineare Kennlinie mit Begrenzung (b)
- Nichtlineare Kennlinie mit Begrenzung (c)
- Treppenförmig mit diskreten Werten (d)

Diese Zusammenhänge sind in Abb. 1.30 dargestellt.

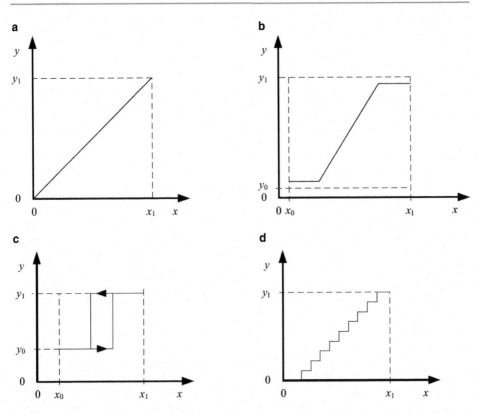

Abb. 1.30 Sensorkennlinien. ([1] Bild 4-4)

1.7.3 Abtastraten

Zur Verarbeitung der kontinuierlichen Sensorsignale in der digitalen Welt der Steuergeräte müssen diese diskretisiert werden. Wesentlich für die Fahrzeuginformatik ist die Abtastung in der Zeit(t)- und Werte- oder Zustandsdimension(x), die zu kontinuierlichen oder diskreten Ausgangssignalen führen kann:

- Zeit- und wertkontinuierlich (a)
- Zeitkontinuierlich, wertdiskret (b)
- Zeitdiskret, wertkontinuierlich (c)
- Zeit- und wertdiskret (d)

Diese Zusammenhänge sind in Abb. 1.31 dargestellt. Durch die Diskretisierung in der Zeit- und Wertedimension entstehen die Digitalsignale für die Steuergeräte.

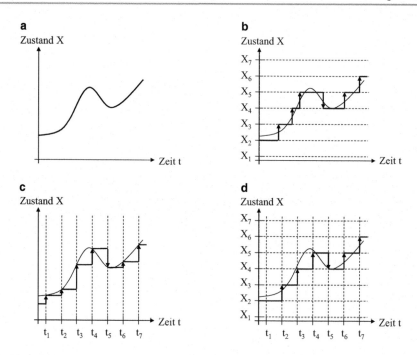

Abb. 1.31 Abtastung. **a** Zeit- und wertkontinuierlich, **b** zeitkontinuierlich und wertdiskret, **c** zeit-diskret und wertkontinuierlich, **d** zeit- und wertdiskret. ([3] Abb. 2.6)

1.7.4 Sensorpartitionierung

Zur Weiterverarbeitung in den Steuergeräten muss das aus der physikalischen Größe ge-wandelte analoge Sensorsignal wie in Abschn. 1.7.1 gezeigt aufbereitet werden. Dazu wird es zunächst verstärkt und dann in wie in Abschn. 1.7.3 gezeigt in ein digitales Signal umgewandelt. Der Transport des Signals geschieht entweder durch eine direkte Verdrah-tung oder nach der Umwandlung des Signals in ein Datenpaket durch den Sensor selbst über einen Bus.

Den Grad der Aufbereitung des Signals im Sensor und damit die Lokalisierung der Intelligenz und Aufteilung der Arbeit mit dem verarbeitenden Steuergerät bezeichnet man als Sensorpartitionierung. Diese Aufteilung ist in Abb. 1.32 dargestellt.

Je nach Aufteilung können sich einfache oder komplexe Sensoren ergeben. Komple-xe Sensoren können durch die lokale Verstärkung und digitale Aufbereitung der Signale die Störanfälligkeit für die Übertragung vermindern. Enthält der Sensor einen Mikrocon-troller, kann durch die Busanbindung der Kabeleinsatz im Fahrzeug minimiert und die Zuverlässigkeit erhöht werden. Nachteile der komplexen Sensoren sind der Preis und die Anfälligkeit der Elektronik gegenüber Umwelteinflüssen am Einsatzort. Eine Lambda-sonde direkt hinter dem Abgaskrümmer ist so hohen Temperaturen ausgesetzt, dass hier keine Elektronik eingesetzt werden sollte. Komplexe Sensoren mit fertiger CAN-Anbin-dung werden oft als integrierte Komponenten kommerziell angeboten.

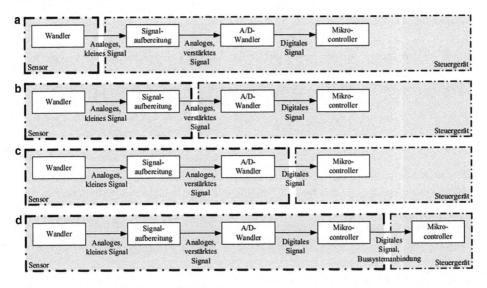

Abb. 1.32 Sensorpartitionierung. ([1] Bild 4-5)

Die Umwelteinflüsse und auch deren Einflüsse auf die Bordnetzspannung und den Signalpegel machen Eingangsbeschaltungen am Steuergerät notwendig. Diese Schutzbeschaltungen sorgen dafür, dass Überspannungen abgeleitet werden und die Elektronik der Mikrocontroller geschützt wird. Solche Überspannungen können vor allem durch statische

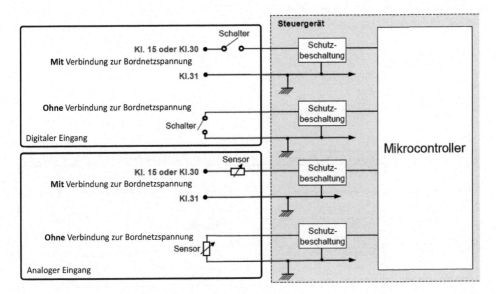

Abb. 1.33 Eingangsbeschaltung am Steuergerät. ([9])

Aufladung in der Produktion beim Verbau der Steuergeräte auftreten. Dies ist allerdings auch im Betrieb des Fahrzeugs, beispielsweise bei der Rekuperation im Bremsbetrieb eines Hybridfahrzeugs oder im Elektromotor der Lenkung beim Loslassen des Lenkrads in der Kurve und einer dann generatorischen Bewegung des Elektromotors durch die Achsen (Straße) möglich. Die Schutzbeschaltungen sind in Abb. 1.33 dargestellt.

1.7.5   Beispiele für Sensoren

In Abb. 1.34 sind Beispiele für Sensoren aufgeführt. Dabei werden Schalter als Sensoren mit diskreten Zuständen (an oder aus) betrachtet. Diese Darstellung erhebt gerade im Hinblick auf die kommende Digitalisierung und Konnektivität mit den zugehörigen Sensoren keinen Anspruch auf Vollständigkeit.

1.7.6   Schnittstellenbeschreibung

Zur technischen Beschreibung der Sensoren mit dem Zweck der Integration in die E/E-Architektur müssen für den Anwender verschiedene Parameter definiert werden. Die wesentlichen Schnittstellen sind im Folgenden aufgeführt:

1. Definition der Signalspannung, zulässiger Bereich (Min, Max).
2. Definition des Signalstroms, zulässiger Bereich (Min, Max).
3. Entscheidungsschwellen bei digitalen Eingängen.
4. Notwendige Eingangsbandbreite.
5. Mögliche eingekoppelte Störungen am Eingang (Hochfrequenz-Einstrahlung, Transienten, ESD etc.).
6. Mögliche Kurzschlüsse nach Masse/Plus.
7. Bauteiltoleranzen.
8. Toleranzen über den Temperaturbereich.

	Digital (zwei Zustände)	Analog (kontinuierlicher Wertebereich)
Ohmsche Sensoren	Schalter	Temperatursensoren, Gassensoren, elektronisches Gaspedal
Kapazitive Sensoren		Sensoren für Feuchtigkeit
Induktive Sensoren		Drehzahlsensoren
Sensoren mit Spannungsausgang und Hilfsenergie	Drehzahlsensoren mit Hall-Element	Drucksensoren, Breitband-λ-Sonden, alle Sensoren mit integrierter Auswerteelektronik, vor allem mikrosystemtechnische Sensoren
Aktive Sensoren		λ-Sonden

Abb. 1.34 Beispiele für Sensoren. ([2])

1.8 Aktoren

Analog zu den Sensoren sorgen die Aktoren für die Umwandlung von elektrischen Signalen in physikalische Größen, zum Beispiel in Bewegungen oder Temperaturen. Die Grundsätze zu Wandlerketten, Kennlinien, Abtastraten und Partitionierung sind in der entsprechenden Gegenrichtung wie bei den Sensoren anwendbar.

1.8.1 Schnittstellenbeschreibung

Zur technischen Beschreibung der Aktoren müssen ähnliche Parameter wie für die Sensoren definiert werden. Hier gelten vergleichbare Grundsätze.

Ein komplexes Beispiel für einen Aktor ist der Druckregler für ein Magneteinspritzventil, bei dem das elektrische Signal den Kraftstoffzufluss mittels magnetischer Bewegung regelt. Ein solcher Druckregler für ein Magneteinspritzventil ist in Abb. 1.35 dargestellt.

Da die analytische Berechnung des Eingangsstroms für die durch den Aktor zu stellende Größe (hier der Durchfluss) sehr komplex ist, können alternativ Wertetabellen (Lookup-Tables) oder Kennlinien sowie mehrdimensionale Kennfelder im Speicher abgelegt werden. Diese können dann bei alternativen Bauteilen von weiteren Lieferanten oder bei einer Änderung der Bauteilspezifikationen sowie ggf. sich ändernden Fertigungstoleranzen einfacher durch das reine Ändern der Daten bei einer identischen Berechnungsvorschrift in der Software angepasst werden. Dieses Verfahren gilt ebenso für Sensorkennlinien und ist gängige Praxis in der Automobilindustrie. Der Vorteil ist, dass die Algorithmen der Software auf Codeebene wie in Abschn. 4.2 erläutert nicht neu codiert, getestet und freigegeben werden müssen. Es sind lediglich die Daten betroffen.

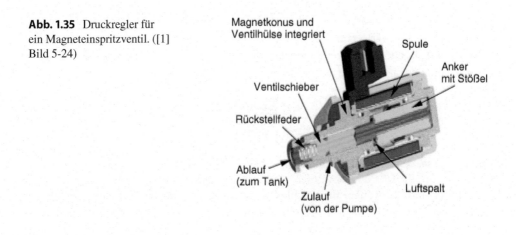

Abb. 1.35 Druckregler für ein Magneteinspritzventil. ([1] Bild 5-24)

Magnetkonus und Ventilhülse integriert

Spule

Anker mit Stößel

Ventilschieber

Rückstellfeder

Ablauf (zum Tank)

Zulauf (von der Pumpe)

Luftspalt

	Digital (ein/aus)	Analog (kontinuierlicher Wertebereich)
Kapazitive Aktoren	Warnsummer	Piezo-Injektoren
Ohmsche Aktoren	Außenbeleuchtung, Leuchtmelder, Kühlwasservorheizung, Zünder für pyrotechnische Aktoren (Airbag, Gurtstraffer)	Heizung Innenraum, Innenbeleuchtung
Induktive Aktoren	Wegeventile	elektromagnetische Injektoren, elektromagnetische Abgasrückführsteller, elektropneumatische Stellventile, elektromagnetische Proportionalventile, magnetorheologische Dämpfer
Elektromotoren	Anlasser, Scheibenwischer, Sitzverstellung, Motorlüfter	Lüftung Innenraum, elektrische Lenkunterstützung Drosselklappensteller,
Sonstige Aktoren		Zündkerzen

Abb. 1.36 Beispiele für Aktoren. ([2])

1.8.2 Beispiele für Aktoren

In Abb. 1.36 sind Beispiele für Aktoren aufgeführt. Diese Darstellung erhebt wie bei den Sensoren im Hinblick auf die kommende Digitalisierung und Konnektivität keinen Anspruch auf Vollständigkeit und ist lediglich als Überblick zu sehen.

1.9 Mikrocontroller

Der grundsätzliche Aufbau in Abb. 1.37 besteht aus dem Mikrocontroller [6] mit seinen Coprozessoren selbst, der Überwachung, Versorgungsspannung (U) und dem Frequenzgenerator (f). Die Verwendung einer komplexen Überwachung, die über das Watchdog-Prinzip hinausgeht, wird beim Sicherheitskonzept in Abschn. 2.11.4 vorgestellt. Ebenso werden die Speicher und die Diagnose im weiteren Verlauf detailliert.

Bedeutung spezialisierter Mikrocontroller in der Fahrzeuginformatik

Mikrocontroller werden für komplexe Operationen eingesetzt. Die Entwicklung geschieht auf unterschiedlichen Abstraktionsebenen je nach Anwendungsbereich. Das erfolgt seltener noch in der symbolischen Programmiersprache Assembler, heutzutage oft der Hochsprache C oder mittels modellbasierter Entwicklung, z. B. durch Matlab/Simulink-Modelle. Dies wird später in Abschn. 3.9.4 beschrieben. Bei der Umsetzung

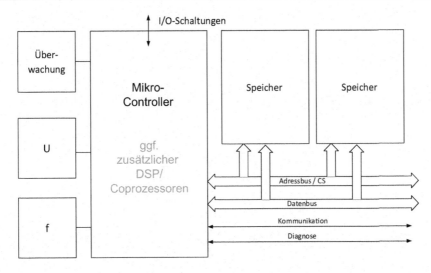

Abb. 1.37 Mikrocontroller. ([2])

der funktionalen Anforderungen in Software wird der Entwickler bei seiner täglichen Arbeit kaum mit der Rechnerarchitektur konfrontiert. Die optimale Umsetzung des Codes der Hochsprachen wird durch die Compiler der Prozessorhersteller übernommen.

In der Fahrzeuginformatik ist die Trennung von Software zur Realisierung der Funktion (z. B. Berechnen der Einspritzmenge) im Programmspeicher und dem Datenstand zum Ablegen der Parametrisierung (z. B. maximale Einspritzmenge) im Datenspeicher zu beachten. Dieser Zusammenhang wurde bereits bei den Aktoren beschrieben. Die Trennung ermöglicht einen breiten Einsatz der dann nicht geänderten funktionalen Software für verschiedene E/E-Architekturen.

1.10 Schaltungstechnik

Im Gegensatz oder auch ergänzend zur Software auf einem Mikrocontroller kann funktionale Logik durch programmierbare Schaltungen oder Schaltungstechnik auf verschiedene Arten implementiert werden.

1.10.1 Programmierung einer Schaltung durch Verdrahtung

Das Verfahren zur Realisierung von Berechnungen als programmierbare Logik ist in Abb. 1.38 gezeigt. Es bietet sich für „einfache" Operationen mit einer Vielzahl gleichartiger Daten an. Die folgenden prominenten Vertreter programmierbarer Logik werden eingesetzt:

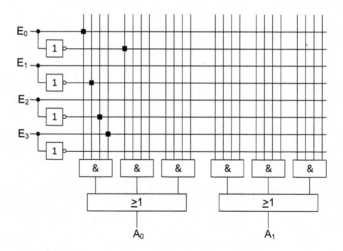

Abb. 1.38 Programmierung einer Schaltung durch Verdrahtung. ([2])

- Diskrete Verdrahtung von Logikbausteinen.
- Gezielte Verdrahtung von Eingangsleitungen und UND-Eingängen in einem programmierbaren Bauteil.
- Benutzung von FPGAs (Field Programmable Gate Array) in der Entwicklung und für die Serienproduktion.
- Benutzung von ASICs (Application Specific Integrated Circuit) für die Serienproduktion.

Die Realisierung als direkt verdrahtete Hardware mit zwei Logikstufen oder die Verschaltung optimierter Logikgruppen auf einem FPGA oder ASIC führt im Vergleich zu Mikrocontrollern zu deutlich schnelleren Rechenzeiten. Im Bereich der Signalverarbeitung in speziellen Sensoren oder bei der Sensorfusion kann die Verwendung einer solchen Schaltung also enorme Vorteile bringen.

1.11 Hardwarebeschreibungssprachen

Alternativ zur elektronischen Verschaltung von Bausteinen oder Gattern kann Hardware in Form von Logik oder einfachen, als Schaltung realisierbaren Algorithmen in einer Systembeschreibungs- oder Hardwarebeschreibungssprache realisiert werden, z. B. ein Zähler oder ein Schieberegister.

Ein Hardwarecompiler setzt die Algorithmen und Logik aus der Beschreibungssprache in eine Netzliste um, die dann mit einer der Technologien der Schaltungstechnik implementiert wird. Folgende Vertreter für reine Hardwarebeschreibungssprachen haben sich durchgesetzt:

- Im europäischen Raum ist VHDL (Very High Speed Integrated Circuit Hardware Description Language) etabliert. in den 80er Jahren entworfen, wird aber auch beim amerikanischen Verteidigungsministerium eingesetzt.
- In Amerika ist Verilog etabliert. Es wurde 1983/84 von Phil Moorby bei Gateway Design Automation zunächst als Simulationssprache entworfen.

Da Hardware im Gegensatz zu einem Mikrocontroller mehrere Operationen parallel ausführen kann, erlauben die Hardwarebeschreibungssprachen den Einsatz und damit auch die Beschreibung von Parallelität. Der Abstraktionsgrad der Beschreibung reicht von der strukturellen Beschreibung der Logik in Form von Gattern oder logischen Zuweisungen bis zu Algorithmen als Verhaltensbeschreibung wie in Abb. 1.39 gezeigt.

Es ist sowohl für Verilog als auch für VHDL jeweils zu beachten, dass sich nur ein Teil des definierten Sprachumfangs durch den Hardwarecompiler in elektronische Schaltungen umsetzen lässt. Der Sprachumfang von VHDL oder Verilog ist viel größer und erlaubt die Beschreibung, Kompilierung und Ausführung von Test-Benches zur Ausführung auf einem Simulationsrechner sowie die Dokumentation von Schaltungen. Hierbei können auch fertige Schaltungsblöcke für komplexe Operationen unterschiedlicher Qualität durch die Hersteller der Bausteine oder der Hardwarecompiler in Form von Bibliotheken zu Verfügung gestellt werden.

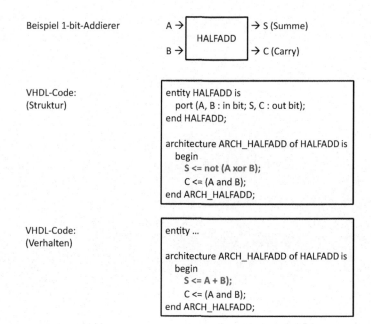

Abb. 1.39 Addierer in VHDL

1.12   Speicher

Ein wesentlicher Teil der Steuergeräte ist der Speicher. Software und Kennfelder werden im nichtflüchtigen Speicher abgelegt und stehen damit am Beginn des Fahrzyklus zur Verfügung. Die Daten werden während des Betriebs im flüchtigen Speicher abgelegt.

Die wesentlichen in der Automobilelektronik verwendeten Speicher werden in Bezug auf ihre Technologie klassifiziert und in Abb. 1.40 gezeigt.

- **Static RAM (SRAM)**
  Die Realisierung des SRAM erfolgt mittels Flip-Flops. Der Speicher behält die Information bis zum Ausschalten.
- **Dynamic RAM (DRAM)**
  Die Realisierung des DRAM erfolgt mittels Kondensatoren. Diese müssen im Rhythmus einiger Millisekunden refresht, d. h. erneuert werden.
- **Programmierbares ROM (PROM)**
  Das ROM enthält eine dauerhafte Programmierung durch eine unveränderliche physikalische Struktur.
- **Erasable PROM (EPROM)**
  Das EPROM enthält eine dauerhafte Programmierung durch Floating-Gate-Transistoren. Das Löschen ist mittels eines externen UV-Lichts durch ein Fenster im Bauteil möglich. Dafür ist ein Zugriff auf das Bauteil notwendig.
- **Electrically Erasable PROM (EEPROM)**
  Das EEPROM ist ähnlich wie das EPROM implementiert. Das Löschen und Schreiben ist in der integrierten Schaltung realisiert. Dieser Speicher wird auch als Flash-Speicher bezeichnet und kann während des Fahrzeuglebenszyklus mit spezieller Technik durch die Werkstatt neu programmiert werden.

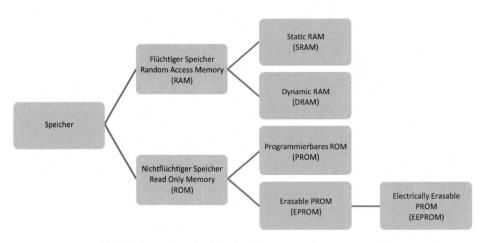

Abb. 1.40 Speicher in Steuergeräten

1.13 Energie

Die allgemeine Klemmenbelegung im Fahrzeug ist nach DIN 72552 genormt. Das Energiemanagement ist ein wesentlicher Faktor in der Automobilelektronik [1]. Die wesentlichen Klemmen sind:

- Klemme 15: Sie stellt Strom zur Verfügung, solange die Zündung an ist (Zündungsplus)
- Klemme 30: Sie stellt als feste Verbindung zur Batterie immer Strom zur Verfügung (Dauerplus)
- Klemme 31: Masse
- Klemme 49: Blinkgeber
- Klemme 50: Motorstart
- Klemme 54: Bremslicht

Als einfaches Bespiel dazu sei ein Zündschloss gegeben, bei dem der Start nicht über eine Schlüsseldrehung sondern durch ein Einschieben und Drücken des Schlüssels realisiert ist. Die Verwendung der genormten Klemmen ist bei dieser alternativen Umsetzung zur Schlüsseldrehung selbstverständlich die Gleiche:

- P0: Zündung aus
- P1: S-Kontakt ein (schaltet z. B. das Radio ein ohne dass die Zündung eingeschaltet ist)
- P2: Klemme 15 ein
- P3: Klemme 15 Fahrt (in diese Stellung springt der Zündschlüssel nach dem Startvorgang automatisch zurück)
- P4: Klemme 50 ein

1.14 Zusammenfassung

- In diesem Kapitel wurde als Basis für die Fahrzeuginformatik die Fahrzeugelektronik in Form einer Übersicht über die im Fahrzeug verbaute Elektronik gegeben.
- Der wesentliche Teil für die Kommunikation waren die Bussysteme mit deren prominenten Vertretern sowie die zugehörigen Zugriffsverfahren.
- Die Sensoren wurden eingeführt. Neben den physikalischen Grundlagen wurde auf die Begriffe der Quantisierung, Wandlerketten und Sensorpartitionierung eingegangen. Die Aktoren mit den entsprechenden Prinzipien wurden erläutert.
- Prozessoren, Speicher, Controller und Schaltungskonzepte wurden zu Steuergeräten zusammengefasst.
- Es wurde auf den Begriff der Hardwarebeschreibungssprache und die Klemmenbelegung im Fahrzeug eingegangen.

1.15   Lernkontrollen

1.15.1   Bordnetz

- Erläutern Sie den mechatronischen Regelkreis.
- Was gehört zum Bordnetz eines Fahrzeugs?
- Welche Verbindungstopologien kennen Sie? Was sind die Vor- und Nachteile?

1.15.2   Bussysteme

- Beschreiben Sie das ISO/OSI-Modell. Welchen Zweck haben die Schichten 1, 2 und 7?
- Wie ist ein CAN-Data Frame aufgebaut?
- Zwei Busteilnehmer wollen gleichzeitig eine Botschaft auf dem Bus senden. Wie geht das vonstatten?

1.15.3   Sensoren und Aktoren

- Was für digitale und analoge Sensoren gibt es im Fahrzeug?
- Nennen und zeichnen Sie mögliche Sensorkennlinien.
- Nennen Sie mögliche Sensorpartitionierungen und ihre Vor- und Nachteile.

1.15.4   Steuergeräte

- Nennen Sie die wesentlichen Bauteile eines Steuergeräts.
- Erklären Sie den Unterschied zwischen logischer und technischer Systemarchitektur.
- Welche verschiedenen Ersatzverhalten sind bei Fehlern in Steuergeräten möglich?

Software im Fahrzeug

2

Software ist ein Konstrukt, das von jedem Standpunkt der Betrachtung aus ein wenig anders aussieht oder wahrgenommen wird. Sie war schon da, bevor der Begriff präzisiert oder definiert wurde. Viele Kunden, Praktiker und Programmierer sehen die Software als Umsetzung von Funktionalität auf PCs, in IT-Systemen, auf Smartphones oder bereits in eingebetteten Systemen, also Steuergeräten. Physiker sehen Software als Strom im Silizium oder historisch als Löcher in Pappkarten.

Extremer gefasst sehen Skeptiker Software als großes schwarzes alles erdrückendes Etwas oder als notwendiges Übel ohne Wertschöpfung in einer mechanisch orientierten Automobilindustrie, die immer noch nach Stücklisten von Bauteilen montiert. Andere sehen in der Software den Heilsbringer der Digitalisierung als Umsetzung der Anforderungen, ohne konkrete Vorstellungen über jegliche Aspekte von Software im Fahrzeug zu haben. Jeder mag seine eigene Sicht auf Software haben, die sich oft aus den genannten Aspekten zusammensetzt und selten völlig wertfrei ist.

In der Praxis der Automobilindustrie und Fahrzeuginformatik wird Software hauptsächlich zur Umsetzung der durch die Kunden wahrnehmbaren und teilweise explizit als Ausstattung gekauften funktionalen Anforderungen in weiten Bereichen eingesetzt. Darüber hinaus wird Software sehr erfolgreich zur Kompensation bekannter oder teilweise sogar unbekannter Schwächen der Mechanik und Elektronik eingesetzt. Wenn die Beseitigung der Ursache eines Problems in der Hardware zu langsam, zu teuer oder schlicht physikalisch nicht möglich ist, kann die Software zumindest die Symptome (teilweise) korrigieren, das System also ausreichend kundentauglich machen. Dafür gibt es etliche Beispiele bei allen Automobilherstellern und in allen Domänen des Fahrzeugs. Sehr populär ist die Berechnung von Temperaturen an Stellen, an denen Sensoren schwer zu platzieren, defekt oder zu teuer sind.

Die Bewertung, ob ein gesetzlich vorgeschriebenes Software-Update mit geänderter Funktionalität und geringerem Kundenkomfort ohne die Änderung der Hardware für bestimmte Anforderungen ausreichend ist, findet zum Zeitpunkt der Erstellung dieses Buchs im Rahmen der Diskussion zum Fortbestand des Dieselmotors statt. Diese Diskussion ist exemplarisch für künftige Bewertungen von Software-Updates bei gegebener Hardware und neuen Erkenntnissen gegenüber dem technischen Stand zum Zeitpunkt der Erstellung der Software und des Systems Fahrzeug. Für viele Fehler oder Sicherheitslücken scheint ein Software-Update ausreichend zu sein.

Bedeutung von Software für das Fahrzeug von morgen

In diesem Kapitel wird der abstrakte Begriff der Software in Fahrzeug konkretisiert. Die Grundlagen zum Produkt Software sind neben der Hardware der Fahrzeugelektronik eine weitere wesentliche Basis zum Verständnis der Disziplin der Fahrzeuginformatik.

- **Allgemeine Definition**
  Die **Software** ist ein Sammelbegriff für die Gesamtheit ausführbarer Datenverarbeitungsprogramme und die zugehörigen Daten auf der Hardware.
  Die **Hardware** ist der Oberbegriff für die mechanische und elektronische Ausrüstung eines datenverarbeitenden Systems.
- **Technische Sicht**
  Die **Software** ist der nichtphysische Funktionsbestandteil eines softwaregesteuerten Gerätes.
  Die **Hardware** ist der physische Rahmen, in dessen Grenzen eine Software funktioniert (Mikrocontroller, FPGA) und/oder aufbewahrt (Speicher, Festplatten) wird.

2.1 Durchgängigkeit der Anforderungen

Wie bereits bei der Fahrzeugelektronik in Kap. 1 gezeigt, werden die funktionalen Anforderungen auf Systemebene im Anforderungskatalog (Lastenheft) abgelegt. Diese werden dann entlang des Softwareentwicklungsprozesses, der in Kap. 3 ausführlich beschrieben wird, bis in die detaillierten Softwareanforderungen überführt.

Im Sinne der Nachweisführung für die Korrektheit der erstellten Software ist es absolut notwendig, dass die Softwareanforderungen auf die funktionalen Anforderungen der Kunden oder nichtfunktionalen Anforderungen aus Normen, Gesetzen und mitgeltenden Unterlagen zurückgeführt werden können. Ohne eine solche Systemanforderung und deren durchgängige bilaterale Verfolgbarkeit und Nachweisbarkeit kann eine Softwareanforderung nicht gültig sein.

Ebenso muss eine solche Anforderung über die verschiedenen Ebenen bis in den Test und seine Ergebnisse sowie wieder zurück in die Systemanforderungen verfolgbar sein. Darauf wird bei den Softwaretests in Kap. 4 noch ausführlich eingegangen, da das Testergebnis die Umsetzung der Anforderung nachweist.

2.2   Abbildung Funktion auf Architektur

Das Architekturverständnis hat sich von der Beschreibung der Anordnung sämtlicher Steuergeräte und deren Verbindungen mit der Definition der Technologie der Verbindungen und der reinen Vorgabe des Datenverkehrs zwischen den Steuergeräten über die lange etablierte sogenannte Kommunikationsmatrix (K-Matrix) hinaus gewandelt.

Heute ist das Architekturverständnis in Abb. 2.1 ein Modell, das sämtliche Aspekte für den Entwurf und den Betrieb des gesamten E/E-Systems eines Fahrzeugs beschreibt und eine Anforderung oder Funktion umsetzt. Dabei ist eine Komponente ein Bauteil eines zusammenhängenden Systems und die Funktion die Aufgabe bzw. Zweck eines (Teil-) Systems.

Eine Komponente kann mehrere Funktionen realisieren. Ebenso kann anders herum gesehen eine Funktion auf mehrere Komponenten verteilt sein. Die Steuergerätearchitektur ist wie bereits beim Architekturentwurf in Abb. 1.8 gezeigt damit die Verteilung von funktionalen Einheiten auf Komponenten und deren Zusammenspiel.

Die logische Systemarchitektur ist die Verschaltung von funktionalen Einheiten, die technische Systemarchitektur ist die Verschaltung von Hardware-Bauteilen. Die Aufgabe ist nun, die logische Systemarchitektur auf die technische Systemarchitektur wie in Abb. 2.2 abzubilden. Dies wurde in Abschn. 1.4 bereits mit dem Begriff Funktionsmapping eingeführt.

Die Architektur wird durch sogenannte Architekturtreiber mit definiert. Solche Architekturtreiber können im klassischen Sinne neben technischer Natur auch die Prozessmodelle CMMI und SPICE, allgemeine Richtlinien und der Stand der Technik, z. B. elektromagnetische Verträglichkeit, Codierungsrichtlinien für Quellcode, Vorgehensmodelle, Sicherheitsaspekte oder allgemeine Richtlinien der Konzerne sein. Die neuen Themen der Digitalisierung werden weitere, heute noch nicht konkret strukturierbare Architekturtreiber mit sich bringen.

Wie an mehreren Stellen erläutert, handelt es sich bei diesem Mapping der logischen auf die technische Systemarchitektur oder von Funktionen auf Steuergeräte um ein komplexes Optimierungsproblem des Architekturentwurfs. Dieses funktioniert lediglich teilweise werkzeugunterstützt und benötigt immer noch die Kreativität der Entwickler.

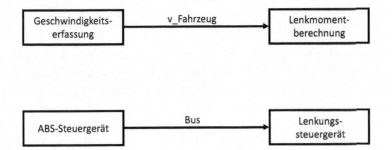

Abb. 2.1 Logische und technische Systemarchitektur

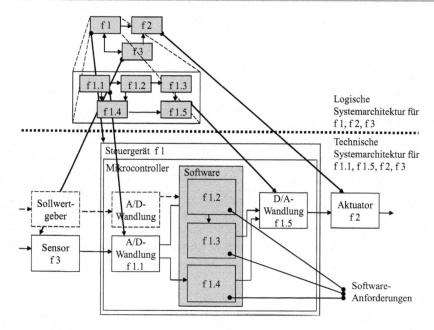

Abb. 2.2 Abbildung der logischen auf die technische Systemarchitektur. ([3] Abb. 4.10)

2.3   Softwarearchitektur

Die Software in einem Steuergerät kann in drei Grundfunktionen unterteilt werden:

- Steuer- und Regelfunktionen
- Diagnose- und Überwachungsfunktionen
- Kommunikation

Abgrenzung des Begriffs Systemarchitektur zur Softwarearchitektur

Die Verteilung der konkreten Funktionalität auf diese Bereiche wird oft als die Softwarearchitektur des Steuergeräts bezeichnet. Der Begriff der Softwarearchitektur hat jedoch verschiedene Anwendungen und Bedeutungen in den unterschiedlichen Disziplinen der Informatik. Er reicht von der theoretischen Informatik über das Softwareengineering [3] bis zur Verteilung von Code und Funktionalität im Steuergerät. Dieses Kapitel beschränkt sich auf den Aufbau der Softwarearchitektur, der in den meisten Steuergeräten der Automobilindustrie zu finden ist.

Die **Basissoftware** stellt grundlegende Funktionalitäten zur Verfügung, die unabhängig von spezifischen Arbeitsgebieten genutzt werden. Das Betriebssystem kann ein Bestandteil der Basissoftware sein. Die Basissoftware wird meist durch den Hersteller des Mikrocontrollers oder des Echtzeitbetriebssystems zur Verfügung gestellt.

Beispiele für Funktionalitäten der Basissoftware:

- Startup, Timer, Interrupt Handling, Bootloader
- Speicher-Treiber (Flash Programmierung, EEPROM)
- I/O-Treiber (PWM, D/A, A/D, Filter)
- Kommunikations-Treiber (SPI, CAN, LIN)

Die **Plattformsoftware** ist meist eine Softwarebibliothek, die für die Anwendungsdomäne spezifische Funktionalitäten auf dem Bereich der Steuer- und Regelfunktionen zur Verfügung stellt. Diese wird oft aus einem Baukasten generiert wie in Abschn. 3.10 gezeigt. Plattformsoftware und Basissoftware haben damit sowohl unterschiedliche Inhalte als auch Einsatzbereiche.

2.4 Echtzeitbetriebssysteme

In der Fahrzeuginformatik ist für Betriebssysteme und Echtzeitbetriebssysteme oft die konkrete Implementierung für die Domäne des Steuergeräts von Bedeutung. Hier soll der Rahmen der Echtzeitbetriebssysteme und ihrer Grundbegriffe für die Fahrzeuginformatik in einem Überblick und einem einfachen Detaillierungsgrad nähergebracht werden, um das generelle Verständnis der Funktion eines Steuergeräts unter Echtzeitbedingungen zu ermöglichen. Eine sehr gute Quelle für die Dokumentation des jeweiligen Echtzeitbetriebssystems ist oft das Handbuch des jeweiligen Softwareanbieters, der sein System im Detail erläutert.

Unter einem Betriebssystem versteht man diejenigen Programme, die zusammen mit den Eigenschaften der Rechenanlage die Grundlagen der möglichen Betriebsarten des Rechensystems bilden und die Abwicklung von anderen Programmen steuern und überwachen. Ein Echtzeitbetriebssystem oder auch RTOS (Real-Time Operating System) ist ein Betriebssystem mit zusätzlichen Echtzeitfunktionen für die Einhaltung von Zeitbedingungen und die Vorhersagbarkeit bzw. Nachweisbarkeit des Prozessverhaltens.

Unter einem **Prozess** versteht man den kleinsten, nicht mehr teilbaren Aufgabeninhalt, den ein Mikroprozessor ausführen kann. Er ist ein Kompositum aus einer sequenziell auszuführenden Berechnungsvorschrift (sequenzieller Programmcode) und dem zugehörigen Datenraum sowie sämtlichen Informationen zum Prozesszustand (Programmzähler und bestimmte Register des Prozessors).

Weiterhin unterscheidet man zwischen Prozessen und **Threads**. Hier dienen die Separierung des Adressraumes und die damit die höhere Komplexität des Verwaltungsaufwandes für Prozesse als Unterscheidungsmerkmale. Der Begriff **Task** ist ein Oberbegriff über die Begriffe Prozess und Thread.

2.4.1 Echtzeitanforderungen

Unter Echtzeitanforderungen werden die zeitlichen Festlegungen verstanden, die das Zeitverhalten des Tasks bestimmen. Dabei wird die **Zeitspanne** von der Aktivierung des Tasks bis zu dem Zeitpunkt, zu dem der Task spätestens abgeschlossen sein muss (absolute Deadline, häufig auch nur Deadline genannt), als **relative Deadline** bezeichnet. Diese Zusammenhänge werden in Abb. 2.3 gezeigt.

Die Rechtzeitigkeit und der Determinismus von Echtzeitbetriebssystemen sind der definierende Faktor. Echtzeitrechnersysteme sind nicht grundsätzlich schnelle Systeme. Es reicht, wenn das System die minimale Latenz aller Subsysteme unter der Berücksichtigung eines geringen **Jitter** einhält. Der Jitter ist die Differenz zwischen maximaler und minimaler Latenz eines Subsystems. Die **Latenz** ist die Zeitspanne zwischen dem Auftreten eines Ereignisses und der entsprechenden Reaktion, z. B. der entsprechenden Ausgabe an den Aktor oder der Ausgabe von Informationen an den Fahrer über Anzeigen.

Zur Sicherstellung des Determinismus von Echtzeitsystemen benötigt man die Kenntnis der maximalen Ausführungszeiten (Worst Case Execution Time WCET) der einzelnen Prozesse oder Programmsegmente und auch der Komponenten des Betriebssystems selbst. Dies sind die maximalen Ausführungszeiten eines Subsystems auf einer bestimmten Ausführungsplattform. Hierbei sind alle möglichen Verzögerungen durch die Architektur (Interrupts, Cacheverhalten etc.) zu berücksichtigen. Eine quantitative Darstellung der Einflüsse von Rechnerstrukturen kann in [6] detailliert gefunden werden.

Ein ausführliches, bespielhaft implementiertes Messverfahren für die Bestimmung der Rechenzeit von sequenziellem Code ist in Abschn. 3.11 gezeigt. Die theoretische Grundlage dazu wird in [12] eingeführt und ist bis heute ein Forschungsthema.

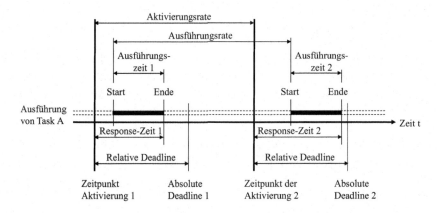

Abb. 2.3 Echtzeitanforderungen. ([3] Abb. 2.18)

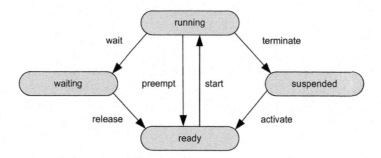

Abb. 2.4 Prozesszustände. ([1] Bild 2-3)

2.4.2   Prozess und Prozesszustände

Für die Zeitsteuerung aller Prozesse eines Tasks kann ein Prozess einen von mehreren grundlegenden Zuständen annehmen. Jeder Prozess wechselt seinen Zustand abhängig von Ereignissen. Diese Aufgabe übernimmt der **Dispatcher**, nur die Aufgabe des Kontextwechsels übernimmt der Scheduler. Der Dispatcher führt für jeden Prozesszustand mindestens eine Warteschlange.

Die Prozesszustände in Abb. 2.4 haben die folgende Zustandsbeschreibung:

- Suspended: Gestartete und beendete Prozesse.
- Ready: Der Prozess ist zur Abarbeitung bereit.
- Running: Der aktuell ausgeführte Prozess im Task.
- Waiting: Der Prozess wartet auf Ereignisse.

2.4.3   Kontextwechsel

Von einem Kontextwechsel spricht man, wenn ein Prozess in den Zustand „Running" versetzt wird und dabei den aktuellen Prozess in diesem Zustand beendet oder verdrängt. Der Kontext umfasst mindestens den Programmcode, den Datenbereich und einen sogenannten Task-Control-Block (TCB).

In den Task-Control-Block werden zum Kontextwechsel alle für die Prozessausführung relevanten Registerinhalte des Prozessors auf den Stack im flüchtigen Speicher gesichert. Wenn der Prozessor einem Prozess wieder zugeteilt wird, werden die Registerinhalte durch Auslesen des dem Prozess zugehörigen Task-Control-Blocks vom Stack wiederhergestellt.

2.4.4 Scheduling

Die Zuordnung der Ausführungsreihenfolge eines Kontextwechsels zu einem gegebenen Prozesssystem und einer gegebenen Aktivierungssequenz wird als Scheduling bezeichnet. Diese Festlegung in Abb. 2.5 wird von einem Scheduler berechnet. Als Resultat erhält man einen Schedule, welcher eine derartige Ausführungsreihenfolge darstellt. Umgangssprachlich fasst man den Dispatcher und den Scheduler zusammen und spricht nur vom Scheduler.

Es gibt verschiedene Scheduling-Ansätze für Echtzeitbetriebssysteme, auch als Scheduling-Strategien bezeichnet. Beim statischen Scheduling erfolgt die Berechnung des Schedules vorab (nicht zur Laufzeit).

Dynamische Schedules, die teilausgeführte Prozesse jederzeit (zur Laufzeit) zu Gunsten anderer, höher priorisierter Prozesse (durch einen Kontextwechsel) unterbrechen, heißen präemptiv. Die Strategien sind zusammenfassend in Abb. 2.6 dargestellt.

Wenn alle Zeitbedingungen des Prozesssystems erfüllt sind, also keine Deadline überschritten wird, bezeichnet man diesen Schedule als zulässig (feasible). Als **schedulebar** bezeichnet man Prozesssysteme, die für jede bezüglich der Prozessparameter mögliche Aktivierungssequenz einen zulässigen Schedule besitzen.

Beispiele für Task-Scheduling:

- **Round-Robin-Verfahren**
  Allen Prozessen wird nacheinander für jeweils einen begrenzten Zeitraum der Zugang zu den benötigten Ressourcen gewährt.

Abb. 2.5 Scheduling

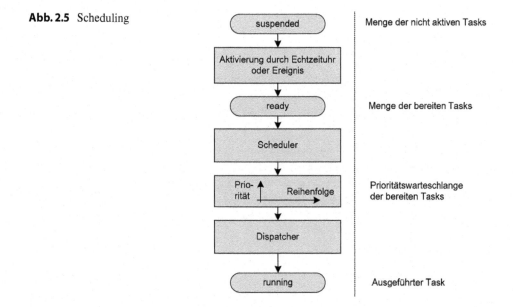

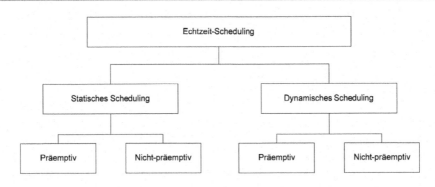

Abb. 2.6 Strategien für Echtzeitscheduling

- **Least-Laxity-First-Ansatz**
  Der Scheduler wählt diejenigen Prozesse aus, die den geringsten Spielraum (Zeitraum zwischen Ende der Ausführungszeit und der absoluten Deadline) haben.
- **Earliest Deadline First**
  Der Scheduler wählt diejenigen Prozesse aus, deren absolute Deadline als erste abläuft.

Beim Begriff der **Echtzeitarchitektur** unterscheidet man zeitgesteuerte Systeme (time-triggered, statisch) und ereignisgesteuerte Systeme (event-triggered, dynamisch) (s. o.). Zeitgesteuerte Systeme führen die Taskaktualisierung in periodisch festgelegter Abfolge (statisch) durch und sind damit vorhersagbar. Ereignisgesteuerte Systeme führen die Taskaktualisierung nach festgelegten Zustandsänderungen (dynamisch) durch und sind darum flexibel.

Die Entscheidung zwischen den zwei Systemen hängt von verschiedenen weiteren Einflussfaktoren ab, wie zum Beispiel das verwendete Bussystem oder das Reagieren auf Eingabedaten. Aufgrund der Vorhersagbarkeit zur Zeit der Entwicklung werden in der Fahrzeuginformatik meist statische Verfahren bevorzugt, gerade im Bereich der sicherheitsrelevanten Entwicklung.

2.5 Diagnose

Im Alltag wird der Begriff der Diagnose oft mit der Medizin verbunden. Bei einer Krankheit wird der Arzt zunächst mit einer Fülle unterschiedlicher Symptome konfrontiert – sowohl mit recht offensichtlichen (z. B. Wunden) als auch mit weniger konkreten (z. B. Schmerz). Die Aufgabe der Diagnose besteht aus folgenden Schritten und ist mit der Fahrzeuginformatik im weitesten Sinne gut vergleichbar:

- Die Informationen des Patienten aufnehmen und hinterfragen.
- Eigenes Wissen über das Krankheitsbild und die Krankheitsgeschichte aktivieren.
- Eine zu starke Beeinflussung des Patienten durch die Diagnose selbst vermeiden.

- Nicht zum Krankheitsbild passende Symptome gesondert plausibilisieren.
- Mittels einer mehr oder weniger tiefgehenden Untersuchung geeignete Hinweise erhalten, um aus dieser Vielzahl von Informationen auf die Krankheitsursache zu schließen.
- Eine mögliche Therapie der Ursache und ggf. auch Behandlung der Symptome oder der Begleitumstände der Behandlung (Schmerzen bei Operation) mit Alternativen ableiten.

Die Diagnose ist die Voraussetzung für den anschließenden, vor allem für Patienten bedeutsamen Vorgang – die Behandlung der Ursache. Wichtig ist in jedem Fall, dass Ärzte sehr umfassende Kenntnisse vom Gesamtsystem Mensch haben und diese auch jederzeit vernetzen können; denn andernfalls ist eine Diagnose nicht möglich oder führt – vielleicht noch schlimmer – zu falschen Ergebnissen. Oft scheinen Symptome und Krankheitsursache in keinem direkten Zusammenhang zu stehen, manchmal liegt gar keine oder eine bereits geheilte Ursache vor und die Symptome verschwinden zeitverzögert von allein. Kopfschmerzen zum Beispiel können von Verspannungen im Rücken herrühren, Rückenschmerzen wiederum von Gelenkproblemen in den Beinen. Soweit möglich sollte die Behandlung aber immer der Ursache und nicht den Symptomen gelten.

Voraussetzung für die richtige Behandlung ist jedoch die richtige Diagnose. Durch gründliches Untersuchen der eigentlichen Ursache sind in der Regel sehr viel nachhaltigere und kostengünstigere Maßnahmen möglich. Diese Prinzipien können fast vollständig auf das komplexe System Fahrzeug angewendet werden, es bestehen etliche Analogien. Sowohl in der Medizin als auch in der Automobilindustrie ist jederzeit die Wirksamkeit, Angemessenheit und Ethik der Maßnahmen an Ursachen oder nur den Symptomen zu hinterfragen.

2.5.1   Diagnose in der Automobiltechnik

Einerseits existiert die Diagnose in der Automobiltechnik bereits so lange wie das Automobil selbst, andererseits ist die Diagnose durch die zunehmende Bedeutung der Automobilelektronik und vor allem der Software aber noch wichtiger geworden. Die Diagnose hat primär die Aufgabe, Fehler im Steuergerät oder auch im gesteuerten System zu erkennen, Ersatzmaßnahmen einzuleiten und den Fahrer oder das Personal in der Werkstatt zu informieren.

Bei der enormen Komplexität der heutigen Automobilelektronik und der in Software umgesetzten Funktionen sind Diagnosesysteme mit entsprechender Wissensquelle unumgänglich. Aufgrund der Anzahl und Komplexität der heutigen und zukünftigen Steuergeräte ist die Diagnose ein Vorgang, für das das Werkstattpersonal qualifiziert und durch technische Systeme im Fahrzeug sowie in der Werkstatt unterstützt werden muss.

Wirtschaftliche Bedeutung der Diagnose

2.5.2 Eigendiagnose: Onboard-Diagnose OBD

Unter der Eigendiagnose in Abb. 2.7 wird die permanente Selbstprüfung des Steuergerätes im Fahrzeug und seiner Umgebung wie Sensoren, Aktoren und Bussysteme sowie das Energiesystem und auch komplexere Systeme wie das Abgassystem oder andere Steuergeräte verstanden. Dies erfolgt oft zyklisch in einer entsprechenden Programmschleife. Die Eigendiagnose kann aber auch beim Eintreten einer entsprechenden Randbedingung oder eines Ereignisses genau dann erfolgen, wenn das Auftreten eines Fehlers wahrscheinlich ist.

Beim Auftreten eines Ereignisses muss das Steuergerät eventuell weitere Reaktionen ausführen, die eine Gefährdung von Personen oder Folgeschäden am Fahrzeug verhindern. Das ist meist der Notlauf oder sogar die vollständige Abschaltung einer Komponente. Weiterhin muss der Fehler in einem Ereignisspeicher für die spätere Analyse und Reparatur in der Werkstatt abgelegt werden.

2.5.2.1 Beispiel Motorsteuergerät

Eine sehr prominente Eigendiagnose findet im Rahmen der sogenannten EGAS-Sicherheit statt, die in Abschn. 2.11.4 detailliert wird. Hier soll die Diagnose des Fahrpedals erläutert werden. Ein fehlerhaftes elektronisches Fahrpedal kann aufgrund eines elektrischen Fehlers dem Motorsteuergerät „Vollgas" melden, obwohl der Fahrer das Pedal gar nicht betätigt.

- Eine Überwachungsstrategie im Steuergerät muss den Fehler umgehend erkennen, zum Beispiel durch eine Plausibilisierung der redundant vorgesehenen Sensorsignale oder Wertebereiche.

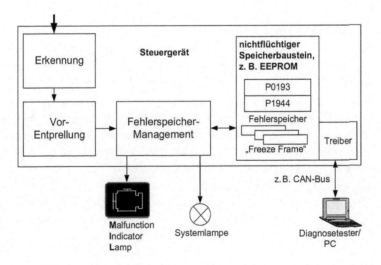

Abb. 2.7 Eigendiagnose von Steuergeräten

- Eine unbeabsichtigte Beschleunigung muss vermieden werden.
- Der Fahrer muss den Fehler bemerken können und angezeigt bekommen.
- Die Werkstatt sollte aus dem Steuergerät Informationen herauslesen können, die eine schnelle Eingrenzung des Fehlers unterstützen.

Eine übliche schrittweise Strategie der Ersatzmaßnahmen nach der Erkennung und Qualifizierung (mehrfaches Überprüfen) des Fehlers in diesem Beispiel lautet wie folgt:

- Den Motor muss auf eine konstante niedrige Drehzahl gebracht werden, mit der das Fahrzeug zwar noch in die nächste Werkstatt bewegt werden kann, eine komfortable oder zu schnelle Weiterfahrt aber nicht mehr möglich ist („Limp Home" oder „nach Hause humpeln").
- Wenn dies nicht mehr möglich ist, muss mittels „Limp aside" das Fahren zum Straßenrand ermöglicht werden.
- Es ist üblich und mittlerweile vorgeschrieben, im Armaturenbrett eine Warnung anzuzeigen, zum Beispiel über die MIL-Anzeige (Malfunction Indicator Light).
- Den Ereigniscode und gegebenenfalls die verfügbaren Messwerte analog der gesetzlichen Vorgaben abspeichern.

Bestimmte Funktionen der Onboard-Diagnose, wie beispielsweise die Überwachung abgasrelevanter Bauteile und Funktionen sowie die entsprechenden Fehlermeldungen sind aufgrund der nach Güte abgestuften begünstigten Besteuerung der Systeme gesetzlich vorgeschrieben. Nur eine funktionierende Abgasnachbehandlung kann die Emissionsvorgaben einhalten. Daraus resultiert auch die Verpflichtung zur Reparatur der Systeme, auch wenn sich das Fahrverhalten aus Kundensicht nicht verändert. Ausschlaggebend ist die aktuelle Emission des Fahrzeugs.

2.5.2.2 Fehlererkennung
Die wichtigsten vom Steuergerät erkennbaren Fehlerarten sind im Folgenden gezeigt. Oft liegt eine Kombination mehrerer Fehler vor, was eine Diagnose komplex machen kann.
Fehlerarten:

- Elektrische Fehler von Sensoren und Aktoren (z. B. Fehlsteckung in der Montage, Bauteilalterung, Defekte, Kurzschluss oder teilweise temporäre Leitungsunterbrechungen).
- Aus dem Wertebereich laufende Regelkreise ohne eine Begrenzung durch die Software.
- Fehlerhafte Kommunikation mit anderen Steuergeräten.
- Spannungseinbrüche oder Überspannungen.
- Interne Steuergerätefehler (z. B. Recovery des Betriebssystems bei Schedulingfehlern).
- Fehlgeschlagene Selbsttests. die während des Betriebs vom Fahrer unbemerkt ablaufen.

Allgemeine Methoden zur Fehlererkennung:

- Durch eine Begrenzung der physikalischen möglichen Steuergröße: z. B. Gaspedal mit Potentiometer, das mit der Betriebsspannung 5 V und Masse 0 V versorgt wird, aber dessen Messsignal im Bereich von 0,5 V und 4,5 V definiert ist. So können Leitungsbrüche und Kurzschlüsse erkannt werden, da dann auf dem Messsignal 0 V oder 5 V liegen und damit den Wertebereich verlassen.
- Durch Redundanz (Sensoren, Aktoren, etc.) mit einer Plausibilisierung der Steuergrößen: z. B. ein Gaspedal mit einem zweiten (invertierten) oder anderen Potentiometer mit anderem Messbereich [1–3 V].
- Durch eine grobe Plausibilisierung mittels verschiedener gemessener oder berechneter Größen, z. B. Leistungsabgabe elektrischer Aktoren ohne Strom, verletzt die Regel $P = U \cdot I$.
- Durch eine grobe Plausibilisierung mittels anderer gemessener Größen verwandter Sensoren, z. B. Temperaturen von Öl und Kühlwasser. Hier spielt auch die Sensorfusion eine große Rolle.

2.5.2.3 Fehlerbehandlung
Die Strategie zur Fehlerbehandlung ist nicht trivial und ebenso nicht global zu beantworten. Eins ist bei allen sicher erkannten Fehlern gleich: Sie werden dem Fehlermanagement gemeldet und im Ereignisspeicher abgelegt. Zu jedem erkennbaren Fehler gibt es eine Sicherheitsbetrachtung. Diese legt fest, was beim Eintreten des jeweiligen Fehlers im Steuergerät passiert. Zum Beispiel wird bei einem Fehler im Parklenkassistent nur dieser abgeschaltet, und nicht die gesamte Lenkung. Hier ist oft ein Kompromiss aus Sicherheit und Verfügbarkeit gefragt und zu bewerten.

2.5.2.4 Ereignisspeicher
Im Ereignisspeichermanagement wird entschieden, wie auf jeden einzelnen Fehler und dessen Folgefehler reagiert wird und wie diese gespeichert werden sollen. Der Ereignisspeicher muss nach Abschalten der Spannungsversorgung dauerhaft erhalten bleiben. Dafür werden heute die in Abschn. 1.12 vorgestellten Flash-Speicher verwendet.

Meist werden zu dem Fehler auch weitere Informationen mit abgespeichert:

- Km-Stand
- Datum und Uhrzeit
- Während des Auftretens vorliegenden Betriebsbedingungen

Für Motorsteuergeräte ist die Ablage solcher Daten bei abgasrelevanten Fehlern wie bereits erläutert gesetzlich vorgeschrieben (On-Board-Diagnose). Im Rahmen der Initiativen zur Elektromobilität werden hier etliche gesetzliche Vorgaben folgen.

2.5.3   Werkstattdiagnose: Offboard-Diagnose

Die Werkstattdiagnose bezeichnet man auch als Offboard-Diagnose. Wenn die Werkstatt ihren Diagnosetester an das Fahrzeug anschließt, der über eine spezifische, standardisierte Schnittstelle mit einem oder mehreren Steuergeräten kommuniziert, werden die folgenden Aktionen ermöglicht:

- Der Ereignisspeicher kann ausgelesen und (soweit zulässig) nach der Reparatur gelöscht werden. z. B. könnte der Fehler „Motorsteuerung: Unterbrechung Masseleitung Pedalwertgeber" auf dem Monitor angezeigt werden.
- Laufende Messwerte können permanent angezeigt werden, z. B. Motordrehzahl, Abgaswerte, etc.
- Zur Funktionsüberprüfung können auch beim in der Werkstatt auf der Hebebühne stehenden Fahrzeug Aktoren betätigt werden, z. B. die Verstellung der Drosselklappe, bei Verdacht auf einen Defekt des Drosselklappenstellers. Das beinhaltet Zustände und Aktionen, die im normalen Fahrbetrieb nicht erreichbar oder zu gefährlich sind.

Diese Funktionen gehören zum Grundumfang der Offboard-Diagnose (OBD) und werden allen Herstellern von Diagnosegeräten von den Automobilherstellern zur Verfügung gestellt.

Die Erweiterung in Form der benutzergeführten Fehlersuche, die den Benutzer (die Werkstatt) Schritt für Schritt bei der Eingrenzung des Fehlers unterstützt, erfordert viel Kenntnis über die teilweise der Geheimhaltung unterliegende Technik des Fahrzeugs. Diese **geführte Fehlersuche** ist aufwändig zu implementieren. Darum wird sie von den Automobilherstellern oft als eigenes Produkt zum Verkauf an die Werkstätten angeboten, die wirtschaftlich nicht zu den Herstellern gehören. Sie gehört nicht zum gesetzlich vorgeschriebenen Umfang der Diagnose und stellt eine Wertschöpfung im Sinne verkürzter Analysezeit und optimaler oder vermiedener Reparaturkosten dar.

2.5.4   Flashen im Kundendienst

Da im Rahmen der Reparatur von Fahrzeugen teilweise auch die Software aktualisiert werden muss, stellt der Diagnosetester diese Möglichkeit zur Verfügung. Dieser Vorgang wird als „Flashen" oder heutzutage auch als Softwareupdate bezeichnet. Beim Anschließen des Diagnosetesters an das Fahrzeug stellt der Diagnosetester in Zusammenarbeit mit der Datenbank des Fahrzeugherstellers selbstständig fest, ob ein vorgeschriebenes Update, eine sonstige Softwareaktualisierung oder eine Werkstattaktion für dieses Fahrzeug notwendig ist. Dafür ist eine Online-Verbindung notwendig.

Die Standards, gesetzlichen Vorgaben und die Verfahren zur Diagnose entwickeln sich aufgrund der steigenden Funktionalität der Fahrzeuge in einem ähnlichen Rahmen, also sehr schnell weiter. Diese werden permanent aktuell gehalten und zur Verfügung [18] gestellt.

2.5.5 Flashen im Fahrzeug-Lebenszyklus

Technisch wird nahezu im gesamten Entwicklungs- und Lebenszyklus eines Fahrzeugmodells Software auf das Steuergerät gebracht, also geflasht.

- In der **Entwicklung** wird seriennahe Software in die Steuergeräte geflasht und dabei unter realistischen Bedingungen von Fehlern befreit und optimiert. Hier ist in sehr frühen Entwicklungsphasen der Flashvorgang oft noch nicht implementiert. Die Software wird dann beispielsweise über die JTAG-Schnittstelle des offenen Prozessors in das Steuergerät gebracht.
- Beim **Fahrzeughersteller** wird in der Fertigung geflasht, um Seriensoftware in die Steuergeräte einzuspielen. Bis zur endgültigen Auslieferung können damit neuste, freigegebene Software-Entwicklungsstände berücksichtigt werden.
- In der **Werkstatt** wird wie beschrieben im Rahmen der Diagnose geflasht, um dort z. B. gesetzlich vorgeschriebene Updates und sukzessive Optimierungen der Seriensoftware oder Erweiterungen der Fahrzeugfunktionalität auf das Steuergerät zu bringen.

Der technische Flashvorgang durch das Flashtool (Diagnosetester, Software auf dem Laptop oder in der Produktionsanlage) erfolgt weitgehend automatisch:

- Die Verbindung zum Fahrzeug (Steuergerät) wird hergestellt.
- Die Gewünschte Softwareversion wird ausgewählt.
- Der Flash-Vorgang wird gestartet.

Dafür ist der Flash-Bootloader auf dem Steuergerät verantwortlich. Er besteht aus drei Komponenten:

- Bootloader
- Flashtreiber
- Flashtool (Verbindung nach außen)

Der Bootloader wird in den geschützten Speicherbereich des Steuergeräts integriert und kann dort in der Regel nicht entfernt werden. Beim „Hochfahren" des Steuergeräts prüft der Bootloader, ob eine gültige Anwendung vorhanden ist. Bei fehlerhafter Software im Steuergerät wechselt er in einen Bereitschaftsmodus. Dies ist vor allem in der Entwicklungsphase wichtig, um den Download einer Applikationssoftware über den Bus zu initialisieren.

Es folgt die Vorbereitung durch Auswahl der gewünschten Software-Version (Diagnosetester, Software auf dem Laptop), das Starten des Flash-Vorgangs und die Informations- und Fehleranzeige. Parallel erfolgt die Überwachung und Kontrolle des laufenden Flashvorgangs.

Nach einem erfolgreichen Flashvorgang wechselt der Bootloader in den „normalen"
Betriebszustand des Steuergeräts mit seiner eigentlichen Funktion. Ist der Bootloader
nicht mehr ansprechbar, muss das Steuergerät wie in der Phase der frühen Entwicklung
geöffnet werden, um die Software direkt an den Prozessorpins der JTAG-Schnittstelle
wieder in einen definierten Zustand zu versetzen. Dies kann im Fahrzeugbetrieb bei sach-
gemäßem Gebrauch nicht auftreten. Der Bereich des illegalen Tunings wird hier nicht
betrachtet.

2.6   Netzwerksoftware

2.6.1   Implementierung von Netzwerkprotokollen

Netzwerke wurden im ersten Teil dieses Buch bereits behandelt. Die dort vorgestellten
Prinzipien und Protokolle der Busschnittstellen der Steuergeräte werden in Form sogenannter Netzwerksoftware, z. B. als Umsetzung des CAN-Zugriffsprotokolls implementiert. Diese Module sind oft ein Bestandteil des Betriebssystems oder der Basissoftware
und werden meist als fertiger Software-Stack von speziellen Herstellern angeboten und
dazugekauft.

2.6.2   Kommunikation und funktionale Vernetzung (Konnektivität)

In Zukunft werden die Fortschritte auf den Gebieten Vernetzung und Kommunikation
einen wesentlichen Beitrag zu den Innovationen im Fahrzeug liefern. Vernetzung ist hier
nicht nur die Vernetzung der Systeme im Fahrzeug, sondern vor allem die Vernetzung
des Fahrzeugs mit der Welt (Connected World – Konnektivität). Dies eröffnet dem Fahrzeug und seinen Nutzern neue Möglichkeiten der Kommunikation und Information sowie
innovative neue fahrzeug- und reisespezifische Anwendungen, die bis in die allgemeine
Mobilität reichen werden.

Beim täglichen Autofahren werden besonders die neuen Möglichkeiten der Navigation
in der vernetzten Welt von heute und morgen sichtbar werden. Diese werden dem Autofahren und auch dem Planen einer Strecke eine neue Qualität geben. Vor allem auch
deshalb, weil durch intelligente neue Ansätze der Fahrzeugbedienung und Anzeige die
Interaktion zwischen Mensch und Fahrzeug intuitiver und einfacher wird.

Eine Schlüsseltechnologie in der Digitalisierung wird hier die intelligente Anbindung
mobiler Endgeräte wie Smartphones sein, die in den gesamten Alltag der Menschen integriert sind. Ebenso ist die Anbindung und Nutzung globaler Datenquellen und des Ar-
beitsplatzes sowie des Hauses oder der Wohnung des Kunden und dessen Umgebung bei
der Verwendung einer ortsgebundenen oder flexiblen Ladestation für Elektrofahrzeuge
eine wichtige Disziplin.

Weitere Informationen können durch die Kommunikation der Fahrzeuge untereinander ausgetauscht und plausibilisiert werden. Die Informationen vieler eingeschalteter Scheibenwischer, Nebelleuchten oder sogar über ESP-Eingriffe in einer Region liefern zuverlässigere Informationen über die Wetterlage und den Straßenzustand als eine Vorhersage oder Software mit Prognosedaten. Diese Daten können dann sogar global zur Verfügung gestellt und unter den entsprechenden rechtlichen Rahmenbedingungen ausgewertet und (kommerziell) genutzt werden.

2.7 Funktionssoftware

Neben den für den Nutzer zum Teil verborgenen Teilen der Funktionssoftware, nämlich die Steuerungs- und Regelungsfunktionen wie beispielsweise der Geradeauslauf als Funktion der Lenkung oder der Ruckeldämpfer der Motorsteuerung gibt es viele Funktionen mit direkter Wahrnehmbarkeit für den Kunden. Diese setzen die Funktionalität des Fahrzeugs um und werden teilweise auch in die Mehrausstattung des Fahrzeugs aufgenommen. Beispiele sind den Einparkassistent oder eine Geschwindigkeitsregelung.

Funktionssoftware für das Fahrzeug von morgen

Im Folgenden werden wichtige Vertreter für die Funktionssoftware zunächst in einzelnen Steuergeräten und dann für über das gesamte Fahrzeug verteilte Funktionen gegeben. Zunächst soll jedoch die Verteilung der Funktionen und die Fragmentierung sowie die Zuordnung von Steuergeräten zu Domänen im Fokus stehen.

2.7.1 Fragmentierung von Steuergeräten

Im bisherigen Verlauf der Erläuterung der Architektur wurde in Abb. 1.6 das Mapping von Funktionen auf Steuergeräte eingeführt. Es stellt sich die Frage, warum überhaupt mehrere Steuergeräte notwendig sind.

Verschiedene Vorteile sprechen für einen zentralen und entsprechend leistungsstarken Rechner im Fahrzeug.

- Das Mapping von der logischen auf die technische Systemarchitektur ist nicht nötig.
- Es gibt nur ein Steuergerät, das bei Bedarf gewartet werden kann. Hier könnte man permanent die Software aktuell halten und sogar den Prozessor tauschen sowie den Speicher erweitern.

- Die Kosteneinsparung in Bezug auf die Entwicklung und auch die Produktion und Logistik in den Werken wäre durch die Zusammenführung sehr hoch.
- Es entsteht ein geringeres Fehlerpotential beim Zusammenspiel von Funktionen.
- Der Softwaretest ist deutlich vereinfacht.
- Weniger Stromverbrauch führt zu Kraftstoffeinsparungen.

Diese Konstellation ist allerdings auch mit einer Reihe signifikanter Herausforderungen und Nachteile verbunden, die bisher den Einsatz eines einzigen zentralen Steuergeräts zu einem hochkomplexen Forschungsthema machen.

- Es muss ein aufwändiger Fehlerreaktionsmechanismus vorhanden sein, da sonst ein kleiner Fehler das gesamte Fahrzeug blockieren kann.
- Für jede Fahrzeugvariante muss ein neues Steuergerät entwickelt werden (weniger Wiederverwendungspotential).
- Es ist keine Skalierung möglich. Eine Basisvariante des Fahrzeugs nutzt nur einen kleinen Funktionsumfang und benötigt dennoch den leistungsstarken Rechner mit hohem Stromverbrauch und hohen Materialkosten.
- Die Fehlerdiagnose wird sehr komplex, da nur schwer Komponenten ausgeschlossen und gewechselt werden können.
- Das auf dem Frage-Antwortspiel basierende Sicherheitskonzept muss überarbeitet werden.

Diese Konstellation hat dazu geführt, dass die Zahl der Steuergeräte in der aktuellen Serienentwicklung und Architektur nicht in unendliche Dimensionen, wie beispielsweise ein Steuergerät je Funktion wächst. Der Zentralrechner bleibt heutzutage allerdings ein Forschungsthema. Das Funktionsmapping und die Anzahl der dafür notwendigen Steuergeräte sind und bleiben damit eine Optimierungsaufgabe mit hohem Bedarf an Erfahrung und Kreativität sowie Wertschöpfungspotenzial in der Software und Fahrzeugentwicklung. Es stellt wie bereits erwähnt ein Alleinstellungsmerkmal für das Know-how des Fahrzeugherstellers dar.

2.7.2 Steuergerätedomänen

Beim heutigen Stand der Technik hat es sich als eine sehr gute Lösung herausgestellt, die Steuergeräte in Domänen einzuteilen. Ähnliche Funktionen werden auf Steuergeräte verteilt, die einen bestimmten Funktionsbereich optimal abdecken können, beispielsweise die Motorsteuerung. Oft sind die Domänen mit einem lokalen optimalen Bussystem untereinander verbunden und wie in Abschn. 1.6.8 vorgestellt über ein Gateway-Steuergerät miteinander gekoppelt.

Die Domänen erfüllen verschiedene Anforderungen. Die funktionalen Anforderungen beschreiben die operationalen Eigenschaften, was ein System können muss. Die nichtfunktionalen Anforderungen beschreiben die zu erfüllenden Randbedingungen aus Normen und Gesetzen und „weiche" Eigenschaften des zu entwickelnden Systems.

Beispiele für funktionale Anforderungen:

- Die Multifunktionsanzeige soll vierfarbig sein.
- Die maximale Einspritzmenge soll 1,2 mg/100 rpm sein.
- Der Motor soll einen Schichtladebetrieb ermöglichen.
- Die elektronische Lenkhilfe muss im Fehlerfall innerhalb von 20 ms abschalten.
- Der Airbag muss bei einem erkannten Crash innerhalb von 50 ms auslösen.

Beispiele für nichtfunktonale Anforderungen:

- Das Steuergerät muss im Temperaturbereich von −50 bis +50 °C ohne Fehler funktionieren.
- Die Sicherheitsnorm ISO 26262, Teil 6, Abschnitt 4 muss erfüllt werden.
- Das Erprobungslastenheft XYZ des Fahrzeugherstellers muss eingehalten werden.

In diesem Zusammenhang werden Anforderungen auch oft in Form sogenannter mitgeltender Unterlagen vorgegeben. Das kann auf der einen Seite zu einer sehr hohen Wahrscheinlichkeit der Abdeckung aller Eventualitäten, allerdings auf der anderen Seite auch zu einer maximalen Undurchsichtigkeit im Sinne einer vollständigen Nachweisführung führen.

Im Folgenden werden unterschiedliche Steuergerätedomänen und die spezifischen Anforderungen in der Praxis in unterschiedlichen Detaillierungsgrad beispielhaft erläutert.

2.7.3 Klimasteuerung

Die funktionalen Anforderungen an eine Klimasteuerung in Abb. 2.8 sind je nach Modell, Leistung und Fahrzeug recht unterschiedlich in Bezug auf zu erreichende Temperaturen und Geschwindigkeiten. Hierzu gehören auch die möglichen Einsatzorte des Fahrzeugs mit ihren klimatischen Bedingungen.

Wesentliche Funktionale Anforderungen an ein Klimasteuergerät:

- Die Temperaturen für Fahrer und Beifahrer müssen getrennt einstellbar sein.
- Bei Ausfall des Klimakompressors ist ein Heiz- und Lüftungsbetrieb durchzuführen.
- Ein Beschlagen der Frontscheibe muss verhindert werden können.

Beispiele für nichtfunktionale Anforderungen an ein Klimasteuergerät können die Folgenden sein:

- Die Klimasteuerung darf die Echtzeitfähigkeit des Motorsteuergeräts nicht beeinflussen.

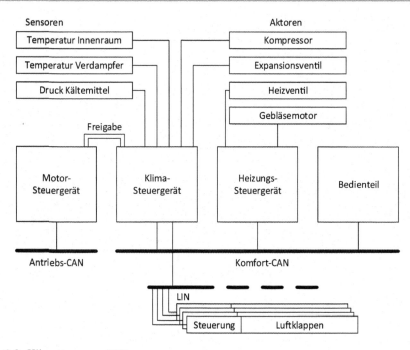

Abb. 2.8 Klimasteuerung. ([2])

- Es ist eine Erhöhung des Motormoments beim Einschalten des Klimakompressors nötig.
- Die Klimasteuerung darf im Fehlerfall keine Rückwirkung auf das Bordnetz haben.

2.7.4 Motorsteuerung

Beim Benzinmotor werden seit dem Entfall des Zündverteilers, des Vergasers und der mechanischen Bowdenzugverbindung der Drosselklappe mit dem Fahrpedal die Position der Drosselklappe und die Kraftstoffeinspritzung durch die Motorsteuerung elektronisch geregelt und durch ein Steuergerät berechnet. Dies wurde durch die Einführung der Katalysatoren mit Lambdaregelung im Rahmen der Abgasgesetzgebung notwendig. Die Genauigkeit des Zusammenspiels von Luftmasse, Kraftstoffmenge und Zündwinkel war nicht mehr ohne Software einzustellen, um die optimalen Abgaswerte zu erreichen und die gesetzlichen Vorgaben einzuhalten. Diese Einhaltung der Grenzwerte für die EU- oder US-Normen ist die Basis für die Besteuerung und Zulassung der Fahrzeuge, also von hoher Priorität für Hersteller und Kunden.

Es ist damit ein komplexes „Drive-by-wire" oder E-Gas Konzept in Abb. 2.9 gezeigt entstanden, dessen Software- und Sicherheitskonzept zur Vermeidung von Selbstbeschleunigung durch Bauteildefekte oder Rechenfehler immer weiter ausgereift ist. Dieses Konzept

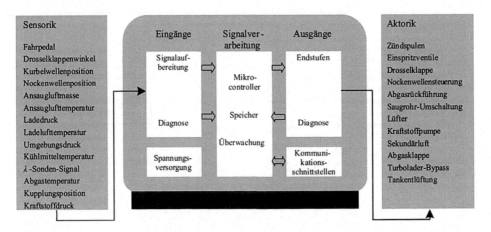

Abb. 2.9 E-Gas Konzept der Motorsteuerung. ([1] Bild 5-1)

wird bei der Erläuterung des Drei-Ebenen-Konzepts im Rahmen der funktionalen Sicherheit in Abschn. 2.8.5 erneut aufgenommen. Die Messwerte etlicher Sensoren für Temperaturen, Druck oder Positionen werden in Sollwerte für komplexe Aktoren wie Zündspulen oder Pumpen sowie weitere Steuergeräte, z. B. die Glühsteuerung beim Diesel, umgerechnet.

Im Motorsteuergerät wird die Auswertung des Fahrpedalsignals, also dem Fahrerwunsch nach einem Drehmoment zum Vortrieb des Fahrzeugs durch den Motor durchgeführt. Das wird mittels der danach benannten Momentenstruktur zur Berechnung der Drehmomente mit der zugehörigen Füllungserfassung der Luft im Zylinder und der Berechnung einer dafür optimalen Kraftstoffmenge nach Verbrauch und Abgas durchgeführt. Dazu gehören auch die Bestimmung des Zündwinkels beim Benziner, die Regelung der Drehzahl des Turboladers und viele andere Verfahren [1].

Zusätzlich ist eine Reihe weiterer Funktionen wie die Klopfregelung, die Abgasnachbehandlung und auch die Geschwindigkeitsregelung implementiert, alles natürlich inklusive der bereits beschriebenen Diagnosefunktionen. Die nichtfunktionalen Anforderungen an die Motorsteuerung können unter anderem die folgenden sein:

- Die Berechnung der Einspritzmenge muss innerhalb der Zeit einer Umdrehung des Motors erfolgen.
- Der Betrieb des Motors ist von -25 bis $+75\,°C$ sicherzustellen.
- Bei der Entwicklung der Motorsteuerung ist die VDA Richtlinie zur EGAS-Sicherheit einzuhalten.

Bei Fehlern in der Motorsteuerung wird auf ein Grundprogramm, den Notlauf in Abb. 2.10 zurückgesprungen. Dieser sorgt bei verminderter Leistung und Drehzahl für eine Schonung des Motors, erlaubt dem Fahrer jedoch je nach Schwere des Fehlers bei deutlich vermindertem Fahrkomfort und Leistung die Fahrt in die Werkstatt („Limp home") oder an den Fahrbahnrand („Limp aside").

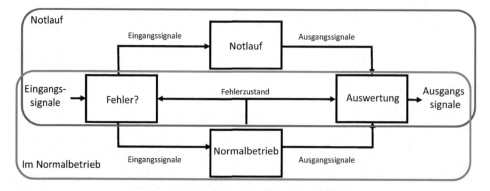

Abb. 2.10 Notlaufbetrieb der Motorsteuerung

2.7.5 Lenkungssteuerung

Seit der Ablösung der hydraulischen Lenkunterstützung durch eine elektronische Lenkungssteuerung mittels eines Elektromotors, der Elektronik und dem zugehörigen Steuergerät ist es möglich, zusätzlich zur normalen Lenkhilfe weitere Funktionalität für die Lenkung umzusetzen. Diese wird eine Basis für das autonome Fahren der Zukunft sein.

Aufgrund gesetzlicher Vorgaben ist das Lenkrad allerdings in aktuellen Systemen noch in jedem Fall mechanisch mit den Rädern verbunden, was das heutige Sicherheitskonzept überhaupt möglich macht. Der Fahrer hat in jedem Fall mechanischen Straßenkontakt mit den Reifen über das Lenkrad. Diese Kopplung erschwert jedoch einen potenziellen Einsatz für das autonome Fahren, da sich das Lenkrad bei jeder Bewegung ständig mitdreht. Es ist also noch kein echtes „Steer-by-wire" gesetzlich erlaubt. Es ist allerdings zu erwarten, dass innerhalb der Offensiven zur Digitalisierung und speziell zum autonomen Fahren hier gerade durch den internationalen Wettbewerb Handlungsbedarf besteht und eine Überarbeitung der Gesetzeslage kurzfristig wahrscheinlich ist.

Die Software des Lenkungssteuergeräts wird in die Basissoftware, den Funktionsteil und die Überwachung aufgeteilt, die im Rahmen des Sicherheitskonzepts in Abschn. 5.13 erläutert wird. Die Architekturmerkmale der Software sind der modulare Aufbau der Lenkfunktionen und die maximale Verfügbarkeit des Lenksystems. Im Fehlerfall wird, soweit möglich, nur die fehlerhafte Lenkfunktion deaktiviert und eine reine Lenkunterstützung beibehalten. Die Funktionalität einer intelligent implementierten Lenksoftware ist ein Qualitätsmerkmal des Fahrzeugherstellers.

Darüber hinaus gibt es noch eine Vielzahl nichtfunktionaler Anforderungen aus der Norm für die Entwicklung sicherheitsrelevanter Elektronik und Software sowie aus den Vorgaben zur Entwicklungs- und Testqualität, die sich der Hersteller eines solchen Systems selbst auferlegt. Diese können wie bereits weiter vorn erwähnt in Form mitgeltender Unterlagen vorgegeben werden.

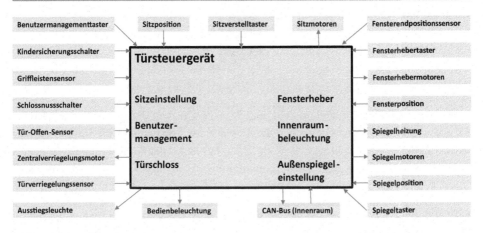

Abb. 2.11 Türsteuergerät

2.7.6 Türsteuerung

Das Türsteuergerät implementiert durch die Anordnung der Schalter für Fenster, teilweise Sitze und die Türkontakte etliche Funktionen der Schließung, des Komforts und der Vorbereitung des Fahrzeugbetriebs (Aufwecken des Fahrzeugs aus dem Energiesparmodus bei der Öffnung der Tür durch den Fahrer). Eine bespielhafte Umsetzung ist in Abb. 2.11 gezeigt.

Eine elektronische Türsteuerung unterliegt anderen Echtzeit- und Sicherheitsanforderungen als eine Motorsteuerung oder eine Lenkungssteuerung. Hier ist im Wesentlichen der Einklemmschutz zu gewährleisten, der anders als bei Motor oder Lenkung keinen Einfluss auf den Fahrbetrieb hat.

Ein Auszug aus den nichtfunktionalen Anforderungen kann der Folgende sein:

- Es muss ein Einklemmschutz sichergestellt sein.
- Beim Ausfall der elektronischen Fensterheberfunktion muss ein mechanisches Öffnen und Schließen des Fensters möglich sein.
- Der Ausfall der elektronischen Fensterheberfunktion darf keine Rückwirkung auf das Schließkonzept des Fahrzeugs haben.

2.7.7 Verteilte Funktionen

Heutzutage sind im Rahmen des Funktionsmappings viele Funktionen jedoch über mehrere Steuergeräte verteilt. Eine solche über mehrere Steuergeräte der E/E-Architektur des Fahrzeugs verteilte Funktion wie das Blinken wurde bereits vorgestellt. Ebenso sind komplexe Funktionen wie „Adaptive Cruise Control (ACC)", also die auf das vorausfahrende Fahrzeug abgestimmte Geschwindigkeitsregelung, verteilte Funktionen.

Allgemeine Erläuterung des Zusammenhangs verteilter Funktionen und Anzahl der Steuergeräte

Eine weitere dieser verteilten Funktionen ist die „Leaving Home- & Coming Home-Funktion". Beim Verlassen des Fahrzeuges werden das Abblendlicht, die Umfeldleuchten in den Außenspiegelgehäusen, das Schlusslicht der Heckleuchten und die Kennzeichenbeleuchtung verzögert ausgeschaltet (coming home) bzw. eingeschaltet, wenn der Fahrer mit der Funkfernbedienung die Verriegelung der Türen öffnet (leaving home). So kann die Fahrzeugaußenbeleuchtung genutzt werden, um bei Dunkelheit den Weg zur Haustür bzw. den Weg zum Fahrzeug zu beleuchten. Diese Funktion zeichnet sich dadurch aus, dass keinerlei zusätzliche Elektronik oder Hardware notwendig ist, um die Funktion zu implementieren. Die Software nutzt lediglich die ohnehin vorhandenen Ressourcen.

Es sind etliche weitere verteilte Funktionen denkbar. Die Zukunft der Funktionsentwicklung im Rahmen der Digitalisierung der Automobilindustrie wird darin bestehen, vorhandene elektronische Ressourcen im Fahrzeug zu nutzen und lediglich neue Software zu integrieren. Das Hinzunehmen neuer Hardware wie Sensoren oder ganze Steuergeräte wird nur noch im begründeten Einzelfall geschehen, da dies in Bezug auf Produktion und Logistik im Vergleich zur Anpassung einer Software mit deutlichen Kostensprüngen verbunden ist. Die wirtschaftliche Lösung ist ein intelligentes Funktionsmapping wie in Abb. 1.6 beschrieben.

2.8 Überwachungskonzepte für sicherheitsrelevante Systeme

Für verschiedene sicherheitsrelevante Systeme im Fahrzeug gelten die Anforderungen der IEC 61508 [20] oder ISO 26262 [18]. Die elektronische Lenkung und Motorsteuerung wurden hier beispielhaft vorgestellt, die Norm gilt jedoch auch für weitere Systeme.

2.8.1 Anforderungen aus den Normen

Während die Anforderungen an die Entwicklungsprozesse im Kap. 5 zur Prozessmodellierung vorgestellt werden, sollen hier Beispiele für die Umsetzung der technischen Anforderungen an die die Softwareentwicklung, die Rechner und die verteilten Funktionen in der Architektur gezeigt werden. Diese Anforderungen aus der IEC 61508 [20], die für die Automobilindustrie in die ISO 26262 [18] übergegangen ist, sind im Folgenden auszugsweise gezeigt. Ein + bedeutet eine Empfehlung oder Notwendigkeit, ein – die Empfehlung zur Vermeidung der Verfahren. 0 ist neutral im Sinne einer Empfehlung.

Verfahren	SIL1	SIL2	SIL3	SIL4
Fehlererkennung und Diagnose	0	+	++	++
Fehlererkennende und -korrigierende Codes	+	+	+	++
Plausibilitätskontrollen	+	+	+	++
Externe Überwachungseinrichtungen	0	+	+	+
Diversitäre Programmierung	+	+	+	++
Regenerationsblöcke	+	+	+	+
Rückwärtsregeneration	+	+	+	+
Vorwärtsregeneration	+	+	+	+
Regeneration durch Wiederholung	+	+	+	++
Aufzeichnung ausgeführter Abschnitte	0	+	+	++
Abgestufte Funktionseinschränkungen	+	+	++	++
KI – Fehlerkorrektur	0	–	–	–
Dynamische Rekonfiguration	0	–	–	–

Die Fehlererkennung und Diagnose der Software selbst beinhalteten Maßnahmen zum Auffinden, Erkennen und Vermeiden von Fehlern, die in Abschn. 2.5 detailliert erläutern wurden. Fehlerhafte Signale auf dem Bus führen zu Ersatzwerten und zu Ereignisspeichereinträgen.

2.8.2 Abgestufte Funktionseinschränkung

Bei der Fehlererkennung wird das Konzept einer abgestuften Funktionseinschränkung wie bereits beim Notlauf in Abb. 2.10 gezeigt verfolgt. Das Aufrechterhalten der Hauptfunktionalität eines Systems kann durch das Abschalten weniger kritischer Komponenten sichergestellt werden. Hierbei wird auch der Kontext des Fehlers bezogen auf den Betriebszustand des Fahrzeugs berücksichtigt.

Exemplarisch wird bei einem Fehler im Parklenkassistent nur dieser deaktiviert, bei einer Unterspannung wird die Lenkunterstützung begrenzt und bei fehlenden Lenkwinkelsignalen erfolgt keine aktive Rückstellung auf die Mitte, während die Grundfunktion einer Lenkunterstützung erhalten bleibt.

Ein deutlich komplexeres Konzept ist die Kompensation ausgefallener Sensoren durch Nutzung noch vorhandener Messwerte und eine sehr intelligente Software, die in einem solchen Fall die Maximale Sicherheit mit einem noch optimal möglichen Lenkkomfort kombiniert.

2.8.3 Diversitäre Programmierung

Für die Implementierung der Software der Überwachungseinrichtungen gilt das Prinzip der diversitären Programmierung. Softwarekomponenten, die sich gegenseitig überwa-

chen oder plausibilisieren, müssen zur Vermeidung systematischer Fehler diversitär erzeugt werden. Das bedeutet die folgenden konkreten Maßnahmen:

- Unterschiedliche Teams und Entwickler
- Andere Programmiersprachen
- Andere grafische Programmiersprachen (modellbasiert)
- Unterschiedliche Compiler und Toolketten

In diesem Sinne der Diversität darf auch niemals ein Entwickler seine Software selbst
testen und freigeben. Die Rollen dazu werden in Abschn. 3.4 im Detail erläutert. Im Rahmen der sicherheitsrelevanten Entwicklung erfolgen alle Freigaben im Mehraugenprinzip
durch Reviews.

2.8.4 Redundanz in der Elektronik

Eine Erhöhung der Verfügbarkeit und der Sicherheit eines Systems kann durch den Einsatz exakt gleicher, parallel rechnender Hardware als Redundanz verbessert werden. Beim
Ausfall einer Komponente übernimmt die andere die Funktionalität.

Ein Beispiel ist das in der Luft- und Raumfahrt weit verbreitete Drei-Rechner-Kon-
zept, das allerdings in der Automobilindustrie, unter anderem auch aus Kostengründen
und der begrenzten Möglichkeit zum Einbau von drei Rechnern für eine Aufgabe nicht
angewendet wird.

Bei sogenannten „Voting" wird entschieden, wie bei Abweichungen der Berechnung
durch die zwei Hauptrechner verfahren wird. Im Normalfall entscheidet dies der dritte
Rechner. Die Konzepte hierzu sind in der Norm für die sicherheitsrelevante Entwicklung
in der Luft- und Raumfahrt, der DO178B festgelegt und werden im Wesentlichen in diesen
Bereichen angewendet. Die DO178B ist ebenfalls im Wesentlichen in die ISO 26262 [18]
übergegangen.

2.8.5 Watchdog und Drei-Ebenen-Konzept

Nahezu alle Mikrocontroller haben einen Watchdog-Timer, der nach einer beim Systementwurf festgelegten Zeit der Inaktivität des Hauptprozessors einen Reset ausführt, um
einen Systemstillstand durch einen undefinierten Zustand der Software zu vermeiden. Bei
diesem einfachen System wird der Watchdog-Timer durch den Prozessor zyklisch zurückgesetzt, um den Reset zu verhindern. Bleibt das Rücksetzen aus, führt der Watchdog den
beschriebenen Reset für das gesamte System durch.

In der Automobilindustrie hat sich mit der Einführung der EGAS-Sicherheit im Bereich
der Motorsteuerung das deutlich komplexere Drei-Ebenen Konzept in Abb. 2.12 etabliert.

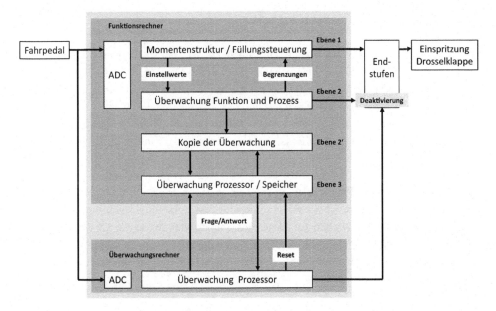

Abb. 2.12 Sicherheitskonzept der Motorsteuerung. ([1] Bild 5-10)

Dies wurde zwischen Automobilherstellern, Zulieferern und den Behörden in Arbeitskreisen abgestimmt und ist der aktuelle Stand der Technik in der Automobilindustrie. Es sind keine sicherheitsrelevanten Fehler aus der Praxis bekannt, die nicht durch das Drei-Ebenen Konzept erkannt wurden. Dieses Verfahren über die Motorsteuerung hinaus genauso für andere sicherheitsrelevante Systeme im Fahrzeug oder anderen Industriezweigen angewendet werden.

2.8.5.1   Funktionsrechner

- Im Funktionsrechner werden in der Ebene 1 die Funktionalitäten gerechnet. Bei der Motorsteuerung sind das die Momentenstruktur und weitere Funktionen. Im Lenkungssteuergerät sind dies die Lenkfunktionen wie beispielsweise der Parklenkassistent und die Geradeauslaufkorrektur.
- Die Ebene 2 überwacht diese Funktionen der Ebene 1, indem sie auf anderen algorithmischen Wegen und den Prinzipien der diversitären Programmierung die Werte der Ebene 1 vereinfacht nachrechnet, plausibilisiert oder lediglich Maximalwerte/Grenzen überwacht. Die Ebene 2 ist in der Lage, die Werte der Ebene 1 zu begrenzen/limitieren und/oder die Endstufen abzuschalten.
- In der Ebene 2′ wird eine Kopie der Überwachung angelegt.
- Die Ebene 3 überwacht den Prozessor und den Speicher, die Kopie der Überwachung (Ebene 2′) und führt ein Frage- und Antwortspiel mit dem Überwachungsrechner durch das gegenseitige Stellen und Überprüfen von Berechnungsaufgaben aus.

2.8.5.2 Überwachungsrechner

- Der Überwachungsrechner (in einfachsten Fall ein Watchdog) überwacht den Prozessor und den Speicher des Funktionsrechners. Er führt das Frage/Antwortspiel mit der Ebene 3 durch das gegenseitige Stellen und Überprüfen von Berechnungsaufgaben oder ein reines Prüfen der Aktivität aus.
- Erkennt einer der beiden Rechner einen Fehler oder Stillstand des anderen, werden die Endstufen deaktiviert, ein Reset durchgeführt und ein Eintrag im Ereignisspeicher abgelegt.

2.8.5.3 Ablauf der Überwachung mittels Fehlerzähler

Eine robuste Funktion der Überwachung muss für einige, nicht der höchsten Sicherheitsstufe unterliegende Funktionen im Sinne der Systemverfügbarkeit nicht sofort bei der ersten Abweichung zu einem vollständigen Abschalten des Systems führen. Dazu ist ein sogenannter Fehlerzähler implementiert. Das Frage- und Antwortspiel mit der Ebene 3 läuft dann wie folgt ab:

- Der Überwachungsrechner prüft den Funktionsrechner.
- Der Funktionsrechner prüft den Überwachungsrechner.
- Der Fehlerzähler wird bei einer Abweichung inkrementiert.

Der Fehler wird für diese Funktionen erst bei einer definierten Anzahl von Fehlern qualifiziert und kann je nach Stand des Fehlerzählers unterschiedliche abgestufte Ersatzmaßnahmen ausführen. Wird ein Fehler nachhaltig abgestellt, kann der Zähler auf null zurückgesetzt werden. Diese „entprellte" Form der Fehlererkennung gilt nur für Funktionen mit einer entsprechenden Einstufung im Sicherheitskonzept, die damit die Chance zur Heilung des Systems nach einem einmaligen tolerierten Fehler erhalten.

Für den Fall, dass der Funktionsrechner gar keine Antwort oder die Antwort zu einem völlig falschen Zeitpunkt sendet, werden die domänenspezifischen Fehlerreaktionen (Abschalten des Motors, Notlauf der Lenkung, ...) sofort eingeleitet und der Funktionsrechner neu gestartet.

2.9 Herstellerübergreifende Softwarestandards

Die immer größer werdende Komplexität der Fahrzeugelektronik mit wachsender Vernetzung der Teilsysteme und der Kostendruck fördern das Bestreben nach Standardisierung von elektronischen Bauteilen und vor allem von Software. Dies liegt im Wesentlichen daran, dass große Teile der Software keinen „erfahrbaren" Kundennutzen bringen und lediglich zum Betrieb des elektronischen Systems notwendig sind. Das bereits beschriebene Konzept zur EGAS-Sicherheit ist ein solcher Standard.

Bedeutung von Standards in der Automobilindustrie

Ziel der Standardisierung ist eine aus der Mechanik und Elektronik bekannte Komponentenarchitektur für Software, deren Schnittstellen vereinheitlicht oder sogar genormt sind. Diese Standardisierung unterscheidet vor allem zwischen Komponenten, die einen herstellerspezifischen Kundennutzen, d. h. eine differenzierende und damit verkaufbare Funktion beinhalten oder lediglich Teil der Infrastruktur und damit austauschbar sind. Die wesentlichen Merkmale und Anforderungen an eine solche Komponentenarchitektur für Software sind die Folgenden:

- Definition von Schnittstellen
- Kommunikationsmechanismen zwischen Komponenten
- Austauschbarkeit von Komponenten
- Wiederverwendbarkeit

2.9.1 Historie

Wie bereits bei den Bussystemen in Abschn. 1.6.3 erläutert, wurden vor 1990 Bussysteme und Kommunikationsprotokolle in der ISO 9141 KFZ-Diagnosetest (Off Board) standardisiert [18]. Im Jahr 1995 wurde ein Betriebssystemstandard vorgelegt. Dieser nennt sich „Offene Systeme für die Elektronik im Kraftfahrzeug/Vehicle Distributed Executive (OSEK/VDX)" [15] und ist in der Softwareentwicklung der Automobilindustrie sehr verbreitet.

Seit etwa dem Jahr 2000 wird an der Standardisierung der Softwarearchitektur der Steuergeräte und der Absprache der Entwicklungs- und Testmethoden in verschiedenen Arbeitskreisen gearbeitet. Dazu gehören die Standards des ASAM e. V. [17], die Hersteller-Initiative Software (HIS), die Automotive Open Systems Architecture (AUTOSAR) [16] und die Japanese Automotive Software Platform Architecture (JASPAR). Absprachen sind hier nicht als kartellrechtliches Problem von Preisabsprachen zu verstehen. Es geht bei den Standards um die reine Vermeidung von mehrfachen Aufwänden und daraus entstehenden Kosten, was den Automobilherstellern, Zulieferern und auch Kunden zugutekommt.

Die meisten derartigen Initiativen beginnen in der Regel innerhalb einer kleinen Gruppe von Fahrzeugherstellern unter Mitwirkung ihrer wichtigsten Zulieferer. Die Arbeitsgebiete der verschiedenen Initiativen überlappen sich oft stark und die meisten Firmen finden sich nach kurzer Zeit in allen diesen Gremien in unterschiedlichen Rollen wieder. Während die einen an einer echten Standardisierung und schnellen Fortschritten interessiert sind, arbeiten andere mit, um Standardisierungsbestrebungen, die dem eigenen

Produktportfolio gefährlich werden könnten, zu verzögern. Teilweise ist die Teilnahme auch lediglich dem Zweck geschuldet um zu sehen, woran der Wettbewerb arbeitet. Zielsetzungen, Stand und Qualität der erzielten Resultate lassen sich für Außenstehende und oft auch für Beteiligte nur schwer beurteilen und tragen die Früchte erst nach Jahren.

Konkrete Ergebnisse in Form von abgestimmten Standards, Entwicklungsmethoden und sogar Softwarebibliotheken haben die Initiativen OSEK/VDX [15], ASAM [17] und AUTOSAR [16] im Raum der europäischen Automobilindustrie hervorgebracht. Darum werden diese kurz vorgestellt.

2.9.2 Beispiel OSEK/VDX: Betriebssysteme

„Offene Systeme und deren Schnittstellen für die Elektronik im Kraftfahrzeug" (OSEK) wurde 1993 von BMW, Daimler-Benz, Opel, Volkswagen, Bosch, Siemens und dem Institut für industrielle Informationstechnik der Universität Karlsruhe gegründet. 1994 erfolgte der Zusammenschluss mit der 1988 gegründeten französischen VDX-Initiative (Vehicle Distributed Executive) bestehend aus PSA (Peugeot, Citroën) und Renault. Die Gründungsmitglieder bilden heute das Steering Committee.

Den technischen Hauptkern des Systems bildet das OSEK OS (Operating System), das ein ereignisgesteuertes Echtzeit-Multitasking-Betriebssystem mit Möglichkeiten zur Task-Synchronisation sowie Ressourcenverwaltung festlegt. Es ist als verteiltes System ausgelegt und definiert eine Interaktionsschicht OSEK COM (Communication). Für die Überwachung und Verwaltung eines Bussystems wurde OSEK NM (Network Management) definiert.

Zur Beschreibung der Konfiguration eines Systems wurde die OSEK OIL (OSEK Implementation Language) definiert. Die Diskussion über zeitgesteuerte Bussysteme wie FlexRay hat auch vor dem OSEK Betriebssystem nicht Halt gemacht und dort zur Definition einer zeitgesteuerten Betriebssystemvariante OSEK Time und einer Kommunikationsschicht mit besserer Fehlertoleranz OSEK FTCOM (Fault Tolerant Communication) geführt.

Um die Entwicklung von Testwerkzeugen zu erleichtern, liegt mit OSEK ORTI (OSEK Run Time Interface) eine Spezifikation für die Schnittstelle zwischen der OSEK/VDX Laufzeitsoftware im Steuergerät und externen Debuggern, Emulatoren und anderen Software-Testwerkzeugen vor.

OSEK [15] ist teilweise standardisiert in der ISO 17356 [18].

- ISO 17356-1, basiert auf: OSEK Binding 1.4.1 (Teil aus OSEK Glossary)
- ISO 17356-2, basiert auf: OSEK Binding 1.4.1 (außer dem Teil OSEK Glossary)
- ISO 17356-3, basiert auf: OSEK OS 2.2.1 (Operating System)
- ISO 17356-4, basiert auf: OSEK COM 3.0.2 (Communication)
- ISO 17356-5, basiert auf: OSEK NM 2.5.2 (Network Management)
- ISO 17356-6, basiert auf: OIL 2.4.1 (OSEK Implementation Language)

OSEK/VDX hat sich quasi als Standard für die Echtzeitbetriebssysteme der Steuergeräte in der Fahrzeugelektronik etabliert. Verschiedene Software- und Prozessorhersteller implementieren eigene, dem Standard genügende Varianten und bieten diese als fertige Lösung an. Damit wird die Integration von Software und Steuergeräten im Fahrzeug wesentlich erleichtert.

2.9.3 Beispiel ASAM-MDX: Verteilte Softwareentwicklung

Die Standards des ASAM e. V. [17] beschreiben im ASAM-MCD im Wesentlichen die Mess- und Applikationsschnittstelle für Steuergeräte. Diese haben sich sehr früh zur Abstimmung des Fahrverhaltens durch Einstellen der Parameter der Motorsteuerungen im Fahrversuch etabliert.

Noch vor der im nächsten Abschnitt vorgestellten umfangreichen Standardisierung der Softwarearchitekturen für Steuergeräte im Rahmen von AUTOSAR bestand der Bedarf der Automobilhersteller, die Softwareentwicklung nicht allein den Zulieferern der Steuergeräte zu überlassen. Das alleinige Einstellen der Parameter der Motorsteuerung durch Applikation schient bereits damals nicht ausreichend, um die spezifischen Kundenanforderungen an das Fahrzeug umzusetzen. Der „Charakter" des Fahrzeugs und Antriebs sollte durch eine eigene Software umgesetzt und das Know-how an solchen Funktionen nicht in Form von menschenlesbaren Lastenheften an die Zulieferer weitergegeben werden, da die Ideen hinter den Funktionen damit theoretisch allen zur Verfügung stehen. Die Alleinstellungsmerkmale sollten erhalten bleiben. Die Lösung war, eine verteilte Entwicklung von Software durch den Austausch funktionaler, aber nicht lesbarer Softwaremodule zu ermöglichen.

Das technische Konzept hierzu ist der Austausch von Software in Form von (nicht trivial lesbaren) Objektcodes, maschinenlesbaren Schnittstellenbeschreibungen und Testfällen für die Module, damit sowohl der Steuergerätehersteller als auch der Automobilhersteller die gesamte funktionale Software erzeugen, testen und vertraglich geregelt einsetzen kann, ohne den Code des Partners zu kennen.

Dieses konkrete Verfahren wurde im Rahmen einer Initiative zur Standardisierung der verteilen Entwicklung im Projekt ASAM-MDX erstmals vorangetrieben. Das Ergebnis ist ein Verfahren und eine standardisierte Schnittstellenbeschreibung der Softwaremodule in einer sogenannten „Document Type Definition" (DTD) MSRSW 3.0.

Neben den technischen Rahmenbedingungen im Rahmen des ASAM-MDX-Standards müssen die vertraglichen Grundlagen für den Austausch, den Test und die Gesamtverantwortung für die Software und deren Einsatz festgelegt werden. Das hat den Hintergrund, dass die inhaltliche Korrektheit und rechtliche Compliance der Softwaremodule des Partners nicht bekannt ist und die Haftung geregelt werden muss. Dies obliegt dann den Rechtsabteilungen der Parteien unter Beratung durch die Ingenieure. Da diese Verträge und das Wissen über die Inhalte der Softwaremodule und deren Gesetzeskonformität bei der Aufbereitung von Abweichungen entscheidend sein können, ist hier absolute Sorgfalt und Nachweisbarkeit auf technischer und rechtlicher Seite geboten.

2.9.4   Beispiel AUTOSAR: Systemarchitektur

Die Motivation zum Zusammenschluss in der Initiative OSAR (Offene Systemarchitektur) in 2002, die 2003 in AUTOSAR überging, war zu diesem Zeitpunkt für alle Beteiligten an der Elektronik im Fahrzeug gegeben. Die Intention war ähnlich wie bei ASAM-MDX, bezog sich aber auf das gesamte Fahrzeug. Der Fokus lag stärker auf Standards für eine Elektronikarchitektur als für einen Entwicklungsprozess. In einer Analysephase bis Ende 2003 wurden die weitere Jahre andauernden Arbeiten definiert, die nach ihrer erfolgreichen Umsetzung den heutigen AUTOSAR-Standard darstellen.

- Für die **Automobilhersteller** (Original Equipment Manufacturers – OEMs) bestand das Problem, dass die Zulieferer für jeden Hersteller spezifische Lösungen bereitstellen mussten und damit die Kosten sehr hoch waren. Weiterhin existierten wenige gemeinsame Schnittstellen.
- Für die **Zulieferer** von Teilen der Fahrzeugelektronik wie Bosch und Siemens (Tier1) bestand auf der anderen Seite damit das Problem der vielen Versionen von Teilen und Software, deren Anpassung an OEM-spezifische Architekturen und Lösungen notwendig war.
- Für die Entwickler von **Softwaretools** ergab sich das Problem proprietärer Schnittstellen und damit eine unvollständige Toolunterstützung der Entwicklungsprozesse, was damit wieder das Problem der OEMs und Tier1 war. Hier wurden dann Softwaretools in den Häusern der Automobilhersteller entwickelt, deren Kernkompetenz offensichtlich in anderen Bereichen zu finden ist.

In AUTOSAR entstand wie in Abb. 2.13 gezeigt eine industrieweite Initiative zur Etablierung von Elektronik-Standards. Der Leitspruch war:

cooperate on standards – compete on implementation

(Zusammenarbeit bei Standards – Wettbewerb bei der Umsetzung)

Die Ziele waren ähnlich wie bei OSEK die Standardisierung wichtiger Systemfunktionen, die Abstraktion von Hardware und einheitliche Schnittstellen in der Software der Systeme und der Toolketten, was für alle Beteiligten zu weniger Entwicklungskosten führen sollte. Die Ziele beinhalteten darüber hinaus auch eine funktionale Standardisierung bestimmter Fahrzeugfunktionen. Die Zusammenarbeit ist in Abb. 2.14 und in Abb. 2.15 gezeigt.

Der konkrete Nutzen für die Beteiligten stellt sich heute wie folgt dar: Transparente und definierte Interfaces erlauben neue Geschäftsmodelle und neue Möglichkeiten zur Wertschöpfung. Diese können auch ein wesentlicher Faktor in der anstehenden Digitalisierung der Automobilindustrie sein.

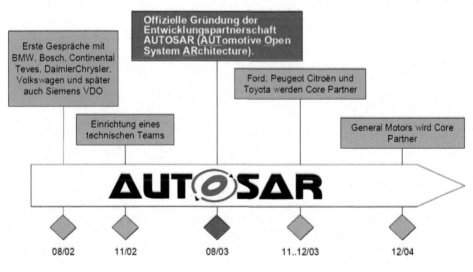

Abb. 2.13 Entstehung von AUTOSAR. (AUTOSAR [16])

Nutzen für die Automobilhersteller:

- OEM übergreifende Wiederverwendung von Software-Modulen
- Die Möglichkeit, sich mit innovativen Funktionen vom Wettbewerb abzuheben
- Vereinfachung der Integration
- Reduzierung der Software Entwicklungskosten

Nutzen für die Zulieferer:

- Reduzierung der Versionswucherung
- Aufteilung der Entwicklung unter den Zulieferern
- Erhöhung der Effizienz der Funktionsentwicklung

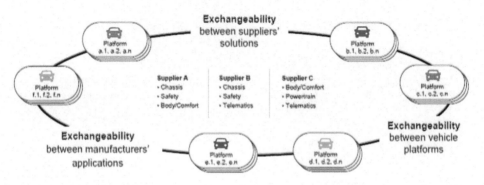

Abb. 2.14 Austauschbarkeit zwischen Automobilherstellern und Zulieferern. (AUTOSAR [16])

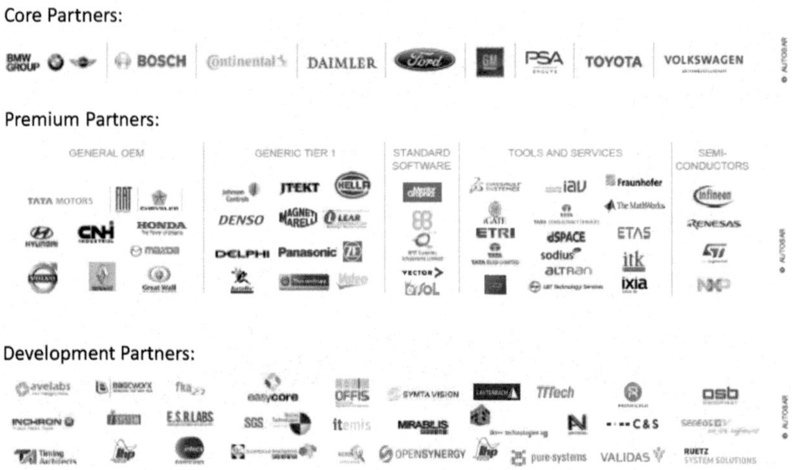

Core Partners:

Premium Partners:

Development Partners:

Abb. 2.15 Beteiligte an AUTOSAR. (AUTOSAR [16])

Nutzen für die Toolentwickler:

- Gemeinsame Schnittstellen und Entwicklungsprozesse
- Eine nahtlose, einfach zu wartende, aufgabenoptimierte Toollandschaft
- Erweiterung des Marktes

Im Drei-Schalen Modell in Abb. 2.16 von AUTOSAR werden die Rechte und Pflichten der Beteiligten geregelt. Die Organisation ist an das Flexray-Konsortium angelehnt.

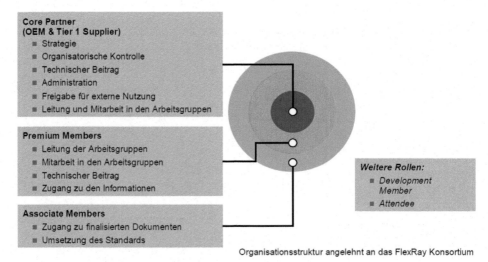

Organisationsstruktur angelehnt an das FlexRay Konsortium

Abb. 2.16 Drei-Schalen-Modell von AUTOSAR. (AUTOSAR [16])

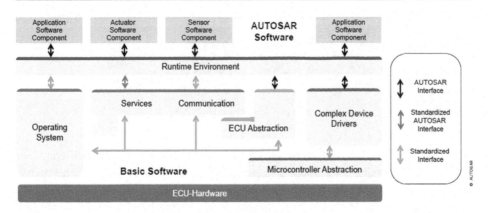

Abb. 2.17 AUTOSAR Softwarearchitektur. (AUTOSAR [16])

AUTOSAR definiert im Wesentlichen eine Softwarearchitektur, die die Anwendungs-
software oberhalb des AUTOSAR Runtime Environment RTE von der Basissoftware
trennt. Dies wird in Abb. 2.17 gezeigt und in [16] detailliert. Die Module, die funktionale
Anforderungen implementieren, werden als Application Software Components oberhalb
eines Runtime Environments dargestellt. Darunter befindet sich die Basissoftware. Die
Darstellungsart ist an etliche Standards aus der allgemeinen Softwarearchitektur angelehnt.

Damit sind alle Beteiligten in der Lage, sich mittels der standardisierten Interfaces
auf die Implementierung und Vermarktung ihrer jeweiligen Expertise und Software zu
konzentrieren, solange die „AUTOSAR-Konformität" und damit Austauschbarkeit und
Integrationsfähigkeit gegeben ist. Das gilt neben der Implementierung der Funktionen
durch die Automobilhersteller auch für den Verkauf optimierter Treiber oder Betriebssysteme durch Softwarehäuser.

Das Runtime Environment abstrahiert neben der Trennung der Funktion von der Basissoftware die Hardware von der Software. Es sorgt für die Bereitstellung von einheitlichen
Interfaces. Diese gibt es für folgende Bereiche:

- Kommunikation
- Geräteansteuerung
- Tasksteuerung
- Fehlerreaktion

Dazu existiert das Konzept des Virtual Functional Bus in Abb. 2.18. Dieser realisiert
die Kommunikationsverbindungen zwischen den einzelnen Funktionen, sorgt für eine Validierung der Kommunikationsverbindungen und das in Abschn. 2.2 vorgestellte Mapping
von Software-Komponenten auf Steuergeräte. Weiterhin ermöglicht der Virtual Functional Bus die Konfiguration der Basissoftware und die Generierung von Code für eine E/E-
Architektur. Die Implementierung des Virtual Functional Bus (VFB) ist die RTE.

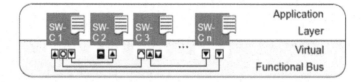

Abb. 2.18 Virtual Functional Bus in AUTOSAR. (AUTOSAR [16])

Mit AUTOSAR ist ein wesentlicher Schritt in die Richtung der Standardisierung von Software und Schnittstellen in der Fahrzeugelektronik gelungen. Toolhersteller implementieren die notwendigen Softwarekomponenten und bieten sie kommerziell an. Die Integration neuer Funktionen in das Fahrzeug wird erleichtert. Bei richtiger Anwendung und Weiterarbeit kann AUTOSAR einen wesentlichen Beitrag zur Digitalisierung in der Fahrzeugelektronik liefern.

2.10 Zusammenfassung

- In diesem Kapitel wurden mit einer Referenz zur Fahrzeug-Gesamtarchitektur und Softwarearchitektur die Begriffe der Domänen und der Funktionsabbildung, also der Umsetzung gewünschter Eigenschaften durch die Architektur des Fahrzeugs erläutert.
- Es wurden Treiber, Basissoftware und Echtzeitbetriebssysteme eingeführt.
- Neben der Eigendiagnose im Fahrzeug wurden die Werkstattdiagnose und Softwareaktualisierung zur Fehlerbehebung oder Erweiterung der Fahrzeugfunktionalität durch Flashprogrammierung erläutert.
- Die Netzwerksoftware wurde eingeführt.
- Die Funktionssoftware wurde an mehreren Beispielen, unter anderem der Motorsteuerung und der Lenkung illustriert.
- Das in der Automobilindustrie etablierte Sicherheitskonzept zum Schutz von Leib und Leben der Insassen und des Umfelds wurde detailliert.
- Softwarestandards wie OSEK, ASAM und AUTOSAR wurden vorgestellt und bewertet.

2.11 Lernkontrollen

2.11.1 Architektur

- Erläutern Sie den Unterschied zwischen Steuergerätearchitektur und Softwarearchitektur.
- Was ist das Funktionsmapping?

2.11.2 Software

- Was ist Software aus allgemeiner und technischer Sicht?
- Was ist Hardware aus allgemeiner und technischer Sicht?
- Was versteht man in der Automobiltechnik unter dem Begriff Diagnose?

2.11.3 Echtzeitbetriebssystem

- Welche Zustände eines Tasks gibt es?
- Erläutern Sie einen Taskwechsel.
- Nennen Sie die zwei Arten von Echtzeitarchitekturen und ihre Vorteile.

2.11.4 Sicherheitskonzept

- Welche Redundanzkonzepte kennen Sie?
- Erläutern Sie das Drei-Ebenen-Konzept.
- Erläutern sie die Frage-Antwort-Überwachung.

2.11.5 Standards

- Welche Softwarestandards kennen Sie für welche Anwendungsbereiche?
- Wie unterscheiden sich ASAM-MDX und AUTOSAR?
- Was ist der Unterschied zwischen „Runtime-Environment" und „Virtual Functional Bus"?

Softwareentwicklung in der Automobilindustrie

In den bisherigen Kapiteln wurden die Produkte und deren Produkttechnik der Elektronik und Software im Fahrzeug vorgestellt. Nun soll der Fokus auf der Tätigkeit der Softwareentwicklung und dem Softwaretest im Sinne der Erstellung von Programmen zur Implementierung der funktionalen Anforderungen und der Durchführung von Tests liegen. Dabei ist ein wesentlicher Aspekt, dass die Software im Automobil immer nur Teil eines wie in Abschn. 1.1 gezeigten mechatronischen Systems aus Mechanik, Elektronik und Software ist.

Das industrielle Umfeld gibt bestimmte Umstände wie Firmenstrukturen und auch Entwicklungszeiten der Produkte vor. Die Anforderungen an die Rahmenbedingungen, die aus der Einhaltung der Normen und Gesetze gelten, sind ebenfalls zu berücksichtigen. Dieses gesamte System erfordert ein umsichtiges Vorgehen in der Softwareentwicklung und deren Test. Der Fokus dieses Kapitels liegt darum sehr stark auf einem strukturierten, gerichteten Vorgehen und stellt eine **Schlüsseldisziplin** in der Fahrzeuginformatik dar, ohne die Produkttechnik der Mechanik, Elektronik und Software direkt zu betreffen. Die Stringenz des Vorgehens und das Verständnis für die dazu notwendigen Arbeitsschritte sind die Basis für die Entwicklung der Produkte der Elektromobilität von morgen.

Die hier vorgestellten Methoden und Vorgehensweisen stellen eine Konkretisierung der geforderten Entwicklungsprozesse auf abstrakter Ebene dar, zeigen jedoch noch nicht die spezifischen, oft der Geheimhaltung unterliegenden Geschäftsprozesse der Automobilhersteller, die noch deutlich detaillierter sind. Der Anspruch an dieser Stelle ist, allgemeine Vorgehensweisen als „Best Practices" aller Systemhersteller zusammenzufassen, die auch in Gremien wie ASAM und AUTOSAR diskutiert werden. Die Geheimhaltung darf nicht verletzt oder Geschäftsgeheimnisse preisgegeben werden. Diese Geheimhaltung geschieht nicht aus dem Grunde, zweifelhafte Geschäftspraktiken zu verbergen. Ein Einblick in die tägliche Sorgfalt in der sicherheitsrelevanten Entwicklung würde im Gegenteil zum Vertrauen in die verkauften Produkte beitragen. Es ist eine Kernkompetenz, die erläuterten generischen Praktiken in konkrete Anweisungen und Abläufe für den Arbeitsalltag der Produktentwicklung umzusetzen.

© Springer Fachmedien Wiesbaden GmbH, ein Teil von Springer Nature 2018   79
F. Wolf, *Fahrzeuginformatik*, ATZ/MTZ-Fachbuch,
https://doi.org/10.1007/978-3-658-21224-7_3

Alltag der Softwareentwicklung in der Automobilindustrie

Objektorientierte Vorgehensweisen aus der Softwareentwicklung für IT-Systeme oder dem Bereich des Mobilfunks spielen in der Programmierung von Steuergeräten eine eher untergeordnete Rolle. Bei der konkreten Entwicklungstätigkeit wird sowohl auf den Weg der Erstellung von Software mittels Schreiben von Programmcode, zum Beispiel in der Programmiersprache C, als auch auf die automatische Codegenerierung aus einer modellbasierten Programmbeschreibung eingegangen. Die Softwareentwicklung erfolgt schrittweise im Sinne des bereits eingeführten und hier detaillierten V-Modells in Abb. 3.1. Der Fokus dieses Kapitels liegt auf der strukturierten Erhebung und Weiterverarbeitung von Anforderungen und der Erstellung der diese Anforderungen eindeutig und nachweisbar umsetzenden Software. Die Prozessmodelle zur Beschreibung des Vorgehens in Kap. 5 und die konkrete technische Durchführung der Tests wird in Abschn. 4.2 detailliert.

Basierend auf dem Themenkomplex der funktionalen und nichtfunktionalen Anforderungen sowie deren Umsetzung in der Architektur wird die Entwicklung der Mechanik und der Elektronik kurz erläutert. Diese Themen sind für die Systementwicklung in der Automobilindustrie die Grundlage für die Softwareerstellung.

Hierbei wird vor allem auf die Phasen des Feinentwurfs und die Modulimplementation eingegangen, da hier nach der bereits beschriebenen Konkretisierung der Anforderungen und deren Strukturierung durch die Definition der Architektur die eigentliche Codierung und der Test stattfinden. Es wird auf übergreifende Themen des Projektmanagements der

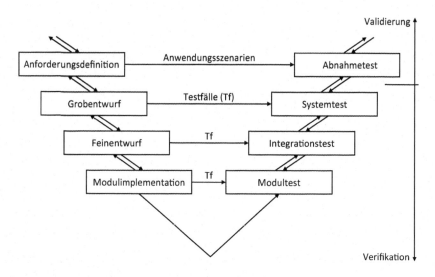

Abb. 3.1 V-Modell für die Softwareentwicklung

Softwareentwicklung eingegangen und die zugehörigen Werkzeuge sowie ein beispielhaftes Analyseverfahren für Rechenzeit von Software im industriellen Umfeld vorgestellt.

Bei den konkreten Beschreibungen müssen die aufgezählten Dokumente und Ergebnisse in ihrer jeweiligen Gesamtheit vorliegen. Bei den Vorgehensbeschreibungen ist die sequenzielle Abarbeitung der Handlungsanweisungen in der genannten Reihenfolge zu beachten.

3.1 Stand der Technik

Für die folgenden Ausführungen zur Softwareentwicklung wird davon ausgegangen, dass die Programmierung in den angewendeten Sprachen beherrscht wird. Ein Standard zur Programmierung in der Programmiersprache ANSI C ist [7] vorgestellt. Eine spezifische weiterführende Übersicht zur Softwareentwicklung im Fahrzeug ist in [3] ausführlich gegeben. Diese Werke gelten als Basis für die Programmierung in der Fahrzeuginformatik.

An dieser Stelle sei betont, dass bei der Erstellung von Code für Steuergeräte nicht die letzten Trends der Programmiertechnik, sondern vor allem eine geplante sorgfältige, gewissenhafte Vorgehensweise mit etablierten Techniken gefragt ist. Kein Fahrer möchte, dass bei der Erstellung des Codes und den Tests für den Notlauf eines sicherheitsrelevanten Systems im Fehlerfall eine neue Vorgehensweise ausprobiert oder etablierte Prozessschritte versuchsweise beziehungsweise aus Zeitgründen abgekürzt oder sogar weggelassen wurden. Der Entwickler solcher Software kann seinen Erfolg nicht in einer großen Anzahl programmierter Codezeilen pro Tag messen, sieht seinen Anteil am Produkt jedoch später für Jahre auf der Straße fahren und muss mit allen positiven sowie negativen Aspekten dieser Tatsache umgehen.

Diese Kapitel beschreibt das strukturierte, schrittweise Vorgehen der Softwareerstellung durch den Entwickler und die im Sinne der Fahrzeuginformatik und sicherheitsrelevanten Entwicklung einzuhaltenden Prozessschritte.

Da sich für die Softwareentwicklung der eingebetteten Echtzeitsysteme in der Fahrzeuginformatik die Programmiersprache C (ANSI) und die modellbasierte Entwicklung mittels Matlab/Simulink quasi als Standards etabliert haben, werden diese im Folgenden für die Erläuterung des Entwicklungsvorgehens verwendet.

3.2 Anforderungen und Architekturentwurf

Im folgenden Abschnitt wird gezeigt, wie im Systementwurf die Anforderungen von Ihrer Erhebung über die Architektur und die Feinspezifikation bis in die konkreten Anforderungen der Softwareentwicklung, also über das Lastenheft bis in den konkreten Code systematisch heruntergebrochen und verfeinert werden. Dieses Vorgehen wird auch als Architekturentwurf bezeichnet.

3.2.1 Anforderungserhebung

Der Prozess der Anforderungserhebung bildet die systematische Aufnahme der Anforderungen auf Dokumentenebene und den Dialog mit dem Anforderer oder Kunden ab. Der Prozess erzeugt so das Arbeitsprodukt Lastenheft als eindeutige Basis für das zu erstellende Produkt.

Der Kunde kann nur zufriedengestellt werden, wenn er gefragt, gehört und verstanden wird. Die Anwendung des Prozesses „Anforderungserhebung" erzeugt ein gemeinsames Verständnis der geforderten Eigenschaften eines zu produzierenden Systems. Dies geschieht oft im Dialog oder sogar mittels der Bewertung funktionaler Prototypen durch Kunden zusammen mit den Entwicklern.

Das Ziel ist die Erstellung eines Dokuments, welches die Kundenwünsche in detaillierter und aussagekräftiger Form repräsentiert. Dieses als Lastenheft bezeichnete Dokument beinhaltet

- alle relevanten Versionsstände der übergebenen Dokumente.
- die Information, welche Teile der übergebenen Dokumente zu beachten sind.
- eine tabellarische Übersicht dieser Dokumente.
- eine vollständige Liste von aus den Dokumenten abgeleiteten Anforderungen.

Die Abstimmung über anzunehmende und abzulehnende Anforderungen zwischen Kunde und Auftraggeber ist ebenso Teil des Prozesses wie das Erstellen und Verteilen der abschließenden Baseline des Lastenheftes. Eine Baseline beinhaltet alle für das Lastenheft notwendigen Dokumente und weiteren Artefakte in einer festgelegten Version. Das dafür notwendige Konfigurationsmanagement wird noch vorgestellt.

Vorgehen

- Einsammeln (Fragen und Einfordern vom Kunden) und Prüfen (Konsistenz) der systembeschreibenden Dokumente und der mitgeltenden Unterlagen.
- Eine lokale Bibliothek der Dokumente anlegen und eine Übersicht aller Dokumente und ihrer Versionen erstellen.
- Ermitteln und Abstimmen, welche Teile der mitgeltenden Dokumente wirklich für dieses Projekt notwendig sind, um die relevanten Anforderungen zu erkennen.
- Alle Anforderungen so formulieren, dass Anforderungsqualitätskriterien wie Umsetzbarkeit, Testbarkeit, Lesbarkeit, Eindeutigkeit, Widerspruchsfreiheit, usw. erfüllt sind.
- Nicht akzeptierbare Anforderungen mit dem Kunden nachverhandeln oder ablehnen.
- Erzeugen und Verteilen der Baseline über alle Dokumente des Auftraggebers und die daraus erzeugten Dokumente. Diese Baseline wird als Lastenheft bezeichnet.

Ergebnis

Das Lastenheft repräsentiert den abgestimmten Stand, welche Eigenschaften das System haben soll. Alle Projektteilnehmer (auch der Auftraggeber) sind über den aktuellen Stand des Lastenheftes informiert.

3.2.2 Systemanforderungsanalyse

Die Anwender des Prozesses Systemanforderungsanalyse sammeln, analysieren, kategorisieren, verhandeln und priorisieren die Systemanforderungen. Das Ergebnis ist ein geprüftes Systempflichtenheft als technische Implementierung des Lastenhefts.

Aus den Systemanforderungen im Lastenheft werden die Anforderungen des Pflichtenheftes abgeleitet. Weitere Systemanforderungen aus anderen Anforderungsquellen werden dem Pflichtenheft hinzugefügt. Andere Anforderungsquellen können z. B. sein:

- Normen, Gesetze
- Randbedingungen aus Test und Produktion
- Systematisch erhobene Erfahrungen
- Managemententscheidungen
- Protokollierte Absprachen

Analysieren

Jede Systemanforderung im Pflichtenheft muss dabei so formuliert werden, dass sie

- eine funktionale oder eine nichtfunktionale Anforderung darstellt.
- in sich widerspruchsfrei ist.
- eindeutig formuliert ist.
- umsetzbar ist.
- auf Systemebene testbar ist.
- zu anderen Anforderungen widerspruchsfrei ist.
- Redundanzen vermeidet.
- die Anforderungsquelle eindeutig referenziert.

Kategorisieren und verhandeln

Die Systemanforderungen werden den Systemfunktionen zugeordnet. Anforderungen bzgl. Software, Hardware und Mechanik, welche nur dort testbar sind, werden nicht als Systemanforderung akzeptiert. Sie werden gegebenenfalls später als Modulanforderungen in den Software-/Elektronik- und Mechanikpflichtenheften eingetragen, falls sich ihre Einhaltung als sinnvoll erweist. Den geforderten Funktionen des Systems werden relevante funktionale und technische Anforderungen zugeordnet. Zu den geforderten Funktionen werden Anwendungsfälle (Use Cases oder User Stories) entwickelt. Wenn nötig, wird dieses um Sequenzdiagramme (zum Beispiel aus der UML) ergänzt.

Das Ziel ist, Widersprüche und Anforderungslücken zu entdecken und mit dem Kunden zu schließen. Das System wird durch erste Diagramme und Anwendungsfälle vollständig beschrieben und gegen die Systemumgebung abgegrenzt. Notwendige Eigenschaften der Systemumgebung werden erfasst und an den Kunden kommuniziert. Es wird zusätzlich explizit vereinbart und dokumentiert, was nicht zum Systemumfang gehört. Das verhindert Missverständnisse und falsche Erwartungshaltungen.

Priorisieren
Die Wichtigkeit einer zeitnahen Umsetzung wird im Dialog mit dem Anforderer ermittelt. Sie ermöglicht eine initiale Release-Planung. Das Erstellen des eigentlichen Release-Plans ist nicht Teil der Aktivität. Die erste Pflichtenheft-Baseline wird erzeugt und verteilt. In dieser ist jede Anforderung mit dem Pflichtenheft oder einer anderen versionierten Anforderungsquelle verlinkt (zum Beispiel in DOORs).

Identifikation von Risiken
Es wird nach Risiken gesucht, die die Prozesserfüllung behindern können.

Vorgehen

- Der Systemanforderungsingenieur informiert den Projektleiter schriftlich über Risiken für den Erfolg der Prozessbearbeitung und stimmt ggf. Gegenmaßnahmen ab.
- Der Systemanforderungsingenieur erstellt das Pflichtenheft durch Kopieren der akzeptierten Anforderungen aus dem Lastenheft und sorgt für eine initiale Verlinkung im Anforderungsmanagement.
- Im Projekt werden weitere Randbedingungen aus zusätzlichen Quellen hinzugefügt und mit der versionierten Quelle verlinkt. Die Anforderungen werden so formuliert, dass nur atomar testbare Systemeigenschaften, prüfbare Prozessanforderungen oder nichtfunktionale Anforderungen an das System im Pflichtenheft erscheinen. Die Widerspruchsfreiheit und andere Qualitätskriterien werden dabei beachtet.
- Der Systemanforderungsingenieur unterstützt die Mitarbeiter, indem er die Übersicht und die Versionierung von Quelldokumenten (die nicht zum Lastenheft gehören) pflegt und die Verlinkung der Anforderungen in diese Dokumente überprüft.
- Es wird eine Zusammenführung der Anforderungen auf funktionaler und Systemschnittstellenebene vorgenommen. Auf dieser Ebene werden erneut Widersprüche sowie Definitionslücken gesucht und zusammen mit dem Kunden beseitigt. Ein erstes Bild des Systems entsteht.
- Sich ergebende zusätzliche Anforderungen an die Systemumgebung oder notwendige Abweichungen gegenüber dem Lastenheft werden dem Kunden mitgeteilt und mit diesem abgestimmt. Auswirkungen auf die Betriebsumgebung werden bewertet und kommuniziert. Es wird ein Lastenheft für den Kunden erzeugt und abgestimmt.
- Die Anforderungen werden priorisiert und den Releases zugeordnet. Zum Schluss erfolgt ein Review des Pflichtenhefts.

- Es wird eine Baseline über alle erstellten Dokumentversionen gezogen und diese werden verteilt. Diese Baseline wird als Pflichtenheft bezeichnet.

Ergebnis

Nach erfolgreicher Implementierung des Prozesses System-Anforderungsanalyse

- sind die Systemanforderungen und Systemschnittstellen identifiziert.
- sind die Systemanforderungen kategorisiert und auf Korrektheit sowie Testbarkeit geprüft.
- ist der Einfluss der Systemanforderungen auf die Arbeitsumgebung bekannt.
- ist die Implementierung der einzelnen Systemanforderungen priorisiert.
- ist die Konsistenz und Nachverfolgbarkeit (Traceability) zwischen den Kunden- und Systemanforderungen sichergestellt.
- sind notwendige Abweichungen von den Kundenanforderungen mit dem Auftraggeber abgestimmt und dokumentiert.
- sind die vollständigen Systemanforderungen abgestimmt, mit einer Baseline versehen und verteilt.

3.2.3 Systemarchitekturentwurf

Im Systemarchitekturentwurf werden die Anforderungen einem System der E/E-Architektur des Fahrzeugs zugeordnet, welches sie erfüllen kann.

Aus den Anforderungen werden die Systemkomponenten abgeleitet. Sind alle Anforderungen den Systemkomponenten zugeordnet, wird deren Zusammenspiel und vollständige Beschreibung (Black-Box) durch Simulation oder Review geprüft.

Vorgehen

- Der Systemarchitekt prüft, ob alle notwendigen Informationen für den Systemarchitekturentwurf vorhanden sind.
- Der Systemarchitekt erstellt die Systemarchitektur.
- Der Systemarchitekt verifiziert die Systemarchitektur durch manuelle Prüfung oder Simulation.
- Es wird ein formales Review der Systemarchitektur als Vorbereitung der Baseline-Erstellung durchgeführt.
- Die System-Baseline-Architektur wird kommuniziert.

Ergebnis

Nach erfolgreicher Implementierung des Prozesses „Systemarchitekturentwurf" im Projekt

- ist eine Systemarchitektur erstellt, welche die einzelnen Elemente des Systems identifiziert und spezifiziert.
- sind die Systemanforderungen den Elementen des Systems zugeordnet.
- sind die internen und externen Schnittstellen der Systemelemente definiert.
- ist die Systemarchitektur gegen die Systemanforderungen verifiziert.
- ist die Konsistenz und Transparenz zwischen der Systemarchitektur und den Systemanforderungen sichergestellt.
- sind die Systemanforderungen, die Systemarchitektur und deren Zusammenhänge allen beteiligten Parteien kommuniziert und durch Baselines freigegeben.

3.2.4   Komponentenanforderungsanalyse

Die Anwender des Prozesses Komponentenanforderungsanalyse sammeln, analysieren und kategorisieren die Komponentenanforderungen. Das Ergebnis ist eine geprüfte Komponentenanforderungsspezifikation.

Aus den Beschreibungen des funktionalen und nichtfunktionalen Verhaltens in der Systemarchitektur werden die Anforderungen der Komponentenspezifikation abgeleitet. Weitere Komponentenanforderungen aus anderen (komponentenspezifischen) Anforderungsquellen werden der Komponentenspezifikation hinzugefügt. Andere Anforderungsquellen können z. B. sein:

- Normen und Gesetze
- Randbedingungen aus Test und Produktion
- Verfügbarkeit spezifischer Technik
- Systematisch erhobene Erfahrungen und Designempfehlungen von Kunden

Widersprüche zur bereits bestehenden Komponentenspezifikation werden geklärt und Entscheidungen dokumentiert sowie begründet. Jede Anforderung in der Komponentenanforderungsspezifikation muss dabei so formuliert sein, dass sie

- eine funktionale oder nichtfunktionale Anforderung für die Komponente darstellt.
- in sich widerspruchsfrei ist.
- eindeutig formuliert ist.
- umsetzbar ist.
- testbar ist.
- zu anderen Anforderungen widerspruchsfrei ist.
- die Anforderungsquelle eindeutig referenziert.

Vorgehen

- Der Komponentenanforderungsingenieur erstellt die Komponentenanforderungsspezifikation durch Ableiten der funktionalen und nichtfunktionalen Anforderungen aus der

Architekturbeschreibung der Systemarchitektur und stellt dabei die bidirektionale Verfolgbarkeit und Durchgängigkeit zwischen den Systemarchitekturbeschreibungen und den Komponentenanforderungen sicher.

- Das Systemlastenheft wird nach für diese Komponente relevanten Designempfehlungen durchsucht. Ob diese Designempfehlungen Einfluss auf die Komponente haben, wird vom Komponentenanforderungsingenieur und dem Komponentenarchitekten entschieden. Wenn eine Designempfehlung umgesetzt werden soll, wird sie als Anforderung in die Komponentenanforderungsspezifikation übernommen.
- Nach der Analyse der an die Komponenten gestellten Anforderungen werden Rückwirkungen der Komponente auf die Komponentenumgebung (System und Systemumgebung) vom Komponentenanforderungsingenieur mit dem Systemarchitekten abgestimmt. Beispiel: Eine Rückwirkung kann sich ergeben, wenn die geforderte Genauigkeit von Ausgangswerten der Komponente auf Grund zu geringer Genauigkeit der Eingangswerte nicht erreicht werden kann. Dann muss entweder die Komponentenanforderung oder die Architektur angepasst werden.
- Es wird eine Baseline für Komponentenanforderungsspezifikation erstellt und diese verteilt.

Ergebnis
Nach erfolgreicher Implementierung des Prozesses Komponentenanforderungsanalyse

- sind die Komponentenanforderungen identifiziert.
- sind die Komponentenanforderungen kategorisiert und auf Korrektheit und Testbarkeit geprüft.
- ist die inhaltliche Konsistenz der abgeleiteten Komponentenanforderungen sichergestellt.
- sind die einzelnen Komponentenanforderungen priorisiert (Priorität abgeleitet aus der Systemebene).
- ist die Konsistenz und Nachverfolgbarkeit (Traceability) zwischen den Komponentenanforderungen und der Systemarchitektur sichergestellt.
- ist die Baseline der Komponentenanforderungsspezifikation verteilt.

3.2.5 Komponentenarchitekturentwurf

Auf der Grundlage der Komponentenanforderungen wird eine geeignete Komponentenarchitektur entworfen. Der Komponentenarchitekturentwurf wird im V-Modell auch als Grobentwurf bezeichnet.

Aus den Anforderungen werden die Architekturelemente abgeleitet. Sind alle Anforderungen der Komponentenarchitektur zugeordnet, werden sowohl deren Verhalten und Eigenschaften als auch deren Zusammenspiel durch eine Analyse geprüft. Nach einem abschließenden formalen und fachlichen Review der Komponentenarchitekturspezifikati-on wird die Komponentenarchitektur freigegeben.

Vorgehen

- Der Komponentenarchitekt prüft, ob alle notwendigen Informationen für den Kompo-nentenarchitekturentwurf vorhanden sind.
- Der Komponentenarchitekt erstellt die Komponentenarchitektur.
- Der Komponentenarchitekt analysiert die Komponentenarchitektur mittels geeigneter Analysemethoden.
- Es wird ein formales Review der Komponentenarchitektur durchgeführt.
- Die freigegebene Komponentenarchitektur wird kommuniziert.

Ergebnis
Nach erfolgreicher Anwendung des Prozesses Komponentenarchitekturentwurf im Pro-jekt

- wurden relevante Designempfehlungen geprüft, in Anforderungen umgesetzt oder ver-worfen.
- ist eine Komponentenarchitektur erstellt, welche die einzelnen Elemente der Kompo-nente identifiziert und spezifiziert.
- sind die Komponentenanforderungen den Elementen der Komponente zugeordnet.
- sind die internen und externen Schnittstellen der Komponente definiert.
- ist die Komponentenarchitektur gegen die Komponentenanforderungen verifiziert.
- ist die Konsistenz und Transparenz zwischen der Komponentenarchitektur und den Komponentenanforderungen sichergestellt.
- sind die Komponentenanforderungen, die Komponentenarchitektur und deren Zusam-menhänge allen beteiligten Parteien kommuniziert und durch Baselines freigegeben.

Mit den so vorliegenden Arbeitsergebnissen ist der Architekturentwurf abgeschlossen und es kann in die Phase der Entwicklung der konkreten technischen Subsysteme Mecha-nik, Hardware/Elektronik und Software in der E/E-Architektur übergegangen werden. Im Sinne der Vergabe von Entwicklungsgewerken kann hier statt einer Eigenentwicklung die eindeutige Spezifikation an den Lieferanten übergeben und wie in Abschn. 3.6.5 beschrie-ben weiterverfolgt werden.

3.3 Mechanik und Hardware/Elektronik

Für die Umsetzung der funktionalen und nichtfunktionalen Anforderungen kann man in die Software in der Automobilindustrie nicht isoliert betrachten. Die Software ist immer

Teil eines mechatronischen Gesamtsystems aus Mechanik, Elektronik-Hardware und Software. Das wurde in Abschn. 1.4 erläutert. Die Systementwicklung in der Fahrzeuginformatik muss diese Aspekte mit berücksichtigen, die Mechanik- und Elektronikentwicklung sollen hier aber nur oberflächlich erwähnt werden.

Notwendigkeit der Berücksichtigung von Mechanik und Elektronik in der Softwareentwicklung

Das Ziel der **Mechanikentwicklung** ist zunächst, funktionierende mechanische Bauteile und Baugruppen entsprechend dem geforderten Musterstand zu entwickeln, welche alle in der Systemarchitektur zugewiesenen Anforderungen erfüllen.

In der Mechanik-Anforderungsanalyse werden die Anforderungen aus der System- und Komponentenebene auf die Mechanikebene (konkrete Bauteile und Baugruppen) heruntergebrochen. In der Baugruppenanforderungsanalyse werden die Anforderungen an die mechanischen Baugruppen oder Einzelteile identifiziert und diesen zuzuweisen. Die aus den Anforderungen abgeleiteten Bauteillastenhefte bilden die Grundlage für die mechanische Konstruktion. In der Entwicklung und Konstruktion wird ein Design erzeugt, mit dem die Mechanikanforderungen realisiert und diese gegenüber den funktionalen Anforderungen geprüft werden können. Dieses wird als Baugruppe hergestellt und erst als Einzelteil sowie später im System erprobt.

Das Ziel der **Hardwareentwicklung** oder auch **Elektronikentwicklung** ist es, analog zur Mechanikentwicklung funktionierende elektronische Bauteile und Baugruppen entsprechend dem geforderten Musterstand zu entwickeln, welche alle in der Systemarchitektur zugewiesenen Anforderungen erfüllen.

Die Systemarchitektur beschreibt das System in seinen abstrakten Einzelteilen. Aus dieser Gesamtbeschreibung sind die für die Hardware relevanten Teile zu identifizieren und in Hardwareanforderungen zu erstellen. Parallel sind übergreifende Dokumente (Thermisches Konzept, EMV Konzept, ...) zu erstellen oder zu detaillieren. Durch Review(s) erfolgt die Verifikation der Konzeptdokumente und der Hardwareanforderungen der Schnittstellendokumente. Auf Basis der Hardwareanforderungen werden funktionale Units oder Module festgelegt. Sie sollen möglichst rückwirkungsfrei funktionieren und einfache Schnittstellen untereinander haben. Damit soll gewährleistet werden, dass der weitere Entwurf und die Implementierung modular erfolgen können.

Anschließend wird die in der Hardwarearchitektur funktional beschriebene Unit durch ein in Abschn. 1.10 erläutertes physikalisch geeignetes Design (Elektronikbaugruppen, Platinen, Schaltungen, ...) realisiert. Die erstellten Schaltpläne werden verifiziert und vor allem unter Beachtung sicherheitstechnischer Aspekte analysiert. Nach erfolgreichem Abschluss des Prozesses Hardwaredesign liegen Schaltpläne vor. Die Schaltungen sind durch Simulation, Messungen und/oder Reviews verifiziert, formal unter dem Aspekt der funktionalen Sicherheit analysiert und damit für die weiteren Prozesse als final anzusehen.

Danach werden das Layout oder sogar Netzlisten für Elektronikbausteine und damit alle Produktionsdaten erstellt. Die Produktion oder ein Prototypenbau erstellt Prototypen, die dann durch Test verifiziert werden können. Hier ist eine enge Abstimmung zwischen Mechanik und Elektronik notwendig.

Der Begriff der Module wird genauso wie für Software hier für die Baugruppen der Mechanik und Elektronik verwendet. Es handelt sich in der Praxis oft um die kleinsten herstell- und testbaren Teile. Dieses Vorgehen unterstreicht den Systembegriff in Sinne der Fahrzeuginformatik.

3.4   Softwareentwicklung

Im folgenden Abschnitt soll die konkrete Softwareentwicklung für den funktionalen Code und die Software des Überwachungskonzepts aus den Anforderungen gezeigt werden. Pragmatische Voraussetzungen sind ein Prototyp des elektronischen Systems zur Ausführung der Software, eine Entwicklungsumgebung und ein Basissoftwaresystem, das die Lauffähigkeit der funktionalen Softwaremodule sicherstellt.

3.4.1   Softwareanforderungsanalyse

Die Softwareanforderungsanalyse dient dazu, die Anforderungen aus der übergeordneten Architektur oder dem Lastenheft abzuleiten und zu dokumentieren.

Aus den Beschreibungen des funktionalen und nichtfunktionalen Verhaltens in der Systemarchitektur und Komponentenarchitektur werden die Anforderungen in der Softwareanforderungsspezifikation abgeleitet. Weitere Softwareanforderungen aus anderen Anforderungsquellen werden der Softwareanforderungsspezifikation hinzugefügt. Andere Anforderungsquellen können z. B. sein:

- Normen und Gesetze
- Randbedingungen aus Test und Produktion
- systematisch erhobene Erfahrungen und Designempfehlungen von Kunden
- begründete Abweichungen vom formalen Sicherheitskonzept

Widersprüche zur bereits bestehenden Softwareanforderungsspezifikation werden geklärt und die Entscheidungen dokumentiert und begründet.

Vorgehen
Auf Basis des übergeordneten Architekturdokuments und weiterer mitgeltender Unterlagen werden die Anforderungen an die Software abgeleitet und in einer Softwareanforderungsspezifikation dokumentiert. Die Softwareanforderungsspezifikation beinhaltet

sowohl funktionale, als auch nichtfunktionale Softwareanforderungen, deren Abhängigkeiten analysiert werden müssen und deren Widerspruchsfreiheit gewährleistet sein muss.

Ergebnisse
Nach erfolgreicher Anwendung des Prozesses Softwareanforderungsanalyse

- sind die Softwareanforderungen kategorisiert und auf Korrektheit und Testbarkeit überprüft.
- sind die Softwareanforderungen bezüglich ihrer Implementierung priorisiert.
- ist die Konsistenz und Nachverfolgbarkeit zwischen der übergeordneten Architektur und den Softwareanforderungen sichergestellt.
- ist der aktuelle, geprüfte Stand der Softwareanforderungen mit einer Baseline versehen und deren Freigabe an die Projektleitung kommuniziert.

3.4.2 Softwareentwurf

Der Softwareentwurf (Softwarearchitektur) stellt alle Softwarebauteile in einer hierarchischen Struktur dar. Dies wird im V-Modell auch als Feinentwurf bezeichnet.

Zweck des Prozesses Softwareentwurf ist es, ein Softwareentwurfsdokument (Softwarearchitekturdokument) zu entwickeln, welches die Softwareanforderungen umsetzt und das gegen die Anforderungen verifiziert werden kann. Bei sicherheitsrelevanter Software werden folgende Ziele verfolgt:

- Eine Softwarearchitektur bereitstellen, welche die Sicherheitsanforderungen berücksichtigt.
- Die Softwarearchitektur gegen die Softwareanforderungsspezifikation verifizieren und freigeben.

Vorgehen
Der Prozess Softwareentwurf folgt auf den Prozess Softwareanforderungsanalyse und wird während der gesamten Softwareentwicklung iterativ durchgeführt. Dadurch soll sichergestellt werden, dass die Softwarearchitektur den aktuellen Softwareanforderungsstand oder die Korrektur von Entwurfsfehlern wiedergibt. Es sind die folgenden Schritte durchzuführen:

- Analyse der Softwareanforderungen.
- Entwicklung einer statischen Softwarearchitektur, in der Softwareelemente, deren Verhalten, Eigenschaften und Abhängigkeiten beschrieben werden. Es existiert eine bidirektionale Traceability/Rückverfolgbarkeit zu den Softwareanforderungen, die die Entscheidungen der Architekturmodellierung dokumentieren und die Sicherheitsrelevanz von Softwareelementen basierend auf deren Softwareanforderungen erkennen lässt.

- Entwurf der Schnittstellen inklusive ihrer Spezifikation wie beispielsweise deren Wertebereich und Name.
- Entwicklung einer dynamischen Softwarearchitektur anhand der funktionalen und nichtfunktionalen Anforderungen.
- Abschätzung der Laufzeit. Festlegung von Scheduling-Verfahren und Aufteilung der Funktionen zu Tasks oder Interrupts.
- Prüfung der Architektur auf Änderungen und Entscheidung über die Durchführung der Analysemethode.
- Schätzung des Ressourcenverbrauchs der Architektur und Berechnung der Worst Case Execution Time WCET (maximale Rechenzeit) pro Task sowie Vergleich mit den Anforderungen.
- Definition von Softwareverifikationskriterien basierend auf der dynamischen Softwarearchitektur, den Schnittstellen und der Ressourcennutzung.
- Organisation und Durchführung von Reviews sowie Prüfung der formalen Aspekte der Softwarearchitektur.
- Baselining und Kommunikation der Architektur.

Ergebnisse
Nach erfolgreicher Implementierung des Prozesses Softwareentwurf im Projekt

- ist die Softwarearchitektur entsprechend den Softwareanforderungen definiert.
- sind die einzelnen Elemente der Software den Softwareanforderungen zugeordnet und nachverfolgbar.
- sind die internen und externen Schnittstellen der Softwarekomponenten definiert.
- ist die Softwarearchitektur detailliert beschrieben, so dass Komponenten umgesetzt und getestet werden können.

Bei sicherheitsrelevanter Software liegen folgende Prozessergebnisse vor:

- Das Softwarearchitekturdokument, welches alle (sicherheitsrelevanten) Softwareanforderungen berücksichtigt.
- Der Sicherheitsplan (überabeitet).
- Die Softwareanforderungsspezifikation (überarbeitet).

Ab dem folgenden Anschnitt werden erstmalig technische Testverfahren beschrieben. Diese Testverfahren werden in Kap. 4 im Detail vorgestellt.

3.4.3   Funktionssoftwareerstellung

Der Prozess der Funktionssoftwareerstellung oder Softwarecodierung beschreibt die Erstellung von funktionaler Software ohne sicherheitsrelevante Einstufung. Es handelt sich um Code der Ebene 1, also die Umsetzung der vom Kunden geforderten Funktionalität wie beispielsweise eine Geschwindigkeitsregelung.

Ziel ist die Erstellung von ablauffähigen Software-Units, sowie die deren isolierte Verifikation, so dass sie den Softwareentwurf richtig wiedergeben.

Vorgehen

• Der Prozess Funktionssoftwareerstellung wird nach dem Prozess Softwareentwurf durchgeführt. Hier werden die in der Softwarearchitektur spezifizierten Software-Units erstellt.

Um den Durchlauf des Prozesses Funktionssoftwareerstellung zu beschleunigen, kann bereits nach dem Review des Unit-Konzeptes mit der Erstellung der Testfallspezifikation und Testvektoren sowie der anschließenden Implementierung der Test-Cases für den Black-Box-Test begonnen werden. Black-Box-Tests sind Tests, die das Input und Output-Verhalten der Software-Unit testen. Hierfür ist der innere Aufbau der Software-Unit nicht relevant. Dem gegenüber gibt es die White-Box-Tests. Diese testen das innere Verhalten der Software-Unit, wie z. B. Saturierer. Da hierfür die innere Struktur bekannt sein muss, kann die Erstellung dieser Testfallspezifikation und der entsprechenden Testvektoren erst nach dem Review der Unit-Spezifikation beginnen. Diese parallelen Aktivitäten müssen beim Review der Testvektoren und der Testfallspezifikation wieder zusammengeführt werden.

Ergebnisse
Nach erfolgreicher Implementierung des Prozesses Software-Erstellung

• existiert für jede Software-Unit ein Entwurf und eine Unit-Spezifikation.
• wurden die Software-Units nach ihrer Unit-Spezifikation erstellt.
• existiert für jede Software-Unit eine Testspezifikation, Testdaten und zugehörige Testskripte.
• existiert für jede Anforderung an die Software-Unit mindestens ein Modultest.
• ist die Korrektheit des Codes sichergestellt.
• sind die Softwaremodule gemäß der Unit-Teststrategie getestet.
• sind die Ergebnisse der Tests protokolliert und ein Testbericht erstellt.
• liegt nach erfolgreichem Test ein Unit-Freigabebericht für die Software-Unit vor.

3.4.4 Sicherheitssoftwareerstellung

Der Prozess Sicherheitssoftwareerstellung beschreibt die Erstellung einer Software-Unit mit sicherheitsrelevanter Einstufung.

Zweck des Prozesses „Sicherheitssoftware-Erstellung" ist die Erstellung von ablauffähigen Software-Units für den Einsatz in einem sicherheitsrelevanten Bereich sowie deren
Verifikation, damit diese den Software-Entwurf richtig wiedergeben.

Die erstellten Software-Units mit sicherheitsrelevanter Einstufung können als sogenannte Überwachungssoftware oder Ebene 2 Software zur Kontrolle von Software ohne
sicherheitsrelevante Einstufung im Sinne des Drei-Ebenenkonzepts genutzt werden. Dabei kann eine Software-Unit mit sicherheitsrelevanter Einstufung mehrere Software-Units
ohne sicherheitsrelevante Einstufung überwachen. Hierfür muss jedoch insbesondere auf
das Zusammenwirken der Software-Units ohne sicherheitsrelevante Einstufung geachtet
werden. Dadurch erhält/erhalten die überwachte/-n Softwaremodule die sicherheitsrelevante Einstufung der Sicherheitssoftware.

Vorgehen

- Der Prozess Sicherheitssoftwareerstellung wird nach dem Prozess Softwareentwurf
  durchgeführt. Hier werden die in der Softwarearchitektur spezifizierten Software-Units
  erstellt.

Um den Durchlauf des Sicherheitssoftware-Prozesses zu beschleunigen, kann ebenso
wie bei der Erstellung der Funktionssoftware bereits nach dem Review des Unit-Konzeptes mit der Erstellung der Testfallspezifikation und Testvektoren sowie der anschließenden
Implementierung der Test-Cases für Black-Box-Tests begonnen werden. Auch hier ist der
innere Aufbau der Software-Units nicht relevant und es gibt zusätzlich die White-Box-
Tests. Diese testen ebenfalls das innere Verhalten der Software-Units. Da auch hier die
innere Struktur bekannt sein muss, kann die Erstellung dieser Testfallspezifikation und
der entsprechenden Testvektoren erst nach dem Review der Unit-Spezifikation beginnen.
Diese parallelen Aktivitäten müssen beim Review der Testvektoren und der Testfallspezifikation ebenso wieder zusammengeführt werden.

Ergebnisse
Nach erfolgreicher Implementierung des Prozesses Sicherheitssoftwareerstellung

- existiert für jede Software-Unit ein Entwurf und eine Unit-Spezifikation.
- wurden Software-Units nach ihrer Unit-Spezifikation erstellt.
- existiert für jede Software-Unit eine Testspezifikation, Testdaten und zugehörige Testskripte.
- existiert für jede Anforderung an die Software-Unit mindestens ein Modultest.
- ist die Korrektheit des Codes sichergestellt.
- sind die Softwaremodule gemäß der Unit-Teststrategie getestet.
- sind die Ergebnisse der Tests protokolliert und ein Testbericht erstellt.
- liegt nach erfolgreichem Test ein Unitfreigabebericht für die Software-Unit vor.

3.4.5 Softwareintegrationstest

Im Softwareintegrationstest werden die einzelnen Software-Units integriert und die integrierte Software wird gegen die Softwarearchitektur getestet.

Der Zweck des Softwareintegrationstestprozesses besteht darin, die Softwareeinheiten in größere Gruppen zu integrieren und so die integrierte Software zu erstellen, die mit dem Softwaredesign übereinstimmt sowie dann das Zusammenwirken der Softwarebausteine zu testen.

Vorgehen

- Der Prozess Softwareintegrationstest wird nach dem Prozess Softwareerstellung durchgeführt. Hier wird getestet, ob die erstellten Softwareunits zu einer Gesamtsoftware integriert werden können.

Ergebnisse

Nach erfolgreicher Implementierung des Prozesses Softwareintegrationstest im Projekt

- sind eine Strategie zur Integration der Software (Integrationsstrategie) und eine Strategie zur Verifikation der Integration (Integrationsteststrategie) definiert.
- sind die einzelnen Softwareunits gemäß der Integrationsstrategie integriert.
- sind die integrierten Softwareunits unter Verwendung der Testfälle verifiziert.
- sind die Ergebnisse des Integrationstests dokumentiert.
- ist die Konsistenz und bilaterale Nachverfolgbarkeit zwischen den integrierten Softwareunits und den Softwarearchitektur, mit besonderem Augenmerk auf die Schnittstellen, sichergestellt.

3.4.6 Softwaretest

Der Softwaretest ist die finale Integrationsstufe auf Softwareebene, d. h. noch ohne die anwendungsspezifische Elektronik und Mechanik des Systems. Es wird gegen die Software-Anforderungen getestet und nach Bestehen aller Tests die Gesamtsoftware freigegeben.

Zweck des Prozesses Softwaretest ist die Verifikation, dass die Software den Softwareanforderungen entspricht.

Vorgehen

- Der Prozess Softwaretest wird im Anschluss an den Prozess Softwareintegrationstest durchgeführt. Aus den Softwareanforderungen erstellt die Softwareentwicklung die Softwaretestfälle. Durch die Tests wird sichergestellt, dass die integrierte Software den Softwareanforderungen entspricht.

Ergebnisse

Nach erfolgreicher Implementierung des Prozesses Softwaretest im Projekt

- ist eine Strategie zum Testen der Software gemäß den Prioritäten der Software-Anforderungen erstellt.
- ist eine Regressionsteststrategie entwickelt und bei Regressionstests angewendet.
- ist eine Testspezifikation für die Softwaretests erstellt, welche die Übereinstimmung mit den Softwareanforderungen demonstriert.
- ist die Konsistenz und bidirektionale Nachverfolgbarkeit zwischen den Softwareanforderungen und der Testspezifikation einschließlich der Testfälle sichergestellt.
- ist die Software unter Verwendung der erstellten Testfälle getestet.

3.5   Integrationstests für Komponenten und System

Im folgenden Abschnitt wird gezeigt, wie die Software in die Komponenten (Mechanik und Hardware) und das System integriert und dort getestet wird. Die technische Umsetzung der Tests ist im Kapitel zum Softwaretest in Kap. 4 beschrieben.

Iterativer Übergang von der Softwareentwicklung zum Test

3.5.1   Komponententest

Beim Komponententest erfolgt die Prüfung und Freigabe der Komponente.

Ziel des Komponententests ist es nachzuweisen, dass die Komponentenanforderungen korrekt und vollständig umgesetzt wurden und die Komponente freigegeben werden kann.

Vorgehen

- Der Komponententest wird im Anschluss an den Komponentenintegrationstest zu den Releases (Meilensteinen) durchgeführt. Die Komponententests werden direkt auf der vollständig integrierten Komponente durchgeführt. Die Gesamtteststrategie gibt das Vorgehen für die Testaktivitäten in dem Prozess vor.

Ergebnisse

Nach erfolgreicher Anwendung dieses Prozesses liegen folgende Ergebnisse vor:

- Es wurde eine Teststrategie erstellt, welche beschreibt, wie die Komponente gegen die Anforderungen getestet werden kann.

- Es ist eine Testspezifikation für die integrierte Komponente erstellt worden, welche die Übereinstimmung mit den Komponentenanforderungen demonstriert.
- Die Komponente ist durch die spezifizierten Testfälle verifiziert.
- Die Ergebnisse der Tests sind dokumentiert.
- Es sind die Konsistenz und bilaterale Transparenz zwischen den Komponentenanforderungen und der Komponententestspezifikation hergestellt.
- Es ist eine Strategie für „Regressionstests" (Testwiederholung) definiert und bei Änderungen der Komponentenelemente angewendet worden.

3.5.2 Komponentenintegrationstest

Beim Komponentenintegrationstest wird die Komponentenarchitektur geprüft. Es erfolgt eine Mechanik-, Hardware- und Softwareintegration nach spezifisch definierten Prozessschritten.

Der Komponentenintegrationstest soll dazu dienen, Inkonsistenzen zwischen den verbundenen Domänen aufzudecken. Zweck des Prozesses Komponentenintegrationstest ist der Test der einzelnen Komponenten in ihrem Zusammenspiel mit den direkten Schnittstellenpartnern der Komponenten untereinander. Bei diesem Test kommt es darauf an, mehrere unabhängig voneinander entwickelte Komponenten mit einer Vielzahl gemeinsamer Schnittstellen zu erproben.

Vorgehen

- Der Komponentenintegrationsprozess wird im Anschluss an die Freigabe der Teilsysteme (Hardware, Mechanik, Software) zu jedem Release (Meilenstein) durchgeführt. Dies gilt für alle Versionen, die ausgeliefert werden sollen.

Ergebnisse
Nach erfolgreicher Anwendung dieses Prozesses liegen folgende Ergebnisse vor:

- Es ist eine Komponentenintegrations- und Komponentenintegrationsteststrategie entwickelt worden. Diese berücksichtigt die Komponentenarchitektur und deren Priorisierung.
- Es ist eine Komponententestspezifikation für die Komponentenintegrationstests erstellt worden. Diese Tests dienen zur Verifikation der Übereinstimmung der Schnittstellen zwischen den Teilsystemen der Komponenten (Hardware, Software, Mechanik).
- Die Komponente ist entsprechend der Integrationsstrategie integriert.
- Die integrierten Teilsysteme unter Verwendung der Testfälle sind verifiziert.
- Die Ergebnisse der Integrationstests sind vollständig dokumentiert.
- Die Konsistenz und bilaterale Nachverfolgbarkeit zwischen der Komponentenarchitektur und der Komponentenintegrationstestspezifikation ist sichergestellt.

- Es ist eine Regressionsteststrategie entwickelt, die bei Testwiederholungen (wegen Änderungen an Teilsystemen der Komponente) angewendet werden kann.

3.5.3 Systemintegrationstest

Im Prozess Systemintegrationstest werden die Integration und der Test der Systemarchitektur geprüft.

Der Prozess Systemintegrationstest umfasst sowohl das Erstellen von Strategien zum Integrieren und Testen des Gesamtsystems als auch deren Durchführung. Der Systemintegrationstest dient dazu nachzuweisen, dass die unabhängig voneinander entwickelten Komponentenschnittstellen und Komponentenfunktionen der Spezifikation der Systemarchitektur entsprechen. Inkonsistenzen zwischen den verbundenen Komponenten bzw. in deren Zusammenwirken werden im Rahmen des Integrationstest aufgedeckt.

Vorgehen

- Der Systemintegrationsprozess wird im Anschluss an die Freigabe der Komponenten zu jedem Release (Meilenstein) durchgeführt.

Ergebnisse
Nach erfolgreicher Anwendung dieses Prozesses liegen folgende Ergebnisse vor:

- Es ist eine Systemintegrations- und Systemintegrationsteststrategie entwickelt worden.
- Es ist eine Systemintegrationstestspezifikation für die Systemintegrationstests erstellt worden. Diese Tests dienen sowohl zur Verifikation der Übereinstimmung der Schnittstellen zwischen den Systemkomponenten als auch zur Verifikation deren korrekten funktionalen Zusammenwirkens.
- Das System ist entsprechend der Integrationsstrategie integriert.
- Die Systemarchitektur ist unter Verwendung der Systemintegrationstestfälle verifiziert.
- Die Ergebnisse der Integrationstests sind vollständig dokumentiert.
- Die Konsistenz und bidirektionale Nachverfolgbarkeit zwischen der Systemarchitektur und der Systemintegrationstestspezifikation ist sichergestellt.
- Es ist eine Regressionsteststrategie entwickelt, die bei Testwiederholungen (wegen Änderungen an Systemelementen) angewendet werden kann.

3.5.4 Systemtest

Im Systemtest erfolgt die Prüfung und Freigabe des Gesamtsystems.

Ziel des Systemtests ist es nachzuweisen, dass die Systemanforderungen korrekt und vollständig umgesetzt wurden und das System freigegeben werden kann.

Vorgehen

- Der Systemtest wird im Anschluss an den Systemintegrationstest zu den Releases (Meilensteinen) durchgeführt. Die Systemtests werden direkt auf dem Gesamtsystem durchgeführt, die Gesamtteststrategie gibt das Vorgehen für die Testaktivitäten in dem Prozess vor.

Ergebnisse
Nach erfolgreicher Anwendung dieses Prozesses liegen folgende Ergebnisse vor:

- Es wurde eine Teststrategie erstellt, welche beschreibt, wie das System gegen die Anforderungen getestet werden kann.
- Es ist eine Testspezifikation für das integrierte System erstellt worden, welche die Übereinstimmung mit den Systemanforderungen demonstriert.
- Das System ist durch die spezifizierten Testfälle verifiziert.
- Die Ergebnisse der Tests sind dokumentiert.
- Die Konsistenz und bilaterale Transparenz zwischen den Systemanforderungen und der Systemtestspezifikation ist hergestellt.
- Es ist eine Strategie für „Regressionstests" (Testwiederholung) definiert und bei Änderungen der Systemelemente angewendet worden.

Mit dem Abschluss dieses Prozessschritts sind die technische Erstellung und der Test der Software fertig. Die Software kann zum Betrieb im Produkt genutzt werden, sowohl in Prototypen als auch im Endprodukt.

Der Nachweis der Konformität der Entwicklung des Produkts für verschiedene Projektphasen und Sicherheitseinstufungen wird in firmenspezifischen Freigabeverfahren mit einer Dokumentation sichergestellt und im Mehraugenprinzip durch Entwickler, Tester, Sicherheitsbeauftragte, Qualitätssicherer, Vorgesetzte und Projektleitung per Unterschrift bestätigt. Diese konkrete Umsetzung in Form von Geschäftsprozessen und deren Effizienz zeichnen die wirtschaftlich arbeitenden Unternehmen aus und zeigen oft die hohe Qualität einer Systemherstellung, die oft über Jahre gewachsen ist.

3.6 Übergreifende Prozesse der Softwareentwicklung

Nach den technischen Themen der Anforderungen, deren Strukturierung durch die Definition der Architektur und der Codierung inklusive Test wird nun auf die übergreifenden Themen des allgemeinen Projektmanagements im industriellen Umfeld der Softwareentwicklung eingegangen.

Abgrenzung von technischen zu übergreifenden Prozessen

Ohne diese Themen ist eine kommerzielle und professionelle Softwareentwicklung in der Automobilindustrie nicht möglich und damit ist das Projektmanagement in allen Ausprägungen ein wesentlicher Bestandteil der Fahrzeuginformatik. Es sorgt für eine saubere Strukturierung der Softwareentwicklung, die im Umfeld sicherheitsrelevanter Systeme gefordert wird und zur wirtschaftlichen Entwicklung von Software beitragen und damit letztendlich die Wertschöpfung am Produkt sicherstellen kann. Die Themen werden auf einer dem technischen Charakter dieses Buchs gerecht werdenden Abstraktionsebene gehalten. Jedes Unternehmen hat seine konkrete Umsetzung der vorgestellten generischen Praktiken.

3.6.1 Qualitätssicherung

Im Prozess Qualitätssicherung (QS) wird durch die Prüfung seitens einer organisatorisch unabhängigen Instanz sichergestellt, dass die Arbeitsprodukte gemäß der definierten Prozesse erstellt und definierte Qualitätskriterien erfüllt werden. Zusätzlich stellt dieser Prozess sicher, dass definierte technische Entwicklungsprozesse eingehalten werden. Die folgende Beschreibung stellt eine Konkretisierung für die Softwareentwicklung im automobilen Umfeld dar.

Über die formalen und prüfenden Aspekte hinaus unterstützt der Prozess Qualitätssicherung in seiner jeweiligen Ausprägung auch die Erreichung der Unternehmensziele wie

- Kundenzufriedenheit
- Produktqualität
- Prozessqualität
- Termintreue
- Produktivität
- Budgettreue

Der Grad der Unabhängigkeit der qualitätssichernden Instanz hängt ebenso vom zu entwickelnden Produkt ab. Teilweise reicht eine unabhängige Instanz innerhalb der entwickelnden Firma nicht aus und es müssen externe Audits oder Assessments durchgeführt werden. Dies kann sowohl vom entwickelnden Unternehmen gewünscht als auch durch Gesetze und Normen für sicherheitsrelevante oder besteuerungsrelevante Systeme gefordert werden.

3.6.1.1 QM-Planung

Die QM-Planung umfasst den gesamten Prozess der Planung des Qualitätsmanagements (QM) mit den Vorgaben für die Qualitätssicherungsaktivitäten.

Ziel des QM-Planungsprozesses ist es, die Vorgaben für die Planung, die Durchführung und die Steuerung der Qualitätssicherungsaktivitäten festzulegen. Dazu gehören insbesondere die Festlegung der Qualitätsziele und die davon abgeleiteten Methoden, die zur Qualitätssicherung zu verwenden sind.

Vorgehen
Die Durchführung des Prozesses wird über folgende Aktivitäten definiert:

- Die Organisationsstruktur des Projektes prüfen und die Organisationsstruktur für die Qualitätssicherungsaktivitäten bereitstellen.
- Entwickeln des Qualitätsmanagementplans mit den Zielen, Vorgaben und Methoden für die Planung und Durchführung von Qualitätssicherungsaktivitäten.
- Prüfung und Freigabe des Qualitätsmanagementplans.

Ergebnisse
Bei korrekter Durchführung des Prozesses werden folgende Ergebnisse erwartet:

- Klare Qualitätsziele für das Projekt und das Produkt.
- Definierte Methoden, die im Rahmen von Qualitätssicherungsaktivitäten anzuwenden sind.
- Vorgaben für die Planung, Durchführung und Steuerung der Qualitätssicherungsaktivitäten.
- Vereinbarte Eskalationswege.
- Definierter Feedback- und Verbesserungskreislauf (Lessons Learned).
- Sensibilisierung der Projektmitarbeiter für Qualitätsthemen.

3.6.1.2 QS-Planung

Die QS-Planung umfasst den gesamten Prozess der Planung der konkreten Qualitätssicherungsaktivitäten im Projektverlauf.

Inhalt ist die Ausplanung der Qualitätssicherungsaktivitäten entsprechend der Vorgaben aus dem Qualitätsmanagementplan inklusiver inhaltlicher und terminlicher Zuordnung zum Projekt.

Vorgehen
Die Durchführung des Prozesses wird über folgende Aktivitäten definiert:

- Die Planung der Qualitätssicherungsaktivitäten.
- Die Prüfung und Freigabe des Qualitätssicherungsplans.

Ergebnisse
Bei korrekter Durchführung des Prozesses werden folgende Ergebnisse erwartet:

- Eine Übersicht über die erforderlichen Arbeitsprodukte und deren zugeordnete QS-Maßnahmen.
- Eine Zuordnung der QS-Maßnahmen zu den geplanten Freigaben im Verlauf des Projektes.
- Die Feinplanung der Inhalte und Termine der QS-Maßnahmen für die nächste(n) Freigabe(n).
- Die Festlegung der anzuwendenden Prozesse.
- Das Mapping der Arbeitsprodukte zu den geforderten Arbeitsprodukten aus der Automotive SPICE [5].
- Ein abgestimmter, operativer Qualitätssicherungsplan.

3.6.1.3   QS-Durchführung

Die QS-Durchführung umfasst alle Schritte der Durchführung der Qualitätssicherungsaktivitäten entsprechend dem Qualitätssicherungsplan.

Es erfolgt das Sicherstellen der geforderten Qualität von Prozessen und Produkten durch Qualitätssicherungsaktivitäten inklusive Reporting. Das impliziert die Verfolgung von Abweichungen entsprechend den Vorgaben aus dem Qualitätssicherungsplan und dem Qualitätsmanagementplan.

Vorgehen
Die Durchführung des Prozesses wird über folgende Aktivitäten definiert:

- Prüfen der Prozesseinhaltung.
- Prüfen der Arbeitsprodukte.
- Die Ableitung von Verbesserungsmaßnahmen.
- Die Verfolgung der Verbesserungsmaßnahmen.
- Die Erstellung des QS-Statusberichts.

Ergebnisse
Bei korrekter Durchführung des Prozesses werden folgende Ergebnisse erwartet:

- Eine regelmäßige Einschätzung über den Grad der Prozesseinhaltung.
- Eine Übersicht über die Vollständigkeit und den Reifegrad der erforderlichen Arbeitsprodukte.
- Frühzeitiges Erkennen von Schwächen im Entwicklungsprozess und von Risiken, die das Erreichen der Projektziele verhindern können.
- Die Erkennung von Verbesserungspotenzialen.
- Nach Bedarf abgeleitete Korrektur- und Vorbeugungsmaßnahmen.
- Die Dokumentation von im Mehraugenprinzip geduldeten Abweichungen.
- Die Sensibilisierung der Projektmitarbeiter für Qualitätsthemen.

Die konkreten für die Softwareentwicklung notwendigen Prozessschritte werden im Kap. 5 zur Prozessmodellierung und den Reifegraden detailliert.

3.6.2 Funktionale Sicherheit

Die Funktionale Sicherheit beschreibt die Prozesse zur Durchführung von Sicherheitsaktivitäten für alle Phasen des Sicherheitslebenszyklus.

Dem Prozess „Funktionale Sicherheit" liegt die Norm ISO 26262 [18] für funktionale Sicherheit von elektrischen und elektronischen Systemen in Personenkraftwagen zu Grunde. Die verfolgte Zielsetzung der Norm ist die Erreichung einer systematischen und konsistenten Vorgehensweise, die für alle Phasen des in der Automobilindustrie definierten Lebenszyklus anwendbar ist.

Die Phasen des Sicherheitslebenszyklus werden auf die Phasen des Produktlebenszyklus abgebildet. Es ergibt sich dabei eine Einteilung in „Konzeptphase", „Produktentwicklung" sowie „Produktion, Betrieb, Service und Entsorgung". Die Phase „Funktionale Sicherheit" stellt in diesem Kontext drei Prozesse bereit:

- Konzeption
- Produktentwicklung
- Funktionale Absicherung

Die genannten Prozesse berücksichtigen im Fokus dieses Buchs zur Fahrzeuginformatik ausschließlich den Produktentwicklungsprozess, d. h. den Teil des Lebenszyklus vom Beginn der Entwicklung bis zum Produktionsstart und betrachten ganz spezifische Sicherheitsaktivitäten. Die Planung, Koordination und Dokumentation der Sicherheitsaktivitäten für alle Phasen des Sicherheitslebenszyklus sind die Schlüsselaufgaben des Sicherheitsmanagements im Projekt.

3.6.2.1 Konzeption

Die Konzeption beschreibt die Konzeptphase eines Projektes aus der Perspektive der funktionalen Sicherheit.

Das als grobe Architektur vorliegende sicherheitsbezogene System wird in Bezug auf Gefährdungen und Risiken analysiert, die in direktem Bezug zu funktionaler Sicherheit stehen. Anschließend erfolgt die Ableitung von funktionalen Sicherheitsanforderungen. Das sind Maßnahmen, die ergriffen werden, um die Funktionale Sicherheit zu gewährleisten. Der Prozess geht davon aus, dass das Item oder die Komponente, also der Entwicklungsgegenstand, in Form der Systemarchitektur bereits definiert wurde.

Hinweis: Im Rahmen einer sicherheitskritischen Entwicklung stellt dieser Prozess die „Konzeptphase" gemäß ISO 26262 [18], Teil 3 als Teil des Sicherheitslebenszyklus dar.

Vorgehen

Die Durchführung des Prozesses gliedert sich in folgende Aktivitäten:

- Die Einflussanalyse erstellen, sofern es sich um eine Änderung des Items oder um eine Weiterentwicklung handelt.
- Den Sicherheitsplan erstellen.
- Die Gefährdungs- und Risikoanalyse durchführen.
- Das Ableiten des funktionalen Sicherheitskonzeptes.
- Das Herunterbrechen auf technische Sicherheitsanforderungen.
- Die Verfeinerung der funktionalen Sicherheitsanforderungen in realisierungsabhängige, technische Sicherheitsanforderungen.
- Die Bereitstellung eines Validierungsplanes.

Ergebnisse

- Der Sicherheitslebenszyklus ist in Bezug auf das Item initiiert.
- Die Ergebnisse einer Einflussanalyse liegen vor.
- Der Sicherheitsplan ist aufgesetzt.
- Die Ergebnisse der Gefährdungsanalyse und Risikobewertung (Hazard analysis and risk assessment, HARA) liegen vor. Dies sind die Gefährdungen, die aus Fehlfunktionen des Items entstehen können und deren Klassifizierung sowie die daraus abgeleiteten Sicherheitsziele.
- Das Funktionale Sicherheitskonzept liegt vor (Anforderungen zur Erreichung der Sicherheitsziele).
- Der Validierungsplan ist fertiggestellt.

3.6.2.2   Produktentwicklung

In dieser Phase erfolgt die Darstellung der in der Produktentwicklung projektbegleitenden Aktivitäten im Rahmen der funktionalen Sicherheit.

Der Prozess Produktentwicklung befasst sich mit den Aktivitäten, die durch die Mitarbeiter der Funktionalen Sicherheit projektbegleitend durchgeführt werden, um die Einhaltung der ISO 26262 zu gewährleisten. Dabei verteilen sich die Aktivitäten, an denen die Rolle „Projektsicherheitsmanager" beteiligt ist, auf sämtliche Entwicklungsprozesse. Die einzelne Aktivität „Sicherheitsaktivitäten verfolgen" dient der Darstellung des genannten Sachverhaltes, stellvertretend für alle Aktivitäten, an denen der Projektsicherheitsmanager beteiligt ist.

Vorgehen

Die Durchführung dieses Prozesses spiegelt die Ausführung der Tätigkeiten wieder, die für die Rolle des Projektsicherheitsmanagers definiert sind.

- Die Einhaltung der terminlichen Anforderungen seines Projektbereichs.
- Die Koordination der für die Sicherheit relevanten Beteiligten und Abstimmung in technischen sowie terminlichen Fragen unter Einbindung der Projektleitung.
- Die Koordination und das Review der beteiligten Zulieferer oder Gewerkenehmer für einzelne Arbeitspakete.
- Die Teilnahme an projektspezifischen Besprechungen und Arbeitsgruppen.
- Die Steuerung der sicherheitsrelevanten Tätigkeiten in den Fachfraktionen.
- Die Darstellung und Präsentation des Projekts in (Sicherheits- und QS-)Assessments.
- Die Abstimmung zu sicherheitsrelevanten Punkten mit dem Kunden.
- Die Abstimmung mit dem Validierer.

Ergebnisse
Die Erfüllung der Forderung, dass alle Tätigkeiten bezüglich der Gewährleistung der funktionalen Sicherheit in einem Projekt koordiniert sind. Diese werden im Abschn. 5.13.1 zur Funktionalen Sicherheit im Rahmen der Prozessmodellierung detailliert.

3.6.2.3 Funktionale Absicherung
Bei diesen Aktivitäten handelt es sich um absichernde Maßnahmen während des Sicherheitslebenszyklus.

Der Prozess „Funktionale Absicherung" beschreibt Aktivitäten, die sich mit absichernden Maßnahmen während des Sicherheitslebenszyklus befassen, die gemäß der Norm ISO 26262 gefordert sind und in der Verantwortung der Rollen der Funktionalen Sicherheit liegen. Die konkrete Umsetzung der Maßnahmen sind ebenfalls in Abschn. 5.13.1 zur Funktionalen Sicherheit im Rahmen der Prozessmodellierung und in Kap. 4 zum Softwaretest detailliert.

Vorgehen
Die Durchführung des Prozesses gliedert sich in folgende Aktivitäten:

- Die Erstellung und Prüfung der Validierungstestspezifikation.
- Die Anfertigung der Sicherheitsbewertung zu einem Musterstand.
- Die Organisation und die konkrete Durchführung eines Sicherheits-Assessments.

Ergebnisse
Nach der Durchführung dieses Prozesses liegen die folgenden Ergebnisse vor:

- Die Validierungstestspezifikation.
- Die Sicherheitsbewertung.
- Das Ergebnis eines Sicherheits-Assessments.

Die Ausprägung des Prozesses Funktionale Sicherheit kann durch die Sicherheitseinstufung des Systems explizit gefordert sein. Der Grad der Unabhängigkeit der durchführenden Instanz hängt ebenso vom zu entwickelnden Produkt ab. Die konkreten für die

Softwareentwicklung notwendigen Prozessschritte werden ebenso im Abschn. 5.13 zur Funktionalen Sicherheit im Zusammenhang der Prozessmodellierung detailliert.

Eine unabhängige innerbetriebliche Instanz zur Durchführung der Aktivitäten der Funktionalen Sicherheit des entwickelnden Unternehmens reicht nur für den Verlauf der Produktentwicklung aus. Für die finale Zulassung des Systems zum Verkauf an Endkunden müssen externe Audits oder Assessments durchgeführt werden. Das Verfahren hierzu wird durch aus der Gesetzgebung hervorgehende Normen geregelt.

3.6.3 Projektmanagement

Das Projektmanagement umfasst die Planung, Steuerung und Kontrolle der Projektaktivitäten, die zur Erreichung des Projektziels durchgeführt werden.

Das Projektmanagement stellt sicher, dass das Projekt innerhalb der vorgegebenen Zeit, den genehmigten Kosten und der geforderten Qualität abgewickelt wird. Der Zweck des Projektmanagements besteht darin, die Aktivitäten, Aufgaben und Ressourcen, die für die Bearbeitung eines Projekts oder der Erbringung einer Dienstleistung erforderlich sind, im Kontext der Anforderungen und Bedingungen des Projekts zu ermitteln, festzulegen, zu planen, zu koordinieren und zu überwachen.

3.6.3.1 Projektstart
Beim Projektstart werden alle initialen Aktivitäten für die Projektvorbereitung durchgeführt.

Ziel ist es, sicherzustellen, dass alle Voraussetzungen für die Initiierung des Projekts geschaffen werden und ausreichend Informationen für die Definition und Bestätigung des Projektumfangs vorhanden sind.

Vorgehen
Beim Projektstart wird

- der Projektleiter bestimmt.
- das Projekthandbuch inkl. der Stakeholder-Analyse und Projektrisiken erstellt und geprüft.
- die Projektorganisation festgelegt.
- die Projektstruktur geplant.
- die Freigabestrategie erstellt und geprüft.
- die Projektlisten angelegt.

Ergebnisse
Ergebnisse des Projektstarts:

- Ein Projektleiter ist definiert.
- Das Projekthandbuch mit Stakeholdern und Projektrisiken ist initial erstellt.

- Die Projektorganisation ist festgelegt.
- Die Projektstruktur ist geplant.
- Die Freigabestrategie ist erstellt.
- Die Projektlisten sind erstellt.

3.6.3.2 Projektplanung

In der Phase der Projektplanung wird inhaltlich ein Lösungskonzept erstellt, um die vorgegebenen Ziele zu erreichen.

Ziel der Projektplanung ist ein ausgewähltes Lösungskonzept zur Realisierung mit einer Detailplanung. Die Planung der Realisierung weist idealerweise eine Genauigkeit von $\pm 10\,\%$ auf, ist allerdings hochgradig abhängig von Projekt, Unternehmen und Rahmenbedingungen.

Vorgehen

- Die Detailziele bzw. Ziele für die Teilprojekte und -systeme festlegen und Ziele bei Bedarf überarbeiten.
- Die Lösungsvarianten entwickeln und auf Zielkonformität prüfen.
- Detaillierte Lösung(en) mit ausführungsreifen Plänen ausarbeiten.
- Den Mittel-, Kosten- und Ressourcenbedarf überprüfen und anpassen.
- Die Qualifizierung der Softwarewerkzeuge entsprechend der ISO 26262 durchführen.
- Die Planungsergebnisse mit allen Projektbeteiligten abstimmen.

Ergebnisse

Am Ende der Phase Projektplanung sind

- die Arbeitspakete definiert.
- die Aufwände und Kosten abgeschätzt.
- die Wirtschaftlichkeit des Projekts berechnet.
- die Abläufe strukturiert.
- die Kapazitätsplanung erstellt.
- die Termin- und Ressourcenplanung durchgeführt.
- die Releaseplanung abgestimmt.
- die Qualifizierung der Softwarewerkzeuge angestoßen.
- die Kickoff-Veranstaltung oder ein vergleichbarer offizieller Projektstart durchgeführt worden.

3.6.3.3 Projektdurchführung

Der Prozess Projektdurchführung steuert zyklisch die Termine, Aufgaben, Risiken und offene Punkte über die gesamte operative Projektlaufzeit und kommuniziert diese an alle Projektbeteiligten.

Der Zweck des Prozesses Projektdurchführung ist, die anfallenden Arbeiten zuzuweisen und zu verfolgen sowie erzielte Fortschritte zu kommunizieren und ggf. benötigte

Korrekturmaßnahmen einzuleiten, damit das Projekt innerhalb seiner Toleranzen (Termine – Kosten – Qualität, s. o.) bleibt. Das Ziel ist es sicherzustellen, dass alle Arbeiten überwacht und gesteuert werden und die Risiken sowie die offenen Punkte unter Kontrolle sind.

Vorgehen
Die Aufgaben des Prozesses wiederholen sich in abgestimmten Zyklen über den gesamten operativen Projektverlauf hinweg. Dazu gehören die folgenden Tätigkeiten:

- Den Release-Plan abstimmen.
- Die Arbeitspakete verfolgen.
- Die Projektzeitpläne pflegen.
- Die Projektrisiken verfolgen.
- Regeltermine durchführen.
- Nach Bedarf Statusberichte erstellen und kommunizieren.
- Das Projekthandbuch aktualisieren und prüfen.

Ergebnisse
Nach erfolgreicher Durchführung des Prozesses im Projekt

- ist der Release-Plan auf dem aktuellen Stand freigegeben und kommuniziert.
- ist die Arbeitspaketeliste vervollständigt.
- ist der Projektzeitplan gepflegt und kommuniziert.
- ist die Risikoverfolgungsliste aktualisiert und Maßnahmen abgeleitet.
- ist die Offene-Punkte-Liste gepflegt und kommuniziert.
- sind alle Regeltermine abgehalten.
- sind die Statusberichte erstellt und kommuniziert.
- ist das Projekthandbuch auf dem aktuellen Stand freigegeben und kommuniziert.

3.6.3.4 Projektabschluss

Der Projektabschluss definiert einen Zeitpunkt, an dem ein eindeutiges Ende des Projekts erreicht wird, die Ergebnisse übergeben werden und das Projektteam aufgelöst werden kann.

Der Zweck des Prozesses ist es, einen Zeitpunkt zu definieren, an dem die Abnahme des Projekts bestätigt wird. Es ist anzuerkennen, dass die ursprünglich in dem Projektauftrag definierten Ziele (und genehmigten Änderungen der Ziele) erreicht worden sind, damit die Ergebnisse an den Auftraggeber übergeben und das Projektteam aufgelöst werden kann. Ziel des Prozesses ist es, zu verifizieren, dass das Projekt abgenommen werden kann. Es ist sicherzustellen, dass für alle offenen Punkte und Risiken Empfehlungen für Folgeaktionen vorliegen und die Erfahrungen dokumentiert sind.

Vorgehen

Die Durchführung des Projektabschlusses beinhaltet folgende Aktivitäten:

- Die positiven und negativen Projekterfahrungen sammeln und dokumentieren.
- Das Projektabschlussprotokoll erstellen.
- Die tolerierten Abweichungen von den initialen Projektzielen dokumentieren.
- Bei Bedarf notwendige Nachbesserungen festlegen.
- Die Projektergebnisse übergeben.
- Die Projektleitung entlasten.
- Das Projektteam wiedereingliedern.

Ergebnisse

Nach erfolgreicher Durchführung des Prozesses

- sind die positiven und negativen Projekterfahrungen dokumentiert.
- ist das Projektabschlussprotokoll erstellt.
- sind die tolerierten Abweichungen von den initialen Projektzielen dokumentiert.
- sind die notwendigen Nachbesserungen festgelegt.
- sind die Projektergebnisse an den Auftraggeber übergeben.
- ist die Projektleitung vom Auftraggeber entlastet.
- ist das Projektteam in die Organisation wieder eingegliedert.
- ist das Projekt beendet.

Im Sinne der Pflege und ggf. Nachbesserungen an einem Produkt aus den Erfahrungen, die durch seinen Einsatz geschehen bietet es sich an, die daraus resultierenden Aktivitäten als neues Projekt aufzusetzen. Der Übergang eines Projekts in eine nicht terminierte Dauertätigkeit ist weder für das Unternehmen planbar noch für die Mitarbeiter tolerierbar.

3.6.4   Risikomanagement

Das Risikomanagement ist in der Darstellung der übergreifenden Prozesse bis hier nicht explizit gezeigt worden. Es handelt sich um einen Prozess, der sich durch alle bisher gezeigten übergreifenden Prozesse des Projektmanagements zieht. Das Risikomanagement ist nicht nur im Finanzsektor eine wichtige Ergänzung zu den Tätigkeiten innerhalb der Compliance-Aktivitäten von Unternehmen und wird oft zentral in einer entsprechenden Organisationseinheit gehalten. Hier soll eine konkrete Umsetzung der in der Lehre, Literatur und auch oft in Anforderungen sehr abstrakt dargestellten Vorgehensweise für Softwareprojekte in der Automobilindustrie vorgeschlagen werden.

Diese Methode regelt die Mindeststandards für das Managen von Risiken und die Koordination der dafür notwendigen Tätigkeiten in Projekten. Sie setzt den Rahmen für das Identifizieren, Analysieren, Bewerten und Überwachen von Risiken, sowie den Umgang mit diesen Informationen. Das Einhalten dieser Regelungen unterstützt einen geordneten Arbeitsablauf (geplantes, dokumentiertes, qualitätsgesichertes Vorgehen).

Die Strategie für das Beherrschen von Risiken umfasst folgende Punkte:

- Ein frühes (rechtzeitiges) Erkennen von Risiken
- Das Zuordnen der Risiken in die der Fachgruppe bzw. das Herunterbrechen der Risiken und deren Zuordnung zu Bauteilen bzw. Systemen
- Die Analyse der Risiken auf Bauteil/Systemebene sowie die Definition und Durchführung von abgestimmten Maßnahmen
- Die kontinuierliche Verfolgung der Risiken und Maßnahmen sowie die Konsolidierung der Informationen zu Risiken auf Bauteil/Systemebene und die Eskalation in die zugehörige Fachgruppe sowie in die Linie (disziplinarische Organisationform) der Unternehmensstruktur
- Die konkreten Erfahrungen dokumentieren (Lessons Learned), um diese für Folgeprojekte bereitzustellen

Zuständig und verantwortlich für die Durchführung des Risikomanagements ist der jeweilige Projektleiter. Verpflichtet und befugt für die Mitwirkung im Risikomanagement ist jeder Mitarbeiter des Projekts.

Als Basis für die Projektplanung sind die relevanten Risiken vor dem Projektstart zu erfassen und zu bewerten. Eine angemessene Planung berücksichtigt die Risiken und ignoriert sie nicht in Form einer zu optimistischen Planung zum zweifelhaften Zweck der Bewerbung um ein Projekt.

3.6.4.1 Identifizieren und Bewerten der einzelnen Risiken

Zur erstmaligen Identifikation ist eine Risikosammlung durchzuführen. Es hat sich bewährt, dies in der Form eines extern moderierten Workshops durchzuführen, an dem die relevanten Projektbeteiligten und weitere betroffene Personen teilnehmen und der Moderator Erfahrungen im Risikomanagement einbringt. Unterstützt wird die Identifikation der Risiken z. B. durch die Anwendung von QS-Methoden wie FMEA im Kapitel Abschn. 5.13 zur Funktionalen Sicherheit im Zusammenhang der Prozessmodellierung. Basierend auf der Themenpriorisierung werden die von den Teilnehmern genannten Risiken schriftlich festgehalten und strukturiert.

Für jedes identifizierte Risiko ist gemeinsam eine Einschätzung für die Eintrittswahrscheinlichkeit (EW) und die potenzielle Schadenshöhe (PSH) durchzuführen. Daraus errechnet sich die Risikopriorität 1, 2 oder 3. Die einzelnen Risiken und deren Bewertung werden in der initialen Risikoverfolgungsliste dokumentiert.

3.6.4.2 Analyse von Risiken

Zumindest bei Risiken mit der Risikopriorität 1 (hoch) ist eine detailliertere Analyse durchzuführen. Schriftlich anzuführen sind:

- Die mögliche Ursache bzw. das Szenario für den Eintritt des Risikos. Was muss passieren, damit das Risiko eintritt?
- Die möglichen Folgen im Risikofall und deren Auswirkungen. Welche weiteren Effekte treten ein, wenn das Risiko eintritt?
- Die Darstellung von Alternativen. Welche technischen Alternativen gibt es und welche organisatorischen Szenarien könnten helfen, das Risiko zu vermindern oder zu vermeiden?

3.6.4.3   Risikobewertung

Ein Risiko besteht aus

- einer eindeutigen Bezeichnung und Beschreibung des Risikos
- der Eintrittswahrscheinlichkeit (EW) des jeweiligen Risikos, angegeben in % oder einem Begriff/Aussage wie
  - praktisch auszuschließen
  - unwahrscheinlich
  - Die Wahrscheinlichkeit des Eintritts ist 50 : 50.
  - Die Wahrscheinlichkeit des Eintritts ist hoch.
  - Das Risiko wird mit Sicherheit eintreten.
- der potenziellen Schadenshöhe (PSH), angegeben in €, dem Terminverzug, den Begriffen niedrig, mittel, hoch oder den gern verwendeten Ampeldarstellungen rot/gelb/grün
- der Art des Risikos (T = Time; C = Cost; Q = Quality)
- der Risikopriorität

3.6.4.4   Priorisierung

Mit der Priorisierung werden die Schwerpunkte für die Risikobetrachtung gesetzt:

- **Themen**
  Die Priorisierung enthält die Themen, welche je nach Projekttyp entsprechende Teilaspekte des Projektes umfasst. Die sind z. B. alle dem Projekt zugeordneten Bauteile oder alle Funktionen laut Funktionsliste.
- **Indikatoren**
  Zu jedem Thema sind Indikatoren für die Themenpriorität anzuführen (z. B. Komplexität, Innovationsgrad, Sicherheitsrelevanz, etc.).
- **Bewertung**
  Bei jedem Thema ist der Erfüllungsgrad des Indikators anzugeben, z. B. Skala 1 bis n oder in %.
- **Auswertung und Themenpriorität**
  Basierend auf den Bewertungen ist für jedes Thema eine Kennzahl zu berechnen (z. B. gewichtetes Produkt der einzelnen Bewertungen). Diese Kennzahl dient dann zur Zuordnung zu den Prioritätsstufen I, II, oder III.

3.6.4.5   Festlegung von Maßnahmen

Allen identifizierten Risiken sind Maßnahmen zuzuordnen:

- Präventive Maßnahmen
- Korrektive Maßnahmen
- Risikotransfer

3.6.4.6   Risikoverfolgungsliste

Die Risikoverfolgungsliste umfasst für jedes Risiko die angeführten Informationen:

- Mindestens eine wirksame Gegenmaßnahme: Vorstellung von Maßnahmen zur Risikominderung bzw. Schwächung.
- Eine belegbare Kontrollaktivität: Diese Aktivität soll die Wirksamkeit der Maßnahme bewerten und Aussagen treffen, ob eine Maßnahme umgesetzt wurde.
- Die Art der Maßnahme: Präventiv/Notfall.
- Ein geplanter Termin zur Risiko-Neubewertung.
- Eine verantwortliche Person für die Risikoüberwachung.
- Ggf. Anmerkungen zur Risikosammlung:
  - Präventive Maßnahmen zur Risikovermeidung samt Verantwortlichen
  - Korrektive Maßnahmen bei Risikoeintritt (Notfallplan) samt Verantwortlichen
  - Information zu bereits durchgeführten Maßnahmen
  - Aufzeichnungen über durchgeführte Neubewertungen und Statusänderungen
  - Status des Risikos (eingetreten/offen/erledigt/Maßnahmen aktiv)

Das Risikomanagement ist wie alle übergreifenden Prozesse eine kontinuierliche Tätigkeit im Entwicklungsprozess. Es kann im Rahmen der Governance, Risk and Compliance Grundsätze einer Firma explizit gefordert und konkret ausgestaltet sein. Gerade diese Aktivität wir oft im Rahmen der Assessments und Audits zur Produktzulassung oder bei der Untersuchung der Ursachen eingetretener Schäden geprüft.

3.6.5   Lieferantenmanagement

Das Lieferantenmanagement beschreibt die Gestaltung, Lenkung und Entwicklung von allgemeinen Abnehmer-Lieferanten-Beziehungen. Mit der Änderung der Gesetzeslage zur Arbeitsnehmerüberlassung und deren konkreter Umsetzung zum Zeitpunkt der Erstellung des Buchs kommt diesem Prozess gerade in der Entwicklung eine besondere Bedeutung zu. Es ist im Vorfeld festzulegen und entsprechend auszugestalten, ob es sich bei der Beziehung um eine Arbeitnehmerüberlassung oder eine Gewerkevergabe handeln soll.

Das Lieferantenmanagement unterstützt die Bemühungen, gemeinsam mit dem Lieferanten die Produkte schneller, günstiger und qualitativ optimal zu entwickeln. Es dient in seiner Gesamtheit zur Kontrolle des Lieferanten, um frühzeitig im Zuge des Risiko-managements festzustellen, ob der Lieferant oder Gewerkenehmer ggf. nicht norm- und spezifikationskonform Leistungen erbringt. Des Weiteren dient es zur Absicherung und zur Nachweisbarkeit, alles Erdenkliche dafür getan zu haben, um zukünftige Risiken, Fehler und Auffälligkeiten im späteren Serienbetrieb des entwickelten Produktes zu vermeiden und im Zweifel vor Gericht nachzuwiesen.

Das Ziel ist eine professionelle und dennoch partnerschaftlich enge und intensive Zusammenarbeit mit dem Lieferanten, um „Reibungsverluste" bei der Zusammenarbeit zu vermeiden und um gleichermaßen Zeit, Kosten und Ressourcen zu sparen sowie dabei trotzdem die geforderte Qualität der Leistungen zu erzielen.

Das Lieferantenmanagement besteht bei den hier betrachteten Entwicklungsprojekten aus den Prozessen Lieferantenauswahl, Lieferantensteuerung und letztendlich auch der Lieferantenausphasung am Ende oder sogar während des Projekts. Es wird nicht auf die sozialen oder arbeitsrechtlichen Rahmenbedingungen zur Beschäftigung und Vertragsgestaltung der beim Gewerkenehmer angestellten Mitarbeiter eingegangen, die beim Entwickler oder Hersteller des Produkts vor Ort die Gewerke oder Dienstleistungen erbringen.

3.6.5.1 Lieferantenauswahl

Die Lieferantenauswahl soll potenzielle Lieferanten identifizieren.

Das Ziel der Lieferantenauswahl ist, eine einheitliche Methodik für die Analyse potenzieller und bestehender Lieferanten bereitzustellen, um basierend auf den Ergebnissen strategische Entscheidungen zu treffen. Auf operativer Ebene bedeutet dies, die Leistung der Lieferanten vergleichbar zu machen, Optimierungspotentiale aufzudecken und die Beschaffungskosten zu senken. Auf Basis des Qualifizierungs- und Bewertungsberichts ist es möglich, die für das angeforderte Produkt jederzeit geeignete Lieferantenauswahl zu treffen und damit das optimale Preis-Leistungsverhältnis zu erhalten.

Vorgehen

Die Lieferantenauswahl beinhaltet die folgenden Aktivitäten:

- Die Suche nach potentiell geeigneten neuen oder bestehenden Lieferanten (intern/extern).
- Die Festlegung von Kriterien und die Auswahl der Lieferanten nach der Bewertung.
- Die Qualifizierung der Lieferanten und deren Leistungen.
- Die Überprüfung der Lieferanten.
- Die Beauftragung der Lieferanten.

Ergebnisse

Das Ergebnis der Lieferantenauswahl muss mindestens sein, dass alle Lieferanten aus dem Lieferantenpool folgende geforderten Kriterien erfüllen:

- Qualität
- Service
- Lieferzeit
- Lieferfähigkeit
- Preis

Die Lieferantenauswahl wird sowohl für die Auswahl neuer Lieferanten als auch für die auftragsbezogene Auswahl bestehender Lieferanten genutzt. Die Auswahl schließt sowohl externe als auch interne Lieferanten ein. Interne Lieferanten können dabei eigene Komponentenwerke oder Entwicklungsabteilungen eines Unternehmens sein.

3.6.5.2 Lieferantensteuerung

Die Lieferantensteuerung beinhaltet die stetige Beobachtung des Lieferanten, sowie die Einleitung von Maßnahmen, sofern der Lieferant nicht gemäß den Anforderungen die vertraglichen Leistungen erbringt oder nachbessert.

Die Lieferantensteuerung soll den Auftraggeber über den gesamten Projektverlauf stets in die Lage versetzen, genau zu wissen, welchen Status das Projekt bei seinem Lieferanten hat und welchem Reifegrad dessen Leistungen entsprechen. Durch die Lieferantensteuerung soll frühzeitig erkannt werden, ob der Lieferant gemäß den Anforderungen Qualität, Quantität, Kosten und Termine einhält. Geschieht dies nicht, werden über die Lieferantensteuerung jene Maßnahmen kontrolliert, die den Lieferanten in die Lage versetzen, genau jene Parameter wieder angebots- und auftragskonform durch Nachbesserung einzuhalten.

Vorgehen

Die Lieferantensteuerung beinhaltet die folgenden Aktivitäten:

- Die genaue Definition der Lieferantenkommunikation, deren Wege, Inhalte, Regeln und Eskalationsmechanismen.
- Die eigentliche Steuerung des Lieferanten.
- Die regelmäßige Überwachung und Kontrolle des Lieferanten und dessen Leistungen.
- Die Prüfung und Kontrolle alle eingehenden Lieferobjekte und Arbeitsprodukte des Lieferanten.
- Das ganzheitliche Claim-Management (Die Einforderung der Nachbesserung oder Kompensation bei Abweichungen) über den gesamten Projektlebenszyklus.

Die Lieferantensteuerung erfolgt über die gesamte Dauer der Lieferantenbeauftragung. Sie erfolgt zu bestimmten Themen in einem regelmäßigen Turnus, teilweise beim Lieferanten vor Ort. Reviews, Assessments und Audits ergänzen die Lieferantensteuerung und bilden eine Informationsbasis für Steuerungsmaßnahmen durch den Auftraggeber.

Ergebnisse

Das Ergebnis der Lieferantensteuerung muss mindestens sein, dass der Lieferant folgende Projektziele einhält:

- Qualitätsziele
- Kostenziele
- Terminziele

Ist dies nicht gegeben, sorgt die Lieferantensteuerung dafür, Verfehlungen durch den Lieferanten frühzeitig zu erkennen um ggf. qualifiziert gegensteuern zu können und somit die Risiken der Ergebnisabweichungen zu mindern oder das Claim-Management einzuleiten.

3.6.5.3   Lieferantenausphasung

Die Lieferantenausphasung ist die gezielte Beendigung des Geschäftsverhältnisses, falls der Lieferant die geforderten Leistungen nicht gemäß des Vertrages oder der eigenen Bedürfnisse erfüllt oder angemessen nachbessert.

Ziel der Lieferantenausphasung ist die gezielte und geplante Beendigung des Geschäftsverhältnisses. Es soll ferner sichergestellt werden, dass keine neuen Bestellungen für den betreffenden Lieferanten mehr generiert werden.

Vorgehen

Die Lieferantenausphasung beinhaltet folgende Aktivität:

- Die Ausphasung des Lieferanten und Beendigung des Geschäftsverhältnisses.

Ergebnisse

Das Ergebnis der Lieferantenausphasung sollte mindestens sein:

- Die Definition eines genauen Zeitplans zur Ausphasung des Lieferanten.
- Die Reduktion der Bestellvolumina bis auf „0".
- Die Sicherstellung, dass der Lieferant keinerlei strategische Bedeutung mehr für das Projekt aufweist.
- Die Kommunikation der offiziellen Beendigung des Geschäftsverhältnisses an den Lieferanten.
- Die Kündigung der Lieferantenverträge.
- Die Entfernung des Lieferanten aus dem System/den Systemen.

3.6.6   Änderungsmanagement

Das Änderungsmanagement beschreibt jegliche Änderungen von technischen Anforderungen am Produkt bis zur Anpassung von organisatorischen Rahmenbedingungen im Projektverlauf oder Prozessen.

3.6.6.1 Vorbereitung Änderungsmanagement

Dieser Prozess beschreibt die vorbereitenden Tätigkeiten für das Änderungsmanagement.

Ziel des Prozesses ist, eine funktionsfähige Umgebung für die Verfolgung von Änderungen zu schaffen.

Vorgehen

- Der Änderungsmanagementverantwortliche erstellt eine Änderungsmanagementstrategie. Anschließend wird diese mit dem gewählten System (hierzu gibt es etliche Systeme am Markt der Entwicklungswerkzeughersteller) umgesetzt und getestet.
- Nach den erfolgreichen Tests ist das System bereit zur Nutzung und kann zur Lösung von Problemen eingesetzt werden.
- Zusätzlich wird für die Projektmitarbeiter ein methodenspezifischer User-Guide zur Verfügung gestellt.

Ergebnisse

- Die Strategie für das Änderungsmanagement ist definiert und umgesetzt.
- Das Änderungsmanagementsystem ist aufgesetzt und zur Verwendung freigegeben.
- Die Nutzer der Systems können über einen User-Guide mit dem System arbeiten.

3.6.6.2 Änderung

Dieser Prozess beschreibt die operativen Tätigkeiten für das Änderungsmanagement.

Das Ziel des Prozesses ist, eine Änderung nachverfolgbar zu erfassen und umzusetzen.

Vorgehen

- Die Änderung wird durch einen Projektmitarbeiter im System erfasst.
- Die Änderung wird analysiert und über die weitere Vorgehensweise entschieden. Dafür wird oft ein Gremium, das sogenannte „Change Control Board" eingerichtet, um das Mehraugenprinzip zu gewährleisten. Die Änderung wird in dem jeweiligen Entwicklungsprozess oder der Organisation des Projekts umgesetzt.
- Es ist ein ebenfalls vom zugehörigen Entwicklungsprozess abhängiger Test der Änderung notwendig. Bei einer Organisationsänderung ist diese über die Betätigung funktionierender Prozesse im Mehraugenprinzip zu validieren.
- Es wird geprüft, ob alle Formalien zur Änderung erfüllt wurden.

Ergebnisse

- Die Änderung ist eindeutig erfasst.
- Die Änderung ist eingeplant.
- Die Änderung ist umgesetzt und im Review überprüft worden.

3.6.7 Konfigurationsmanagement

Das Konfigurationsmanagement ist ein unterstützender Prozess für alle Entwicklungsaktivitäten. Es legt fest, welche Versionen der Software, Dokumentation und weitere Artefakte oder Arbeitsprodukte als Zusammenfassung in bestimmten Baselines in den unterschiedlichen Projektphasen ausgeliefert werden. Weiterhin stellt es die Möglichkeiten für eine verteilte, parallele Entwicklung und konsistente Zusammenführung der Ergebnisse zur Verfügung. Hier soll das konkrete Vorgehen im Projekt im Fokus stehen.

Zu Projektanfang muss eine Umgebung mit Konfigurationsmanagement-Werkzeugen und -Regeln etabliert werden. Nach Abschluss des Aufbaus unterstützt das Konfigurationsmanagement den Entwicklungsablauf durch zyklisch wiederkehrende Aktivitäten.

3.6.7.1 Konfigurationsmanagement Aufbau

Dieser Prozess beschreibt den Aufbau einer betriebsbereiten Konfigurationsmanagement Umgebung in Form eines Verwaltungswerkzeugs als IT-System oder Datenbank (auch hierzu gibt es etliche Systeme am Markt der Entwicklungswerkzeughersteller, oft sind sie mit dem Änderungsmanagement integriert).

Ziel dieses Prozesses ist es, ein Konfigurationsmanagement-System gemäß den Projektanforderungen aufzusetzen. Dieser Prozess schafft die Rahmenbedingungen, um die Konfigurationsmanagementziele (z. B. die Integrität der Produkte) zu gewährleisten.

Vorgehen
Der Konfigurationsmanager ist für das initiale Aufsetzen der Konfigurationsmanagement-Umgebung für ein neues Projekt verantwortlich:

- Es wird eine reduzierte Konfigurationsmanagement-Umgebung erstellt, die es erlaubt, das Projektmanagement und die Systemanalysen vorzunehmen. Schon hier hat der Konfigurationsmanager sicherzustellen, dass eine Zugangskontrolle und eine Datensicherung der Konfigurationsmanagement-Umgebung existiert.
- Mit der Kenntnis der groben Systemarchitektur kann eine feinere Planung der Konfigurationsmanagement-Vorgänge erfolgen, so dass daraus resultierende Konfigurationsmanagement-Strukturen, Konfigurationsmanagement-Objekte, Releases und Lieferbeziehungen bestimmt und geplant werden können.
- Es werden die notwendigen IT-Ressourcen durch den Konfigurationsmanager beantragt, die Systeme entsprechend erweitert und die Festlegungen im Konfigurationsmanagement-Plan festgehalten.
- Eine Anleitung und Schulung für die Nutzer der Konfigurationsmanagement Umgebung ist ebenfalls zu erstellen.

Ergebnisse

- Die Anforderungen an das Konfigurationsmanagement-System sind definiert und festgehalten.

- Die benötigten Strukturen und Releases in den Konfigurationsmanagement-Werkzeugen sind aufgesetzt.
- Die aufgesetzten Strukturen unterliegen einer Datensicherung und einer Zugangskontrolle.
- Die Konfigurationsmanagement-Objekte sind identifiziert und beschrieben.
- Die Lieferbeziehungen für das Projekt sind beschrieben und ggf. implementiert.
- Die automatischen Prozesse zur Code- oder Objekterzeugung sind beschrieben und implementiert.
- Der Konfigurationsmanagement-Plan ist erstellt und freigegeben.
- Die notwendigen Konfigurationsmanagement-Verfahren sind beschrieben und dem Projekt-Team bekannt.
- Die Konfigurationsmanagement-Umgebung ist gegen die Anforderungen geprüft und für den Betrieb freigegeben. Eine Datensicherung ist sichergestellt.

3.6.7.2 Konfigurationsmanagement Betrieb

Dieser Prozess beschreibt die Durchführung der konkreten Konfigurationsmanagement-Tätigkeiten.

Das Ziel des Prozesses ist es, die Zusammenstellung von Arbeitsergebnissen allen am Projekt beteiligten Parteien in richtiger und vollständiger Art und Weise zur Verfügung zu stellen. Dabei ist es wichtig, dass die Inhalte der Arbeitsergebnisse und Zusammenstellungen zu einem bestimmten Zeitpunkt beschrieben werden können.

Vorgehen

- Der Prozess Konfigurationsmanagement-Betrieb beinhaltet die Konfigurationsmanagement-Aktivitäten, die nach dem Konfigurationsmanagement-Aufbau regelmäßig erforderlich sind.
- Die anfallenden Aufgaben werden vom Konfigurationsmanager organisiert und überprüft. Die Durchführung obliegt je nach Aktivität den Projektmitarbeitern, dem Build-Manager oder dem Konfigurationsmanager selbst. Dabei ist die Reihenfolge der Aktivitäten durch die Projektvorgänge gesteuert, so dass sich eine andere Reihenfolge der Aktivitäten ergeben kann als hier dargestellt. Die Auslöser für die Aktivitäten sind immer von den Entwicklungsprozessen getrieben und werden (meist) durch Änderungsanträge (Change Requests) im Rahmen des eng verwobenen Änderungsmanagements ausgelöst. Beispiele hierfür sind das Einchecken von Dateien, das Erstellen von Baselines oder Produkten sowie der Abschluss von Tests. Eine „Änderung" ist damit auch ein einfacher operativer Arbeitsauftrag mit einem Arbeitsprodukt.
- Ebenso können Aktivitäten dieses Prozesses durch Entscheidungen des Projektmanagements ausgelöst werden (z. B. durch eine veränderte Release-Planung oder die nachträglich geplante Erklärung einer Freigabe).
- Die Erstellung von Produktkonfigurationen und deren Software-Produkten werden vom Build-Manager ausgeführt.

- Besteht eine Produktkonfiguration aus Teilen, die in unterschiedlichen Umgebungen oder Organisationen entwickelt worden ist, kann der Einsatz eines Integrationsmanagers oder -testers den Build-Manager unterstützen.
- Begleitende Aktivitäten finden regelmäßig statt – unabhängig vom Entwicklungsfortschritt. Zu diesen Aktivitäten gehört die Konfigurationsmanagement Reporterstellung.

Ergebnisse

- Gepflegte und beschriebene Konfigurationselemente (Dateien, Baselines, Produkte)
- Der Konfigurationsmanagement-Plan

3.6.8 Problemlösungsmanagement

Das Problemlösungsmanagement beschreibt jegliche Änderungen aufgrund von technischen Problemen über organisatorische Rahmenbedingungen im Projekt bis zu allgemeinen Problemen der an der Entwicklung beteiligten Organisationseinheiten und Lieferanten.

Das Problemlösungsmanagement muss mit einer Eskalationsstrategie verbunden sein, die nicht durch die disziplinarische Struktur des Unternehmens übergangen werden kann. Positive Beispiele sind ein anonymes Hinweisgebersystem oder Ombudsmänner.

Im Folgenden ist der Fokus stärker auf die konkreten Arbeitsschritte im Projekt gelegt, in dem das Problemlösungsmanagement als normale Arbeitstätigkeit verstanden wird.

3.6.8.1 Vorbereitung Problemlösungsmanagement

Dieser Prozess beschreibt die vorbereitenden Tätigkeiten für das Problemlösungsmanagement.

Das Ziel des Prozesses ist es, eine funktionsfähige Umgebung für die Verfolgung von Problemen zu schaffen.

Vorgehen

- Der Problemlösungsmanagementverantwortliche erstellt eine Problemlösungsmanagementstrategie.
- Die Problemlösungsmanagementstrategie wird mit dem gewählten System umgesetzt und getestet.
- Nach erfolgreichen Tests ist das System zur Nutzung bereit und kann zur Lösung von Problemen eingesetzt werden.
- Es wird ein Problemlösungsmethodenhandbuch für die Projektmitarbeiter zur Verfügung gestellt.

Ergebnisse

- Die Strategie für das Problemlösungsmanagement ist definiert und umgesetzt.
- Das Problemlösungsmanagementsystem ist aufgesetzt und zur Verwendung freigegeben.
- Die Nutzer des Systems können mithilfe eines Problemlösungsmethodenhandbuchs mit dem System arbeiten.

3.6.8.2 Problemlösung

Dieser Prozess beschreibt die operativen Tätigkeiten für das Problemlösungsmanagement.

Das Ziel des Prozesses ist die Unterstützung der Mitarbeiter des Projekts bei der Lösung von Problemen, die eine der folgenden Kriterien erfüllen:

- Das Problem kann nicht durch einen Projektmitarbeiter selbst gelöst werden.
- Das Problem erfordert eine Einplanung der Bearbeitung im Projektplan.
- Das Problem muss nach Prozess durch das Problemlösungsmanagement gelöst werden.
- Die Problemlösung erfordert einen hohen Ressourcenaufwand und muss vom (Teil-)Projektleiter autorisiert werden.
- Das Problem oder dessen Lösung muss/soll dokumentiert werden.

Vorgehen

Ein Problem ist eine Aufgabe mit Handlungsbedarf, z. B. eine schwierige, ungelöste Aufgabe, schwer zu beantwortende Frage, komplizierte Fragestellung, allgemeine Schwierigkeit. Oft sind Probleme unterteilt in „schlecht strukturierte Probleme" und „gut strukturierte Probleme". Um ein Problem lösen zu können, kann es sinnvoll sein, es in einfachere Unteraufgaben zu zerteilen oder auf ein bereits gelöstes Problem zurückzuführen. Hierbei ist ein personenunabhängiger, gelebter „Lessons-Learned"-Prozess im Rahmen von Projektabschlüssen sehr hilfreich.

Das konkrete Problemlösen geschieht zwischen zwei möglichen Extremen:

- Versuch und Irrtum (engl. trial and error)
- Lernen durch Einsicht

Ein Problem wird von einem Projektmitarbeiter zur Kenntnis genommen. Dabei kann es sich um organisatorische Probleme, technische Probleme bezüglich des zu entwickelnden Produktes oder IT-technische Probleme handeln. Zuerst muss der Mitarbeiter bewerten, welcher Art das Problem ist.

Organisatorische Probleme werden mündlich oder schriftlich der Projektleitung gemeldet, die sich im Rahmen der regelmäßigen Projektrunden oder mit außerordentlichen Maßnahmen für eine Abstellung des Problems sorgt. Offene organisatorische Probleme werden dann im Rahmen der OPL (offene Punkte Liste) der Projektstatusrunde verfolgt und zum Abschluss gebracht. IT-technische Probleme werden an eine zentrale IT-Stelle gemeldet (soweit vorhanden) und dort erfasst. Diese beauftragt die zuständige Stelle mit einer Problemlösung und verfolgt die Problemlösung.

Des Weiteren befasst sich der Prozess der Problemlösung nur mit der Abstellung technischer Probleme an dem zu entwickelnden Produkt. Wird ein technisches Problem entdeckt, so ist der übliche Meldeweg die Erfassung als Problemmeldung im Problemmanagementwerkzeug. Ist aber aufgrund des Problems Gefahr für Leib und Leben oder ein hoher wirtschaftlicher Schaden für das Unternehmen zu erwarten, so ist Projektleitung unmittelbar mündlich oder schriftlich zu verständigen. Hierfür muss wie oben erläutert eine Eskalationsstrategie vereinbart werden, damit die Meldung durch einen Projektmitarbeiter nicht durch im Sinne der Compliance fragwürdige Entscheidungen modifiziert werden.

Das Problem wird durch einen Projektmitarbeiter im Problemmanagementwerkzeug erfasst. Anschließend wird das Problem analysiert und nach der Analyse über die weitere Vorgehensweise entschieden. Fällt die Entscheidung für eine Problemlösung, so ist sie gemäß des zugehörigen Entwicklungsprozesses umzusetzen, zu prüfen und ggf. zu akzeptieren. Falls die Problemlösung nicht akzeptiert wurde, ist sie in einem weiteren Entwicklungsdurchlauf zu überarbeiten. Wenn die Problemlösung in der Prüfphase akzeptiert wurde, wird zum Ende des Problemlösungsprozesses die vollständige Durchführung aller Aktivtäten gemäß dem Prozess überprüft und danach die Problemmeldung abgeschlossen.

Ergebnisse

- Das Problem ist identifiziert und die Kritikalität festgestellt.
- Falls nötig wurden Sofortmaßnahmen durchgeführt.
- Das Problem ist eindeutig erfasst und analysiert.
- Die Problembehebung ist definiert.
- Für das Problem wurde eine Problemlösung umgesetzt.
- Die Problemlösung ist getestet und die Testergebnisse sind dokumentiert.

3.6.8.3 Trendberichterstellung

Dieser Prozess beschreibt die nach Absprache regelmäßige Erstellung von Trendberichten.

Die Trendberichte werden dem Projektmanagement bereitgestellt. Ziel und Zweck dieses Prozesses ist es, Trends bei der Problemlösung zu identifizieren und zu visualisieren. Die aufbereiteten Metriken werden dem Projektmanagement zur weiteren Analyse und Ableiten von Maßnahmen bereitgestellt.

Vorgehen

- Die Daten werden durch Report vom Problemlösungsmanagementverantwortlichen bereitgestellt.

- Die dort enthaltenen Daten werden durch den Projektcontroller in Form eines Trend-berichts in eine Projektmanagement-geeignete Form aufbereitet, um beispielsweise häufig auftretende Probleme leicht erkennbar zu machen. Auch hier hat sich die Am-peldarstellung etabliert.

Ergebnisse

- Der Problemtrendbericht ist erstellt.

3.6.9 Freigabemanagement

Die Prozesse des Freigabemanagements bilden die Übersicht zu den Freigabeaktivitäten, die in die Planungs-, Entwicklungs- und Absicherungsprozesse des restlichen Prozessmo-dells eingebettet sind.

3.6.9.1 Freigabevorbereitung

Bei der Freigabevorbereitung werden alle benötigten Aktivitäten und Dokumente zur Vor-bereitung einer Freigabe abgelegt.

Zweck des Prozesses der Freigabevorbereitung ist eine übersichtliche Auflistung aller für die Vorbereitung einer Freigabe relevanten Aktivitäten und Dokumente.

Die Freigabestrategie muss projekt- bzw. ausprägungsbedingt angepasst werden. Da-zu gehört die projektabhängige Übersicht der Freigabearten und -stufen. Das impliziert auch die Anpassung der Dokumentenlandschaftsübersicht. Ferner muss in diesem Do-kument definiert werden, wie im Rahmen des Projekts mit Freigaben nach Änderungen umgegangen wird. Bei einer Projektausprägung mit Lieferanten wird in diesem Doku-ment festgelegt, wer und wie die Freigabedokumente des Lieferanten geprüft werden.

Vorgehen

- Die Vorbereitung der Freigabe erfolgt entsprechend der beschriebenen Abläufe in den einzelnen für die Freigabe relevanten Aktivitäten.

Ergebnisse

- Nach abgeschlossener Vorbereitung kann die Freigabe durchgeführt werden.

3.6.9.2 Freigabedurchführung

Bei der Freigabedurchführung werden alle benötigten Aktivitäten und Dokumente zur Durchführung einer Freigabe abgelegt.

Zweck des Prozesses Freigabedurchführung ist eine übersichtliche Auflistung aller für die Durchführung einer Freigabe relevanten Aktivitäten und Dokumente.

Es wird der Softwarefreigabebericht erstellt, in dem die Vollständigkeit und Richtig-keit der erforderlichen Arbeitsprodukte (z. B. Softwareteststatusliste, Software-Integrati-onsfreigabebericht, Softwareunit-Freigabeberichte, Applikationshinweise) dokumentiert wird. Durch den Softwarefreigabebericht wird bestätigt, dass die erstellte Software ge-mäß den Inhalten der abgestimmten Prüflisten entwickelt und dokumentiert ist. Sollten Einschränkungen in dem Freigabebericht bestehen, werden diese dokumentiert.

Vorgehen

• Die Durchführung der Freigabe erfolgt entsprechend der beschriebenen Abläufe in den einzelnen für die Freigabe relevanten Aktivitäten.

Ergebnisse

• Ergebnis des Prozesses „Freigabe durchführen" ist eine abgeschlossene Freigabe.

Das zusammenfassende Freigabedokument bestätigt dabei die Konformität der Aktivi-täten und Arbeitsprodukte mit den für dieses Produkt vorgesehenen Prozessen. Sie wird im Mehraugenprinzip geprüft, unterschrieben und mit dem Produkt ausgeliefert. Die rechtli-che Relevanz der Unterschriftsberechtigungen ist im Produkthaftungsgesetz geregelt und soll nicht Bestandteil dieses Buchs sein.

Mit der durchgeführten Freigabe ist die Softwareentwicklung aus organisatorischer Sicht abgeschlossen.

Es bleibt erneut zu betonen, dass es sich bei dieser Darstellung um generische „Best Practices" aus der Erfahrung und nicht um konkrete Geschäftsprozesse handelt. Deren konkrete Ableitung obliegt jedem Unternehmen selbst und wird seiner Struktur, Kultur und auch der Sicherheitseinstufung des im jeweiligen Projekt zu entwickelnden Produkts entsprechen.

3.7 Handcodierung in der Programmiersprache C

Im Folgenden soll auf die technischen Aspekte der Softwareerstellung als händische Co-dierung in einer Hochsprache, z. B. „C" und die modellbasierte Entwicklung eingegangen werden.

Anforderungen an die Programmierung in der Automobilindustrie

In der Programmierung der Steuergeräte im Fahrzeug werden nur selten objektori-entierte Methoden eingesetzt. Im Wesentlichen wird „ANSI-C" [7] angewendet, dessen

Sprachumfang im Sinne der Entwicklung teilweise sicherheitsrelevanter System weiter eingeschränkt wird (zum Beispiel durch die MISRA-Rules). Für die Programmierung in der Fahrzeuginformatik gibt es weitere besondere Rahmenbedingungen, die der mehrfach erwähnten Sicherheitsrelevanz der Systeme geschuldet sind.

Ein Teilaspekt sind Coding Standards oder Programmierrichtlinien. Die steigende Komplexität der Software macht es erforderlich, dass verschiedene Entwicklerteams mit unterschiedlichem Hintergrundwissen, Erfahrungen und Programmiermethoden in einem Projekt zusammenarbeiten. Teilweise unterschiedliche Philosophien und sogar Kulturkreise in einer globalisierten und vernetzten Welt machen die Zusammenarbeit nicht einfacher und können zum Misserfolg des Projektes beitragen.

An dieser Stelle hilft ein von allen Mitarbeitern verwendeter Coding Standard. Er macht den Code homogener, damit austauschbar und für jeden im Projekt beteiligten Mitarbeiter verständlich. Das gilt unabhängig davon, welcher Organisation der Mitarbeiter angehört. Die Aufgabe des Auftraggebers besteht nun darin, einen einheitlichen Coding Standard zu verwenden oder zu definieren. Das gilt insbesondere dann, wenn der Auftraggeber durch Implementierung eigener Funktionen selbst Teil des Entwicklungsprozesses ist. Ist mit einem externen Partner vereinbart, dass Quellcode geliefert wird, so ist ein durch den Auftragsgeber standardisierter Source Code unverzichtbar, um die Wartbarkeit oder Abnahmekriterien zu gewährleisten. Das macht auch das Lieferantenmanagement einfacher.

Coding Standards führen zur

- Erhöhung der Lesbarkeit, Wartbarkeit und der Wiederverwendbarkeit.
- Reduzierung der Anzahl der Fehler während der Codierungsphase.
- Unterstützung insbesondere neuer Mitarbeiter.
- Unterstützung externer Entwicklungspartner.

Ein Coding Standard ist kein fixer monolithischer Block, der für immer gilt. Er entwickelt sich weiter und orientiert sich an neuen Entwicklungsumgebungen, Techniken und allen anderen Dingen die helfen, Source Code besser zu machen. Auch hier fließen die Erfahrungen aus vergangenen Projekten ein. Selbstverständlich können Änderungen am Coding Standard nicht ohne ein Mehraugenprinzip und eine Freigabe sowie Publikation der geänderten Regeln erfolgen.

Für die Implementierung der Funktionen und der Module wird die Programmiersprache C verwendet. C ist portabel, effizient, echtzeitfähig und maschinennah. Die Verwendung der Programmiersprache C in sicherheitsrelevanter Software ist nur unter Berücksichtigung von Regeln gegeben. Regeln sind nötig, um die Möglichkeiten, die die Programmiersprache C bietet, einzuschränken.

Als konkrete Regeln oder Coding-Standards gelten:

- Metrikgrenzen
- Die Einhaltung der MISRA Regeln

- Eine defensive Programmierung
- Codevorlagen (Templates) bei der Neuerstellung von Modulen
- Die Verwendung von Layout und Source Code Formatierungsvorgaben
- Die Einhaltung von Namenskonventionen

Für die Überprüfung der Metrikgrenzen und die Einhaltung der MISRA Regeln können die Softwaretools Logiscope und PCLint eingesetzt werden. Zur Verifikation, dass eine defensive Programmierung angewandt wurde, kann das Tool Polyspace eingesetzt werden. Oft werden Coding Standards in den Reviews der frühen Phasen der Programmierung am Quellcode anhand von Checklisten überprüft.

3.8 Modellbasierte Entwicklung

In diesem Abschnitt wird auf die Modellbasierte Entwicklung eingegangen. Hier muss man einerseits zwischen der reinen Modellbildung eines Systems zu dessen Beschreibung sowie Ausführung auf einem Simulationssystem oder PC und andererseits der Modellbasierten Softwareentwicklung unterscheiden. Die zweite hat die Generierung von ausführbarem Steuergerätecode aus grafischen Beschreibungen zum Ziel.

Unterschied der Modelle für Simulation und Codegenerierung

3.8.1 Modelle der Elektronik

Die Modellbildung und die modellbasierte Entwicklung in der Elektronik sind etablierte Techniken und Verfahren. Man verwendet kein Handverdrahten von Bauteilen mehr, sondern nutzt die Abbildung der technischen Lösung und damit der Schaltung in einem Modell, z. B. für das Platinenlayout oder die Verdrahtung von Bauteilen auf einer logischen Schaltung. Ein Beispiel für eine solche Schaltung ist in Abb. 3.2 gezeigt.

Das Modell abstrahiert die komplexe Halbleiter- und Schaltungstechnik und erlaubt damit einen schnelleren Überblick über die inhaltliche Funktion der Schaltung oder Steuergeräte. Das Modell und ein zugehöriges Entwicklungswerkzeug erlauben teilweise auch einfaches grafisches „Zusammenklicken" von komplexen Funktionen und bieten umfangreiche Unterstützung bei der Sammlung und Wiederverwendung von bewährten Bauteilen in einer Modellbibliothek. Die Umsetzung aus den Modellen geschieht über Codegeneratoren oder die automatische Erstellung von Netzlisten für Hardware wie in Abschn. 1.11 erläutert. Teilweise werden auch optimierte Black Box Module für die Bausteine der Bibliothek kommerziell angeboten, die spezifische Schaltungsblöcke auf der Zielhardware verwenden.

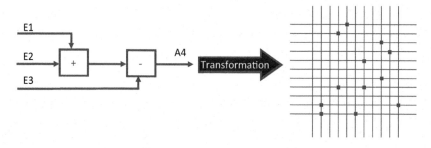

Abb. 3.2 Modell für eine Rechenvorschrift auf einem Chip

Neben der besseren Lesbarkeit ist die Umstellung auf verschiedene Quantisierungen (8bit, 16bit, 32bit, ...) einfacher im Modell möglich, auf Verdrahtungsebene jedoch schwierig. Darum werden in der heutigen Entwicklung fast durchgängig modellbasierte Entwicklungssysteme mit einem hohen Abstraktionsgrad verwendet.

3.8.2   Modelle der Regelstrecke

In vielen Entwicklungsbereichen ist die Modellbildung des physikalischen Systems (der Regelstrecke), das durch die Steuergeräte beeinflusst werden soll, die Basis zur Simulation und damit für den Steuergeräteentwurf. Dieses Modell der Regelstrecke kann auf dem PC, großen Simulationsrechnern und teilweise mit Echtzeitrechnern und Echtteilen implementiert und ausgeführt werden. Dies wird im Rahmen der Hardware-in-the-Loop Technik im Kapitel zum Softwaretest in Kap. 4 detailliert. Der Sinn und Zweck ist es, den Einfluss des Steuergeräts auf das zu regelnde System im Vorfeld zu erfassen, ohne das Zielsystem vollständig aufbauen zu müssen.

Als Modellierungssprache wird oft ein Matlab/Simulink-Modell verwendet. So kann beispielsweise ein übersichtliches Modell des Antriebsstrangs oder des ganzen Fahrzeugs erstellt werden. Das Modell kann die unterschiedlichsten Genauigkeiten und Abstraktionsgrade aufweisen und damit vielseitig eingesetzt werden. In der Simulation ergeben sich folgende Vorteile:

- Fehler sind leichter erkennbar.
- Fehler sind leichter nachvollziehbar.
- Fehler sind einfacher zu korrigieren.
- Alternative Lösungen sind einfach zu überprüfen.

Aus einer vereinfachten und optimierten Version des komplexen Simulationsmodells kann dann auch Steuergerätecode generiert werden, um während des Betriebs das Verhalten der Regelstrecke vorherzusagen. Beispiele sind vereinfachte Modelle des Luftpfads im Motorsteuergerät oder des Reifens im Lenkungssteuergerät. Eine weitere Möglichkeit ist die Erzeugung von Wertetabellen durch Simulation, die dann wie in Abschn. 1.7.5 als Parameter im Datenbereich des Steuergeräts abgelegt werden können, ohne die Software zu ändern und damit neu freigeben zu müssen.

3.8.3 Modelle der Software

Eine weit verbreitete Technik zur modellbasierten Softwareentwicklung ist die Unified Modeling Language UML [3]. Die UML eignet sich vor allen zur Modellierung logischer Softwaresysteme, zur Beschreibung des Systems durch Anwendungsfälle (Use Cases und User Stories) und zum Testen mit den folgenden Mitteln:

- Verteilungsdiagramme
- State Charts
- Sequenzdiagramme

Funktionsnetze sind ein weiterer Vertreter der Modelle für die Abstraktion von technischer Systemarchitektur. Sie dienen vor allem zur Modellierung der logischen Systemarchitektur und bieten eine Unterstützung des AUTOSAR-Ansatzes in Abschn. 2.9.4.

3.8.4 Modellbasierte Codegenerierung

Ergänzend zu den bisher gezeigten Modellen zur reinen Beschreibung des bereits vorhandenen Systems soll nun Software aus den Modellen für die Steuergeräte generiert werden. Das kann auch die Umsetzung eines ggf. vereinfachten Modells für eine Regelstrecke beinhalten, um deren Verhalten auf dem Steuergerät vorhersagen zu können (s. o. Luftpfad oder Reifenmodell).

Die modellgetriebene oder modellbasierte Softwareentwicklung (englisch Model-driven Software Development) ist ein Oberbegriff für die Techniken, die automatisiert aus formalen Modellen lauffähige Software erzeugen. Es geht darum, sich bei der Entwicklung von Softwaresystemen möglichst nicht zu wiederholen. Da allein mit den Mitteln der jeweiligen Programmiersprache nicht immer passende Abstraktionen zur Beschreibung verschiedener Sachverhalte eines Softwaresystems gefunden werden können, werden unabhängig vom Zielcode entsprechende Abstraktionen in Form von domänenspezifischen Modellen verwendet. Das Vorgehen wird in Abb. 3.3 gezeigt.

Durch den erhöhten Abstraktionsgrad ist die Problembeschreibung wesentlich klarer, einfacher und weniger redundant festgehalten. Das erhöht nicht nur die Entwicklungsgeschwindigkeit, sondern sorgt innerhalb des Projektes zusätzlich für klar verstandene Konzepte und Dokumentation. Weiterhin wird die Evolution der Software durch die Trennung der technischen Abbildungen und der fachlichen Modelle wesentlich vereinfacht. Auch das Testen fällt leichter, da man nicht mehr jede einzelne Zeile Code testet, son-

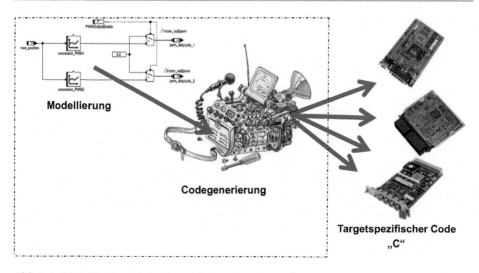

Abb. 3.3 Modellbasierte Softwareentwicklung

dern exemplarische und repräsentative Umsetzungen der Modelle. Da die Tests mit den
Entwicklungswerkzeugen erfolgen, können die Modelle schnell und einfach validiert werden.

Analog zu den Codierungsrichtlinien für händisch programmierten C-Code kann man
auch verbindliche Modellierungsrichtlinien zur Sicherung der Austauschbarkeit und Por-
tierbarkeit von Modellen zwischen Entwicklern oder Modellierungswerkzeugen erstellen.
Diese sind jedoch spezifisch für den Anwendungsbereich und schwer zu verallgemeinern,
sodass sie hier nicht im Einzelnen erläutert werden sollen. Bei den Modellierungsrichtlini-
en gibt es natürlich Unterschiede für Modelle der Regelstrecke außerhalb des Steuergeräts
und den zu implementierenden Steuergerätecode.

3.8.5 Generierung von Schnittstellencode

Während die Codegenerierung funktionaler Softwaresysteme aus komplexen Modellen
nur von wenigen Toolherstellern beherrscht wird, ist es relativ einfach, Schnittstellencode
zur generieren. Dies gilt sowohl für die in Standards wie in Abschn. 2.9.3 beschrieben
Schnittstellen von Softwaremodulen, als auch für jegliche proprietäre Schnittstellen in der
Software der Automobilhersteller oder der Zulieferer. Die wiederkehrende Tätigkeit zur
Codierung der proprietären Schnittstellenbeschreibungen wird von den Toolherstellern
nicht angeboten. Die Lösung ist, für solche einfachen Regeln (Schnittstellenbeschreibung zu Schnittstellenode) die Codegeneratoren selbst zu programmieren. Ein zweiter
Aspekt für solche spezifischen Codegeneratoren ist die Möglichkeit, das Einprägen (In-
strumentieren) von Testfällen in den Steuergerätecode wie in Abschn. 4.3.3 und 3.11.7 zu
automatisieren.

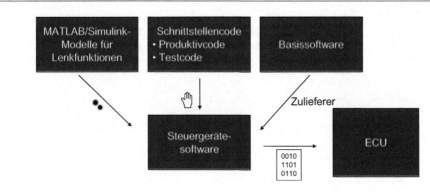

Abb. 3.4 Generierung von Schnittstellencode

In Abb. 3.4 ist schematisch gezeigt, wie sich die verschiedenen Artefakte der Steuergerätesoftware auf verschiedenen Erstellungswegen mittels kommerzieller Codegenerierung aus den komplexen Funktionen, proprietärer Codegenerierung für Schnittstellencode und Testcode sowie durch die direkte Übernahme fertiger Basissoftware erzeugen lässt.

Der Schnittstellencode bildet mittels

- Initialisieren
- Periodischem Aufruf
- Finalisieren

sowohl die Schnittstelle als auch die Möglichkeit zum Setzen von Testwerten im Testcode. Die Funktionen greifen in diesem Beispiel in Abb. 3.5 auf die Basissoftware zu.

Die textuelle Beschreibung der Schnittstelle kann in einer domänenspezifischen Sprache (DSL), wie beispielhaft in Abb. 3.6 gezeigt, erfolgen und damit formalisiert und in Syntax und Semantik prüfbar werden [11]. Das ermöglicht neben einem Standard im Sinne von Codierungsrichtlinien für Schnittstellen eine

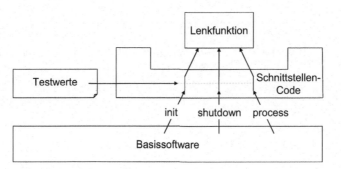

Abb. 3.5 Funktionalität des Schnittstellencodes

```
001 /* file: Exx.c              001 envelope Exx {
... ...                         ... ...
230 void Exx_Process(void){     011   init {
... ...                         ... ...
328 void Exx_Init(void){        015   shutdown {
... ...                         ... ...
356 void Exx_Shutdown(void){    019   process {
... ...                         ... ...
370 end of file Exx.c*/         072 }
```

Abb. 3.6 Domänenspezifische Sprache für Schnittstellen

- kompaktere Beschreibung.
- eliminierte Redundanzen.
- eine eindeutige Verknüpfung zu Anforderungen aus der Spezifikation.

Auf diesem Wege ist eine erhebliche Einsparung von durch den Entwickler manuell einzugebenden Codezeilen im Vergleich zur manuellen Codierung der Schnittstellencodes und Testcodes in C möglich.

Gerade bei oft vorkommenden teilweisen Änderungen oder Anpassungen der Schnittstellen zeigt sich in Abb. 3.7 das volle Potenzial der Automatisierung.

- Der bisher nur manuell ablaufende Schritt ist teilautomatisiert.
- Es erfolgt eine manuelle Umsetzung der Spezifikation in den sogenannten Envelope-Code (evf-Code) im Modell.
- Daraus erfolgt die automatische Erstellung des C-Codes aus dem sogenannten Envelope-Code.

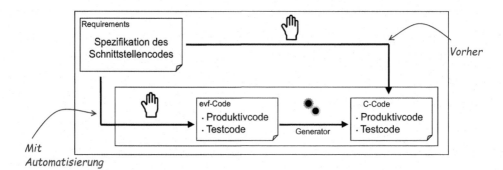

Abb. 3.7 Änderung der Schnittstellen

3.9   Entwicklungswerkzeuge

Zur Unterstützung der beschriebenen Prozesse und Methoden der Softwareentwicklung werden verschiedene Hilfsmittel, Softwaretools oder Entwicklungswerkzeuge eingesetzt. Hier soll exemplarisch gezeigt werden, welche Werkzeuge heutzutage in den unterschiedlichen Bereichen der Stand der Technik sind. Die Darstellung erhebt weder einen Anspruch auf Strukturierung, Vollständigkeit, Exklusivität für den Anwendungsbereich noch auf Aktualität. Es handelt sich um eine reine Aufzählung aus der Praxis zum Zeitraum der Erstellung dieses Lehrbuchs und nimmt keine Bewertung der Werkzeuge vor.

Anforderungen an die Handhabbarkeit von Entwicklungswerkzeugen in der Automobilindustrie

3.9.1   Sicherheitsanalysen

- APIS
- Medini

3.9.2   Handcodierung von Steuergerätesoftware

- Code-Templates (d. h. teilbefüllte .c und .h Dateien, die bereits Standards vorgeben)
- Geeignete Editoren mit Unterstützung von Programmierungsaspekten (Code-Warrior)
- Toolketten des Compilerherstellers mit Debugger
- Toolketten des Prozessorherstellers mit Debugger
- Evaluationsboards mit Zielprozessor und PC-Anschluss

3.9.3   Prüfung von Handcode/Codierungsrichtlinien

- Logiscope zur Codeanalyse nach Metrikgrenzen
- PClint zur Codeanalyse nach Metrikgrenzen
- Polyspace zur Codeanalyse nach defensiver Programmierung

3.9.4   Modellbasierte Entwicklung

- Apollo for Eclipse von Gentleware (Modeling Tool für Eclipse)
- Artisan Studio von Artisan Software Tools

- ASCET(/SD) von ETAS
- GUIDE Studio von Elektrobit Corporation
- HyperSenses und ANGIE von DELTA Software Technology
- SCADE Suite von Esterel Technologies (MDSD-Tool für sicherheitskritische Anwendungen)
- Simulink von The MathWorks (Erweiterung zu Matlab)
- TargetLink von dSPACE
- TOPCASED (Open Source-Tool)
- Enterprise Architect
- Stateflow

3.9.5   Test

- CTC für Test Coverage
- SYMTA/S und AbsINT für Software Rechenzeitanalyse
- Spezifische Tools der Hersteller für Software-In-The-Loop
- Spezifische Tools der Hersteller für Hardware-In-The-Loop

3.9.6   Kommunikation

- CAN-Toolketten von Vector: Kommunikation mit dem Steuergerät
- dSPACE-Toolketten
- VAS-Tester/ODIS für Werkstätten

3.9.7   Sonstiges/IT-Infrastruktur

- Anforderungsmanagement in DOORs
- Konfigurationsmanagement in CMSynergy/MKS/ClearCASE
- Änderungsmanagement in IBM Change
- Verwaltung der fertigen Software in Konzernübergreifenden Datenbanksystemen

3.10   Modulbaukasten für Plattformsoftware

Ein Ziel in der Softwareentwicklung und der Standardisierung von Software ist es, einmal entwickelte Module so oft wie möglich zu verwenden. Der intuitive Ansatz ist eine direkte Wiederverwendung, ohne die fertigen Module zu verändern. Der Unterschied zu kommerziell verfügbaren Modulen wie CAN-Treibern liegt darin, dass auch komplexe

Kundenfunktionen wie ein Parklenkassistent in eine solche Modellbibliothek übernommen werden sollen.

Oft ergibt sich jedoch die Notwendigkeit oder Möglichkeit, entwickelte Module variabler, parametrierbar oder sogar konfigurierbar zu halten, um ihren Einsatz in vielen Anwendungen möglich zu machen. Der AUTOSAR-Standard in Abschn. 2.9.4 oder die OSEK-Module in Abschn. 2.9.2 verfolgen einen solchen Zweck. Darüber hinaus kann man sich auch im eigenen Entwicklungsumfeld ein Plattformsoftwarekonzept schaffen, das die Entnahme fertiger Module und damit eine hohe Entwicklungseffektivität und -Effizienz ermöglicht.

Die Zielsetzung und der Nutzen für Modulbaukästen oder Plattformsoftware sind

- einmal Codieren.
- einmal Testen.
- einmal Freigeben.
- mehrfach parametriert und konfiguriert Einsetzen.

Im Folgenden soll die Ableitung einer Plattformsoftware für ein spezielles Software-projekt durch die Konfiguration eines allgemeinen Modulbaukastens anhand eines einfachen Beispiels gezeigt werden. Der Hersteller des Modulbaukastens in Abb. 3.8 ist dabei frei wählbar, die Analogie des Alphabets ist signifikant für die Konfiguration des Modulbaukastens und ist in verschiedenen Bereichen des Alltags zu finden.

Der Hauptfokus ist die Ablage von Grundmodulen für Software in einem Baukasten, aus dem durch Konfiguration direkt im Projekt verwendbarer Steuergerätecode erzeugt werden kann. Der Baukasten sollte auf Basis einer Datenbank implementiert werden, damit eine maximale Werkzeugunterstützung für die Verwaltung des Modulbaukastens und die Erzeugung des Steuergerätecodes genutzt werden kann. Der Inhalt eines solchen Modulbaukastens wird oft durch die erfolgreich eingesetzten Module der vorherigen Projekte gefüllt. Das müssen keine vollständigen Funktionen sein.

Abb. 3.8 Modulbaukasten:
MAGGI und das MAGGI-
Logo sind geschützte Marken
der Société des Produits Nestlé
SA. (Quelle: Maggi)

Im Modulbaukasten in Abb. 3.9 ist die Analogie der Buchstaben zu den Modulen oder Units in der Softwarearchitektur gezeigt.

- Eine Unit aus der Softwarearchitektur ist fertig codiert, getestet und freigegeben.
- Ein Buchstabe entspricht einem Modul bzw. einer Unit aus der Softwarearchitektur.
- Jedes Modul liegt vorzugsweise in der Programmiersprache C vor und enthält Operationen.
- Jedes Modul kann einen Variationspunkt haben. Die Varianten der Funktion B im Modul werden durch Groß- oder Kleinbuchstaben „B" oder „b" gekennzeichnet.
- Diese Analogie ist im Beispiel durch die Verwendung des Alphabets auf zwei Varianten beschränkt und dient der Erläuterung. In einer „echten" Datenbank muss man natürlich nicht das Alphabet zur Kennzeichnung verwenden, kann also über eine abstraktere Kennzeichnung mehr Varianten beherrschen.

In der Zusammenfassung der Module zur Moduldatenbank in Abb. 3.10 ist die Analogie des Alphabets zur Moduldatenbank gezeigt.

- Die Moduldatenbank beinhaltet im Beispiel zum Projektstart 25 Module mit den Varianten der Funktionen, die in diesem Fall durch Groß- oder Kleinbuchstaben gekennzeichnet sind. Das Alphabet im Modulbaukasten muss nicht vollständig sein, wie später erläutert wird.
- Jedes Modul ist genau einmal vorhanden.
- Die Module werden nach Regeln gruppiert. Im Beispiel ist eine Gruppe von Buchstaben gezeigt, aus denen Umlaute gebildet werden können.

Aus der Moduldatenbank werden die Buchstaben entnommen, die produktrelevant sind und zu Funktionsgruppen zusammengesetzt. Das ist in Abb. 3.11 gezeigt, die die Ableitung der Plattformdatenbank aus der Moduldatenbank darstellt.

- Die Moduldatenbank ist und bleibt allgemein, sie hat keinen Bezug zum konkret zu entwickelnden Produkt. Physikalisch liegt sie vorzugsweise als Datenbank, nicht als Dateisystem vor.

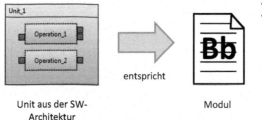

Abb. 3.9 Module in der Softwarearchitektur

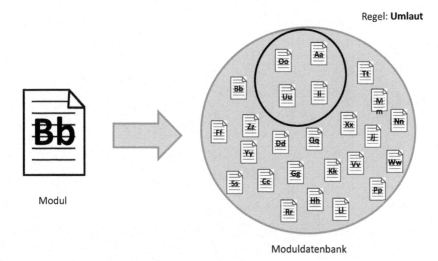

Abb. 3.10 Module in der Moduldatenbank

- Die aus Buchstaben zusammengesetzten Gruppen der Moduldatenbank werden über das Konfigurationsmanagement (CM) in die Plattformdatenbank kopiert, die ebenso noch kein Dateisystem ist. In den nun vorliegenden Funktionsgruppen, die in der Architektur des konkreten Projekts definiert sind, werden die Modulvarianten kalibriert. In der Analogie des Alphabets bedeutet das, dass entweder Großbuchstabe, Kleinbuchstabe oder beide als konkrete produktspezifische Varianten des Moduls vorliegen können.
- Die fertigen Varianten der Module sind in der Plattformdatenbank zu projektspezifischen Funktionsgruppen zusammengefasst.

Im Beispiel sollen als Kundenanforderung die Begriffe „Bausatz" und „Satzbau" Funktionen der Software sein. Die dafür notwendigen Buchstaben werden entnommen, Groß und Klein kalibriert und die Funktionsgruppen „Bbau" und „Ssatz" als Basis gebildet. Es ist offensichtlich, dass diese Form in der Datenbank noch nicht als Basis zur Erzeugung der Funktionen im Projekt genutzt werden kann. Dazu ist ein weiterer Schritt erforderlich.

Im nächsten Schritt sollen die zur Verwendung in einem Projekt (Bauen/Erstellen von lauffähiger Software) notwendigen Dateien auf der Festplatte der Entwicklungsumgebung erzeugt werden. In Abb. 3.12 ist die Plattformdatenbank mit den Funktionsgruppen „Bbau" und „Ssatz" gezeigt.

- Es werden Konfigurationsbeschreibungen für zwei Projekte erstellt.
- Im ersten Projekt werden über die Kalibrierung die Funktionsgruppen und Dateien „Bau" und „satz" erzeugt und die Funktion (Kundenanforderung) „Bausatz" durch das Bauen/Erstellen der lauffähigen Software mittels der spezifischen Entwicklungsumgebung des ersten Projekts erzeugt.

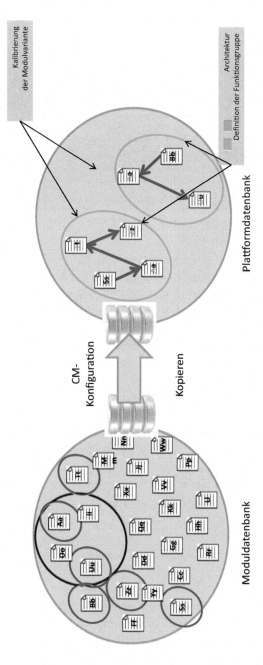

Abb. 3.11 Plattformsoftware

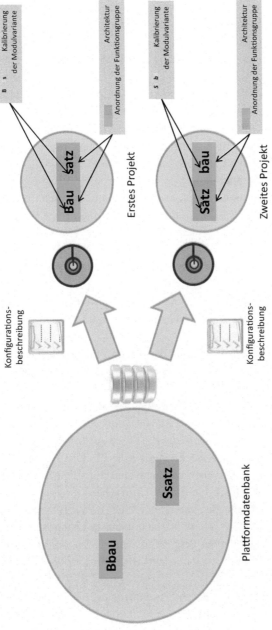

Abb. 3.12 Plattform zur weiteren Verwendung im Projekt

- Im zweiten Projekt werden über die Kalibrierung die Funktionsgruppen und Dateien „Satz" und „bau" erzeugt. Hierbei wird klar, warum nur für die Buchstaben „S" und „B" Groß- und Kleinschreibung notwendig sind. Die Funktion (Kundenanforderung) „Satzbau" wird durch das Bauen/Erstellen der lauffähigen Software mittels der spezifischen Entwicklungsumgebung des zweiten Projekts erzeugt.

Im Verlauf des Projekts ergeben sich oft neue Anforderungen, es entsteht das dritte Projekt. Im Beispiel in Abb. 3.13 soll die Funktionsgruppe „teil" entnehmbar sein, um die neue Kundenanforderung „Bauteil" umsetzen zu können. Die Moduldatenbank enthält bisher 25 Module, die Funktion „E" ist noch nicht vorhanden.

Im ersten Schritt werden alle bisher vorhandenen Funktionen in der Moduldatenbank gruppiert, mittels Konfigurationsmanagement wie bisher in die Plattformdatenbank kopiert, dort kalibriert und die Funktionsgruppen gebildet. Für das bisher fehlende „E" wird der Platzhalter „_" verwendet.

Im nächsten Schritt wird die Plattform aus der Plattformdatenbank mit dem Platzhalter „_" und der spezifischen Konfigurationsbeschreibung des dritten Projekts wie bisher auch auf die Festplatte kopiert und dort kalibriert.

- Die neue Plattform auf der Festplatte ist in Abb. 3.14 zu sehen. Es entsteht das „Baut_il".
- Die Funktion „E" muss im Projekt neu entwickelt werden.
- Es wird bedarfsgerecht nur die Variante e entwickelt.

Damit kann die Kundenanforderung des dritten Projekts nach der Funktion „Bauteil" gebaut/erstellt und verwendet werden. Die Variante „e" liegt nur spezifisch für das dritte Projekt vor und ist noch nicht Teil der Datenbanken. Das Ziel ist jedoch, dieses freigegebene Modul nun allen Projekten zur Verfügung zu stellen.

Die Methode zur Erreichung dieses Ziels ist, die neue Funktion in die Plattformdatenbank zurückzuschreiben. Dazu wird zunächst die Eignung des Moduls zur Verwendung für alle Projekte geprüft. Beim Zurückschreiben des Moduls „e" wird die neue Funktion in die Plattformdatenbank geschrieben und kann danach in die Moduldatenbank übertragen werden. Das Zurückschreiben ist in Abb. 3.15 zu sehen.

Da im dritten Projekt nur die Variante „e" und nicht „E" entwickelt wurde, ist „E" immer noch nicht vorhanden. Diese Variante kann in einem weiteren Projekt auf dem gleichen Wege entwickelt und zurückgeschrieben werden. Auf diesem Wege wächst die Plattformdatenbank und trägt zur wirtschaftlichen Effizienz der Folgeprojekte des Unternehmens bei.

Mehrfachinstanzen sind in diesem Zusammenhang eine besondere Herausforderung. Das Konzept der Mehrfachinstanz gleicher Funktionen „A" in unterschiedlichen oder derselben Funktionsgruppe „Ssatz" und „Bbau" wird in Abb. 3.16 gezeigt. Lösungen hierfür sind Teil der aktuellen Entwicklung und können beispielsweise über Metasprachen wie Simulink gelöst werden.

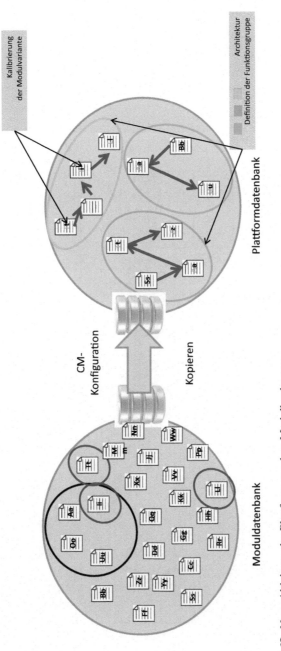

Abb. 3.13 Neue Ableitung der Plattform aus dem Modulbaukasten

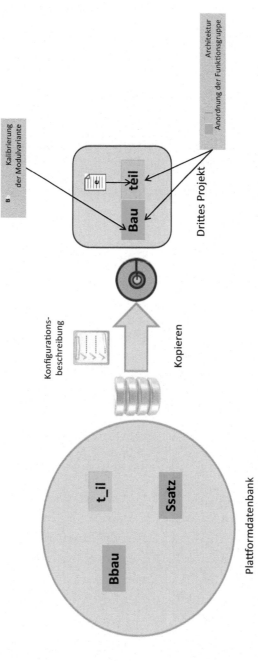

Abb. 3.14 Neue Plattform auf der Festplatte

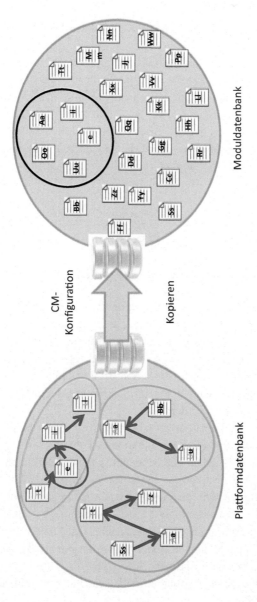

Abb. 3.15   Zurückschreiben der Basis

Abb. 3.16 Mehrfachinstanz

| Ssatz | | Bbau |

Beispiel Funktion „A" in den Funktionsgruppen Satz und Bau

3.11   Rechenzeitanalyse von Softwarefunktionen

Wie in den vorangegangenen Kapiteln beschrieben, bilden einzelne Softwarefunktionen die Basis der gesamten Funktionalität des Fahrzeugs, von elektronischen Lenkfunktionen über die Berechnungen in der Abgasnachbehandlung im Motorsteuergerät bis zum Multimediabereich. In diesem Zusammenhang wurde auch bereits vorgestellt, dass mehrere Softwareeinheiten im Sinne von Tasks durch die Betriebssysteme in Abschn. 2.4 der jeweiligen Steuergeräte ausgeführt werden. Das Echtzeitbetriebssystem stellt sicher, dass alle Softwarefunktionen des Steuergeräts mit den gegebenen Ressourcen des Rechners auf dem Steuergerät ausgeführt werden können.

Einordnung der Bedeutung von Echtzeitanalysen für eingebettete Systeme

Die Basis dazu ist neben der Bestimmung des Speicherbedarfs die Bestimmung der Rechenzeit einer einzelnen Softwarefunktion. Da für ein Steuergerät oft sogenannte Rechenzeitbudgets zur Sicherstellung des gesamten Timings vergeben werden, muss die maximale Rechenzeit einer einzelnen zu integrierenden Softwarefunktion ermittelt werden. Dies ist damit auch eine Basis für die verteilte Entwicklung in der Automobilindustrie [16], bei der Softwarefunktionen von unterschiedlichen Abteilungen, Dienstleistern oder aus Modulbaukästen integriert werden.

In diesem Abschnitt wird ein konkretes, hybrides Verfahren aus Analyse und Messung der Rechenzeit einer beliebigen Softwarefunktion im Fahrzeug vorgestellt. Das Verfahren gilt für alle Softwarefunktionen im Fahrzeug und kann auch darüber hinaus für allgemeine Software in eingebetteten Echtzeitsystemen angewendet werden. Die Untersuchung wird für den ungünstigsten Fall, also die maximale Rechenzeit (Worst Case Execution Time, WCET) und den besten Fall (Best Case Execution Time, BCET) vorgenommen, da diese die größte Bedeutung in der Echtzeitanalyse und damit der Sicherstellung der Gesamtfunktion des Steuergeräts und des Fahrzeugs haben. Hierzu gibt es umfangreiche wissenschaftliche Ansätze, zum Beispiel [12].

Das hier vorgestellte hybride Verfahren stellt eine, nicht ausschließliche Möglichkeit zur Bestimmung der Rechenzeiten von Softwarefunktionen aus der industriellen Praxis der Fahrzeuginformatik und des Softwaretests dar. Es erhebt keinen Anspruch auf alleinige Gültigkeit. Eine Adaption der theoretischen Grundlagen kann für jeden Anwendungsfall individuell sein. Das Grundprinzip soll jedoch wertvolle Hinweise dazu geben und zeigen, dass angewandte Forschung aus dem Bereich der Informatik in der industriellen Praxis eingesetzt werden kann.

3.11.1 Stand der Technik

Der Stand der Technik in der industriellen Anwendung ist es, durch Simulation und Tests beispielsweise in Hardware in the Loop (HiL) Simulatoren oder in Versuchsfahrzeugen eine Einschätzung des Systemverhaltens im Echtzeitbetrieb zu bekommen. Diese Untersuchungen können zum Bereich der Einzelfallanalyse gezählt werden, da sie nur einen bzw. einige Fälle abdecken, jedoch nicht alle möglichen Fälle berücksichtigen. Oft fällt dies auch in den Bereich der Validierung.

Die verfügbaren Analysewerkzeuge für dieses Anwendungsgebiet ermöglichen die Bestimmung der Laufzeit für Tasks der Funktionssoftware und der Interrupt Serviceroutinen in Echtzeit. Diese Werkzeuge eignen sich damit für die Betrachtung des Echtzeitsystems auf Taskebene. Sie bringen jedoch bei einer pfadabhängigen Rechenzeitanalyse auf Prozessebene einige Nachteile für die Analysegenauigkeit mit sich und scheiden daher bei einer isolierten Betrachtung von Komponenten aus. Dies begründet sich in der Tatsache, dass diese Werkzeuge für eine breite Palette von Anwendungen im Bereich eingebetteter Echtzeitsysteme entwickelt wurden und somit nicht jedes Architekturmerkmal bei der Analyse berücksichtigen können.

Trotz dieser Ausgangssituation sind Kenntnisse der Hardware und Software Voraussetzung für eine sichere Laufzeitbestimmung, auch im Automobilbereich. Aus diesem Grund werden in den folgenden Abschnitten die wesentlichen rechenzeitbestimmenden Merkmale zusammengestellt. In der Literatur und im Folgenden werden die Begriffe Laufzeit und Rechenzeit gleichdeutend und nicht immer einheitlich oder konsequent verwendet.

3.11.2 Rechenzeitbestimmende Faktoren

Die Rechenzeit eines Programms ist von vielen Faktoren abhängig. Diese können sowohl hardware- als auch softwarebedingt sein. Diese Faktoren werden nachstehend erläutert.

- **Eingabedatenabhängigkeit**
  Abhängig von den Eingangsdaten eines Programms werden unterschiedliche Programmpfade durchlaufen [12], zum Beispiel „if/else"-Konstrukte oder „switch/case"-Statements. Ebenso hängt die Ausführungsanzahl von Schleifen oft von Eingabedaten ab. Laufzeitbestimmungen müssen von einem definierten Zustand ausgehen.
- **Rechnerarchitektur**
  Einen bedeutenden Einfluss auf die Laufzeit hat die Architektur des Zielsystems. Die Prozessorgeschwindigkeit sowie die weiteren Merkmale wie Pipelinearchitektur, Cache, Speicheranbindung und Coprozessoren sind zu diesen beeinflussenden Faktoren

zu zählen. Vom Cache muss die Größe, Art, Assoziativität, Cacheline-Größe und Ersetzungsstrategie bekannt sein. Mit diesem Wissen kann für die Messung der Worst Case und Best Case Fall für den Cache hergestellt werden. Weiterhin können durch Prozesswechsel und Interrupts Laufzeitänderungen verursacht werden, die berücksichtigt werden müssen. Eine Darstellung von Rechnerarchitekturen und deren quantitative Behandlung ist in [6] gegeben.

- **Compileroptionen**
  Der von einer höheren Programmiersprache erzeugte Code unterliegt compiler-abhängigen Optimierungen [11]. Ein Beispiel hierfür könnten unterschiedliche Adressberechnungen oder Registervergabestrategien der Compiler sein. Das bedeutet, dass die Aussagen über die Laufzeit eines Programms nur für einen speziellen Compiler gemacht werden können.

- Einflüsse auf die **Ablaufumgebung**
  Für die Messungen muss das Programm jeweils mit zusätzlichen Befehlen instrumentiert werden, die z. B. Timer nutzen oder Ports beschreiben. Diese Funktionen verschieben jedoch den Adressraum des Codes, belegen Ressourcen und verbrauchen Rechenzeit, und damit beeinflussen sie selber die Cache- und Pipelinebelegung. Zu berücksichtigen sind daher auch die Veränderungen des Caches durch das Einfügen von Messinstruktionen und der damit verbundenen Veränderung der Vorbelegung des Caches. Die Übertragung der Laufzeitmessdaten in den Speicher des Applikationssystems benötigt zusätzliche Laufzeit. Das heißt, es müssen Latenzzeiten von Speichern oder Bussen einbezogen werden. Über Korrekturwerte bzw. als Messoverhead können schwer realisierbare Systemzustände berücksichtigt werden. Damit setzt die direkte Messung eine genaue Kenntnisse der Architektur voraus. Es kann nur das direkt gemessen werden, was extern zugänglich ist. Es entsteht ein großer Aufwand beim Einrichten der Hardware. Abhängig vom Messverfahren wird das Messergebnis unterschiedlich stark beeinflusst.

3.11.3 Anforderungen an das Messverfahren

Die maßgeblichen Anforderungen, die an ein industrielles Verfahren zur Laufzeitbestimmung von Softwarefunktionen gestellt werden, sind in den folgenden Punkten zusammengetragen:

- Die Laufzeitanalyse soll in den Funktionstest bzw. Softwaretest wie in Kap. 4 beschrieben integriert werden, da dieser in jedem Fall durchgeführt wird.
- Der Aufwand für die Laufzeitanalyse soll möglichst gering sein.
- Die Laufzeitanalyse soll möglichst genau sein, d. h. die Analyseungenauigkeit soll minimiert werden.

Hieraus resultieren folgende Bedingungen für die industrielle Praxis im Sinne einer formalen Nachweisführung, die erfüllt werden müssen:

- Die Laufzeitanalyse muss auf der realen Hardware durchgeführt werden.
- Die Instrumentierung soll sinnvoll, d. h. z. B. redundanzfrei sein.
- Der Instrumentierungsoverhead soll gering sein, wenn das analysierte Laufzeitverhalten nach der Messung unverändert beibehalten wird. Das bedeutet dass der finale Produktcode und der Messcode im Sinne der Nachweisführung gleich sein müssen.
- Die Instrumentierung darf die Funktionalität des Codes nicht verändern.
- Die Laufzeitanalyse soll schnell und kostengünstig implementiert und ausgewertet werden können.

Eine beispielhafte Methode zur automatisierten Instrumentierung des Codes wurde bei der Generierung von Schnittstellencodes in Abschn. 3.8.5 erläutert.

3.11.4 Verfahren der hybriden Rechenzeitanalyse

Die in Abb. 3.17 mit T_{min} und T_{max} bezeichneten Zeiten sind Fristen, die das Echtzeitsystem zur Wahrung seiner Echtzeitfähigkeit vorgibt. Diese Fristen müssen eingehalten werden. Mit t_{BC} und t_{WC} werden die analysierten Laufzeitgrenzen bezeichnet. Abzüglich der Analyseungenauigkeiten ergeben sie die echten Laufzeiten mit t_{min} und t_{max}. Im Folgenden wird eine Kombination aus Einzelfallanalyse und statischer Analyse zur Bestimmung von Best Case (t_{BC}) und Worst Case (t_{WC}) Laufzeiten vorgestellt.

Die Einzelfallanalyse nutzt die Stimulierung des Programms mittels ausgewählter Eingabedaten. Der so durchlaufene Programmpfad kann auf der realen Hardware durch direkte Messung der Laufzeit ermittelt werden. Die statische Analyse ohne eine Auswahl von Eingabedaten zur Worst Case/Best Case Bestimmung kann im Gegensatz zur Einzelfallanalyse bei komplexen Kontrollstrukturen eines Prozesses die gesamten Programm-

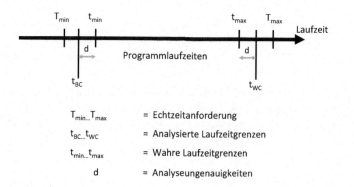

Abb. 3.17 Echtzeitanforderungen und Rechenzeit des Programms

laufzeiten ermitteln. Die analytische Methodik hat ihre Grenzen in der Analysegenauigkeit und der Anwendbarkeit im Sinne einer Umsetzung in Werkzeuge für komplexe
Programme. Die Mathematik ist zwar immer gültig, die Analyse terminiert allerdings
meist nicht in einer angemessenen Zeit, wenn sie mit Rechnerunterstützung implementiert wird.

3.11.5 Softwareumgebung

Um den Einfluss eines Echtzeitbetriebssystems (RTOS) auf die Ausführungszeit von Software bestimmen zu können, müssen die Mechanismen bekannt sein, die das RTOS verwendet. Zum einen muss die Behandlung von Interrupts bekannt sein, d. h., wann und wie
wird das Messsegment von der Interrupt Serviceroutine unterbrochen und wann wird das
Segment wieder ausgeführt. Es muss der Einfluss durch die Verdrängung des Tasks aus
dem Cache durch einen anderen Task beachtet werden.

Wesentlich ist hierbei die maximale Strafzeit oder Ladezeit, die aus der Veränderung
des Cacheinhalts durch die Messung resultiert. Für die Behandlung von Unterbrechungen
bedeutet das erstens, die Unterbrechungen während des Programmablaufes mit zu messen
und anschließend von der Segmentlaufzeit abzuziehen. Das setzt die Möglichkeit voraus,
dass die Unterbrechungslaufzeit gesondert erfasst werden kann oder dass die Laufzeit bekannt ist. Zweitens besteht gegebenenfalls die Möglichkeit, Unterbrechungen während der
Programmlaufzeit zu deaktivieren. Hier ist jedoch zu prüfen, inwieweit die Modifikationen noch mit den Vorgaben aus Programmierrichtlinien und der Verwendung zertifizierter
Werkzeuge im Rahmen der Entwicklung von sicherheitsrelevanter Software möglich ist
und im Produkt genutzt werden darf.

3.11.6 Analytische Betrachtung der Softwarefunktion

Die Softwarekomponente wird einer Codeanalyse unterzogen, um einen Überblick über
die Struktur und die Merkmale des Programms zu erhalten. Es müssen die Betriebszustände des Programms sowie die Übergänge zwischen diesen Betriebszuständen ermittelt
werden. Andererseits muss der Quellcode analysiert und ein zugehöriger Kontrollflussgraph erstellt werden. Die Untersuchung des Modells soll auf der Grundlage des per Hand
codierten oder generierten Quellcodes (Produktcode) erfolgen.

Das Ziel ist es, aus den gewonnenen Erkenntnissen eine Aufwandsabschätzung für die
Laufzeitanalyse zu gewinnen und die Softwareabschnitte und damit Messsegmente zur
Laufzeitanalyse festzulegen. Die Voraussetzung für eine sinnvolle Laufzeitmessung ist,
dass die Software einen gewissen Reifegrad erreicht hat. Es wird daher von einem funktional korrekten C-Code ausgegangen, der prinzipiell schleifenfrei sein muss (sogenannter
„straight line code" – ein Standard in der Domäne der eingebetteten Steuergerätesoftware im Automobilbereich im Rahmen der Empfehlungen zu defensiven Programmierung).

Algorithmisch sinnvolle Wiederholungen eines Codesegments werden durch den wiederholten Aufruf mittels einer entsprechenden Konfiguration des RTOS realisiert.

3.11.6.1 Kontrollflussgraph

Um eine Übersicht über die Softwarestruktur zu erhalten, wird der Kontrollflussgraph des C-Codes betrachtet. Im Einzelfall kann auch der Syntaxgraph verwendet werden. Dazu werden auf C-Code-Ebene nur die Sprunganweisungen, die Auswahlanweisungen und die Instrumentierungsinformationen (der Messcode) ausgewertet. Basierend auf dem Kontrollflussgraphen können alle Programmpfade übersichtlich dargestellt und verfolgt werden. Die vollständige Darstellung aller Programmpfade ermöglicht eine leichtere und überschaubare Laufzeitanalyse. Der Kontrollflussgraph soll hier lediglich zur Einteilung bzw. zur Überprüfung der Einteilung von Messsegmenten dienen.

Die Einschränkung der Codeanalyse auf die wesentlichen Informationen von Kontrollflussstrukturen erlaubt eine einfachere Handhabung bei der Einteilung des Codes in die Messsegmente. Aus den Instrumentierungsinformationen lässt sich die Zuordnung der Grundblöcke bzw. der Messsegmente zu den Pfad- und Laufzeitmesspunkten und damit zum C-Quellcode erreichen und die Komplexität der Analyse begrenzen.

3.11.6.2 Codeanalyse

Für die Codeanalyse müssen die Betriebszustände der Software identifiziert werden, da diese von entscheidender Bedeutung bei der Laufzeitabschätzung sind. Innere Zustände sind von außen schwer zu stimulieren, daher müssen Kompromisse bei der realen Pfadstimulierung eingegangen werden. Durch das Erzwingen von Betriebszuständen kann hier die Laufzeit bestimmt werden.

Der betrachtete Prozess besteht hauptsächlich aus den Kontrollanweisungen sowie der Auswertung von Zählerständen. Mit diesen wird z. B. das Entprellen von Eingangssignalen realisiert. Die Zahl der Anweisungen in den jeweiligen Zweigen beschränkt sich meist auf eine Anweisung, in denen der Zustand einzelner Bits der Bedingungen geändert wird. Das heißt, die Grundblöcke haben nur eine oder zwei Anweisungen.

Vielfach bestimmt ein hierarchisch aufgebauter Zustandsautomat die Ablaufsteuerung innerhalb des Prozesses. Dieser setzt sich dann wieder aus einer Abfolge von Funktionsaufrufen zusammen. Diese Funktionsaufrufe enthalten häufig nur ein bis zwei Anweisungen. Das heißt wiederum, dass auch hier die Grundblöcke nur eine oder zwei Anweisungen haben. Eine weitere Zerlegung in Messblöcke erscheint zudem auf Funktionsebene sinnvoll.

3.11.6.3 Softwareabschnitte für die Laufzeitanalyse

Die ersten Erkenntnisse aus der Codeanalyse des Programms können zeigen, dass die Laufzeitmessung grundblockweise nicht sinnvoll erscheint. Durch Einfügen der Messpunkte erfolgt eine Veränderung der Pipelinebelegung, die einen relativ großen Fehler bei meist nur einer zu messenden Anweisung je Grundblock zur Folge hat. Sinnvoller erscheint daher die Messung der Laufzeit eines größeren Programmsegmentes. Unter einem Programmsegment soll eine Folge von Grundblöcken verstanden werden, die den Kontrollfluss an einem Anfangspunkt betritt und nur an einem Endpunkt verlässt. Eine weitere Unterteilung des Codes in Messblöcke scheint für Aufrufhierarchien und Hierarchieebenen sinnvoll.

3.11.7 Instrumentierung

Abb. 3.18 zeigt die Toolkette zur Rechenzeitanalyse. Ausgehend von den aus der Codeanalyse (3) gewonnenen Erkenntnissen wird die Instrumentierung durch den Codegenerator (2) übernommen. Das heißt, bei der Generierung des C-Codes aus einer modellbasierten Softwareimplementierung wie dem ASCET-Modell (1) wird dieser automatisch mit Aufrufen zur Messroutine versehen. Die Toolkette kann genauso für die Analyse von handgeschriebenem (C-)Code verwendet werden.

Das gibt dem Anwender die nötige Freiheit, selbst zu entscheiden, wie und wo der Code instrumentiert werden soll. Für die Instrumentierung bieten sich beispielsweise folgende Alternativen:

- Am Anfang und am Ende eines Tasks.
- Am Anfang und am Ende eines Prozesses.
- Am Anfang und am Ende einer Funktion.
- Am Anfang und/oder am Ende einer Verzweigung.
- Am Anfang und am Ende eines Grundblockes.

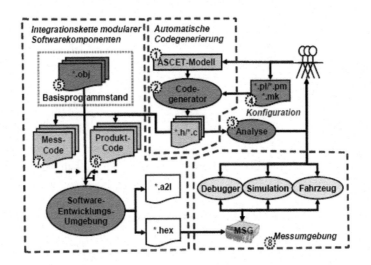

Abb. 3.18 Toolkette zur Rechenzeitanalyse

Um die oben genannten Anforderungen an die Messungen zu realisieren, muss der Quellcode instrumentiert werden, d. h. es werden zusätzliche Instruktionen in den Code eingefügt. So wird aus dem Produktcode (6) der Messcode (7), Dieser wird in den Basisprogrammstand (5) integriert. Die Anzahl der zusätzlichen Instruktionen muss bei der Laufzeitbestimmung minimal sein, um den Einfluss dieser Instruktionen auf die „reale" Laufzeit aufgrund der genannten laufzeitbestimmenden Faktoren möglichst gering zu halten. Neben den Laufzeitmesspunkten müssen noch weitere Instruktionen hinzugefügt werden, die eine Ermittlung des Pfades durch das untersuchte Programm ermöglichen. Damit kann auf den längsten Pfad (WCET) des Programms geschlossen werden und eine Zuordnung der Laufzeiten zu Programmteilen erfolgen.

Das Messverfahren beruht auf der Messung von Prozessorzyklen. Diese Prozessor-Zyklenzähler sind auf den gängigen Prozessoren zu finden. Dazu enthält die Messroutine eine Anweisung zum Auslesen des System-Timers des Prozessors. Der Wert des System-Timers wird in den Applikationsspeicher geschrieben, aus dem die Zuordnung zu jedem Messpunkt möglich ist.

Die Startzeit ist ein Zeitstempel bzw. der Aufruf der Messroutine, bei dem das Messsegment beginnt. Die Stoppzeit ist die Zeit, bei der der Zeitstempel das Ende des Messsegmentes markiert. Die Differenz zwischen beiden Zeitstempeln stellt die Laufzeit des Messsegmentes dar. Die Laufzeitwerte mehrerer Messsegmente können so zu einer Gesamtlaufzeit addiert werden. Diese Messungen werden über ein Applikationsmedium wie z. B. XCP über CAN vom Steuergerät bereitgestellt und im Applikationssteuergerät aufgenommen. Die Aufnahmen werden in Messdateien ausgegeben und können dann weiterverarbeitet werden.

3.11.7.1 Instrumentierung des Quellcodes

Die Instrumentierung des Quellcodes erfolgt automatisch, wenn der Quellcode (Messcode) aus einem Modell generiert wird. Dazu wird die Konfiguration (4) des Codegenerators wie in Abschn. 3.8.5 gezeigt angepasst. Die Instrumentierung erfolgt einerseits für die Laufzeitanalyse und andererseits für die Pfadanalyse. Beide Anteile können getrennt aktiviert werden.

3.11.7.2 Instrumentierung der Funktionen

Alle Funktionen werden am Anfang und am Ende aller Prozesse und Methoden instrumentiert. Die Instrumentierung bei Funktionsbeginn hat in diesem konkreten Aufbau die folgende Gestalt:

```
#ifdef DO_RT_ANALYSIS
    /* Generated TIME INSTRUMENT */
    tmpVWMP_GEN[MP_INDEX++] = -38;
    tmpVWMP_GEN[MP_INDEX++] = DELTA_TIME;
    /* for Codegraph: tmpVWMP_GEN[38] */
    #ifdef DO_PATH_ANALYSIS
```

```
        /* function begin */
        tmpVWPATH_GEN[PATH_INDEX++] = -38;
        PATH_POINT(39);
    #endif // DO_PATH_ANALYSIS
#endif // DO_RT_ANALYSIS
```

Für die Laufzeitanalyse muss das Makro DO_RT_ANALYSIS gesetzt sein. Für die Messung der Laufzeit werden in einen Vektor (Array) zunächst die negative Nummer (ID) des Messpunktes und danach der Wert DELTA_TIME abgelegt. DELTA_TIME kann entweder als die absolute Zeit (Default) oder als die relative Zeit (Zeitdifferenz seit Beginn des Prozesses, der die betrachtete Funktion aufruft) definiert sein. Die Definition legt die Header-Datei fest. Außerdem wird dieselbe Messpunktnummer ebenfalls negativ im Array der Pfadanalyse eingetragen, damit eine vereinfachte Korrelation zwischen Laufzeit- und Pfadanalyse hergestellt werden kann. Der Aufruf der Funktion PATH_POINT(INDEX) fügt dem Array der Pfadanalyse nach der Messpunktnummer noch den aktuellen Index für die Pfaderkennung hinzu:

```
#define PATH_POINT(INDEX) (tmpVWPATH_GEN[PATH_INDEX++] = INDEX)
```

Beim Austritt aus der Funktion wird der Code an dieser Stelle für die Laufzeitanalyse analog zum Funktionsbeginn instrumentiert. Für die Pfadanalyse genügt der aktuelle Messpunkt der Laufzeitanalyse als negativer Wert, um die Verbindung zur Laufzeitanalyse herzustellen.

3.11.7.3 Instrumentierung der bedingten Verzweigungen

Bei Verzweigungen wird der ursprüngliche Ausdruck der Bedingung in einen Funktionsaufruf gewandelt. Eine Bedingung

```
if (CRCTL_STATEMACHINE_ShutOff_rev ()|| CRCTL_STATEMACHINE_Cancel ())
```

wird gewandelt in

```
if (PATH_POINT(40, 41, (int)(CRCTL_STATEMACHINE_ShutOff_rev ()
    || CRCTL_STATEMACHINE_Cancel ())
```

Das Makro PATH_POINT wird auf eine gleichnamige Funktion Path_Point abgebildet, die in einer der C-Quelldateien definiert wird:

```
int Path_Point(unsigned int t, unsigned int f, int condition) {
        extern uint32 tmpVWPATH_GEN[VWPATH_LENGTH];
    if (condition) {
            tmpVWPATH_GEN[PATH_INDEX++] = t;
            return 1;
```

```
        }
        else {
                tmpVWPATH_GEN[PATH_INDEX++] = f;
                return 0;
        }
}
```

Diese Funktion fügt dem Array der Pfadanalyse die Nummer des ausgeführten Zweiges hinzu und gibt zusätzlich das Resultat der berechneten Bedingung zurück, damit der weitere Programmverlauf unverändert bleibt.

3.11.7.4 Erzeugen von Stimuli-Daten

Vor der eigentlichen Messung müssen die Stimuli-Daten vorbereitet werden, d. h. die Eingangsdaten müssen zur Stimulation der Softwarefunktion ausgewählt werden. Zum einen kann der Eingangsdatensatz unbekannt sein. Der Pfad, der durchlaufen wird, ist dem Benutzer vor der Pfadverfolgung unbekannt. Zum anderen kann ein durch Benutzerinteraktion vorgegebener Eingangsdatensatz untersucht werden. Dann ist der Pfad schon vor der Pfadverfolgung bekannt.

Das erste Verfahren auf Grundlage eines unbekannten Datensatzes kann durch Aufzeichnung eines realen Fahrprofils im Fahrversuch (Aufzeichnung von Eingangssignalen des Steuergeräts) mit einem Applikationswerkzeug gewonnen werden. Dabei wird auf einem Versuchsfahrzeug ein bestimmtes Fahrprofil (reales Fahrprofil) abgefahren. Die Signale der einzelnen Fahrzeugkomponenten wie die Bedienteilsignale oder ein gewählter Gang werden dabei aufgezeichnet. Unter einem Messsatz sollen hier die zu einem Zeitpunkt gleichzeitig erfassten Signalzustände verstanden werden.

3.11.7.5 Messaufbau

Der Messaufbau in Abb. 3.19 setzt sich aus drei Komponenten zusammen. Die erste Komponente ist das Steuergerät, für das die zu testende Softwarekomponente geschrieben bzw. erstellt wurde. Dort wird das zu untersuchende Programm ausgeführt und gemessen. Hier kommt auch der große Vorteil dieses Messverfahrens zum Tragen. Das Programm wird genau unter den Hardwarebedingungen zur Ausführung gebracht, unter denen es auch bei realen Bedingungen abläuft. Die zweite Komponente ist das Steuersystem (Steuerrechner und Simulator). Dieser ist zum Beispiel über die CAN und Sensoren/Aktoren-Schnittstelle mit dem Steuergerät verbunden. Die Steuerung der Zielhardware wird ebenfalls durch diese Komponente übernommen. Das Steuersystem kann z. B. ein PC sein. Die dritte Komponente ist die Messapparatur. Die Messapparatur dient zum Aufzeichnen und Protokollieren der Messdaten.

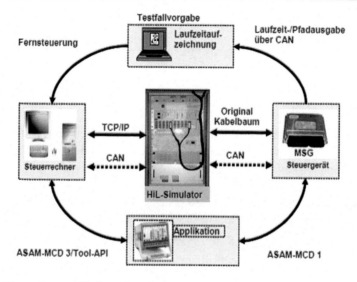

Abb. 3.19 Messaufbau zur Rechenzeitanalyse

3.11.7.6 Durchführung der Messung

Über die Applikation (CAN) werden die Array-Variablen ausgelesen. Die Messung erfolgt zyklisch im Zeitraster des Prozesses des ASCET-Moduls, das vermessen wird. Jeder Zyklus definiert damit eine Laufzeit über die Ausführungsdauer des Prozesses als letzter Eintrag abzüglich des ersten Eintrags und damit dem entsprechenden Pfad über die ausgeführten Pfadnummern im Pfad-Array. Dadurch müssen die Array-Variablen zu Beginn des Prozesses zurückgesetzt werden.

Zum Speichern der Variablen dient der Applikationsspeicher auf den Entwicklungssteuergeräten. Bei diesem Speicher handelt es sich um einen Dual Ported RAM, der ein Auslesen zur Laufzeit ermöglicht. Die gemessenen Zeiten und Pfade werden in Array-Variablen zwischengespeichert. Die Array-Variablen werden vom Applikationssystem aufgenommen und in Dateien abgelegt, um weiterverarbeitet zu werden. Damit das Applikationssystem diese Array-Variablen erkennt, werden diese über die Applikationsdatei bekannt gemacht. Die Synchronisierung der beiden Dateien erfolgt über die mit aufgezeichneten pfadbestimmenden Eingangs-, Ausgangs- und innere Zustandsgrößen sowie die Identifikation der Laufzeitmesspunkte.

3.11.7.7 Genauigkeit der Messmethodik

Für die Messung der Rechenzeit muss die Genauigkeit des Messverfahrens bekannt sein, um die Analyseungenauigkeit möglichst klein zu halten. Die Untersuchung der Messgenauigkeit kann nach folgendem Prinzip erfolgen. Es wird ein künstliches Messprogramm mit einer vorgegebenen Anzahl von Instruktionen gemessen. Die Messungen werden mit Instruktionen durchgeführt, die für den Zielprozessor eine komplette Ausführung in einem Taktzyklus angeben. Es werden nur Instruktionen für die Nutzung der Integer Pipeline und für die Load/Store Pipeline verwendet. Alle Untersuchungen werden aus dem gleichen Speicherbereich ausgeführt, um vergleichbare Ergebnisse zu erzielen.

Die Messungen können beispielsweise zeigen, dass bei der Messmethodik die Anzahl der Zyklen (bzw. die gemessene Zeit) zwischen add und nop Instruktionen einen Zyklus Unterschied aufweisen. Die add Befehle sind einen Zyklus kürzer als die entsprechende Instruktionsanzahl von nop Instruktionen. Grundsätzlich werden die für das Auslesen des System-Timers nötigen Assemblerbefehle als Load/Store Instruktion realisiert. Das bedeutet, sie belegen die Load/Store Pipeline. Damit kann parallel zu den Load/Store Instruktionen eine add Instruktion ausgeführt werden. Hierdurch wird ein Zyklus gegenüber der entsprechenden Anzahl von nop Instruktionen eingespart, da nop Instruktionen ebenfalls die Load/Store Einheit belegen und warten müssen, bis diese freigegeben wird.

Die Einflüsse auf die Pipeline können unterschiedlich hoch sind. Dieser Einfluss auf die Pipeline ist abhängig von der Instruktion, die vor den Messinstruktionen liegt. Handelt es sich bei der vorhergehenden Instruktion um eine Instruktion, die die Integer-Pipeline belegt, muss dem Messergebnis ein Zyklus aufgeschlagen werden. Der Grund für diese Abarbeitung ist, dass die Bedingung für die parallele Befüllung der Pipelines nicht erfüllt ist. Als Lösung kommen folgende Verfahren in Betracht: Zum einen können alle Instruktionen vor einem Messpunkt auf eine Integer-Pipeline Belegung geprüft werden (bei vielen Messpunkten sehr aufwändig). Andererseits können alle Messwerte mit einem Zyklus beaufschlagt werden. Das zweite Verfahren ist sehr einfach zu realisieren und führt zu einem recht konservativen Ergebnis. Der Fehler kann sich jedoch schnell aufsummieren, wenn viele Messpunkte eingesetzt werden und nur sehr wenige als letzten Befehl die Integer-Pipeline belegen.

In jedem Fall wird die Pipeline beeinflusst und damit die exakte Ausführungszeit mit einem Messfehler versehen, da durch das Messverfahren die Pipeline-Vorbelegung verändert wird. Es kann der durch die Messinstruktionen verursachte Overhead ermittelt werden. Dieser Messinstruktions-Overhead muss von den Programmsegmentlaufzeiten, die gemessen werden, abgezogen werden. Der Messfehler, der durch die Vorbelegung der Pipeline verursacht wird, kann nicht durch einfache Experimente nachgewiesen werden. Dafür müssten für jeden Messpunkt, der in das zu untersuchende Programm eingefügt wird, die Vorbelegungen der Pipeline betrachtet werden. Für eine einfache Laufzeitbestimmung ist dies mit sehr viel Aufwand verbunden.

Es wird daher ein Messverfahren vorgeschlagen, bei dem die Pipeline geleert wird, bevor sie mit den eigentlich zu messenden Grundblock oder Programmsegmenten gefüllt wird. Dieses Messverfahren ist als konservativ einzuschätzen, da es immer vom schlechtesten Fall, dem einer leeren Pipeline, ausgeht. Als Vorteil soll hier noch die leichtere Realisierbarkeit einer Automatisierung dieser Messmethode erwähnt werden. Das bedeutet, der hier erarbeitete Ansatz stellt einen definierten Eingangszustand und einen definierten Ausgangszustand für das Messverfahren dar. Ein eingefügter Assemblerbefehl sorgt für die Leerung der Pipeline. Das Leeren der Pipeline erfolgt vor und nach dem Auslesen des Zählers für jedes Messsegment.

Zusammenfassend können folgende Erkenntnisse gezogen werden:

- Die Instruktion vor der Messinstruktion muss mitberücksichtigt werden (bei Instruktionen für die Integer-Pipeline ist das Messergebnis mit einem Zyklus zu beaufschlagen).
- Der durch das Messverfahren hinzugefügte Overhead durch Messpunktinstruktionen muss bei der Laufzeitmessung mit berücksichtigt werden.
- Eine Veränderung der Pipeline-Vorbelegung durch Messpunktinstruktionen kann nicht verhindert, jedoch gezielt in einen definierten Zustand überführt werden (Pipeline vor der Messung geleert).

3.11.8   Statische Analyse für Worst Case und Best Case

Eine Pfadabdeckung auf Prozessebene ist in akzeptabler Zeit nicht erzielbar. Dies wird in Abschn. 4.3.4 noch erläutert. Daher wurde die Methodik der Einzelfallanalyse mit statischen Analyseverfahren erweitert. Bei statischen Analyseverfahren muss nicht mehr die Pfadabdeckung des Prozesses erreicht werden, sondern es genügt, die Pfadabdeckung auf Messsegmentebene (hierarchielokale Pfadabdeckung) zu realisieren.

Diese Art von Analyse stellt für die Segmente eine Einzelfallanalyse dar, für das gesamte System wird jedoch (oberhalb der Segmentebene) die statische Analyse angewandt. Zu beachten ist jedoch, dass die Segmente nicht zu groß werden. Es kommen sonst wieder die Effekte der Einzelfallanalyse zum Tragen. Eine Pfadabdeckung ist nur mit viel Aufwand zu erreichen. Es muss für die Segmentgröße ein Kompromiss zwischen Untersuchungsgenauigkeit und Untersuchungsaufwand gefunden werden.

- Die erste Randbedingung ist dadurch gekennzeichnet, dass bei der höchsten Genauigkeit der Programmcode als ein Segment gemessen wird (Einzelfallanalyse).
- Die zweite Randbedingung ist eine einfache Aufteilung in Grundblöcke und damit auch die größte Ungenauigkeit. Der hier eingegangene Kompromiss sieht vor, alle Segmente auf der Hierarchieebene aufzuteilen.

Mit Hilfe der gewonnen Daten konnten die Worst Case und Best Case Ausführungszeiten für den Prozess bestimmt werden. Dazu wurden die Segmentlaufzeiten addiert. Für den Worst Case wurden immer die Segmentpfade mit den längsten Ausführungszeiten addiert und für den Best Case die mit den kürzesten Ausführungszeiten des Programmsegments. Die so gewonnenen Ausführungszeiten für Worst Case und Best Case enthalten den Aufschlag, der durch das Einfügen einer leeren Pipeline vor jedem Segment hinzugefügt worden ist. Hier bietet sich die Überprüfung der Ergebnisse durch eine Einzelfallanalyse an. Dafür müssen die Eingangsdaten entsprechend den Ergebnissen für Worst Case und Best Case eingestellt werden.

3.11.9   Zusammenfassung des Messverfahrens

In diesem Abschnitt wurde das Verfahren der zustandsabhängigen Laufzeitanalyse beschrieben und Vorschläge zur Umsetzung gegeben. Dabei kann ein Messverfahren zum Einsatz kommen, das zur Laufzeitbestimmung die Prozessorzyklen aufzeichnet. Die Programmausführung auf komplexen Prozessoren unterliegt schwer zu analysierenden Einflüssen von Architekturmerkmalen des Prozessors wie Cache und Pipeline. Um diese Einflüsse nachvollziehbar zu berücksichtigen, empfiehlt es sich, sie bei durchgeführten Messungen auf einen Ausgangszustand festzulegen. So kann der Cache für die Messung deaktiviert werden. Anschließend können die Cache-Effekte an Simulatoren berechnet und mit den Messergebnissen verrechnet werden.

Zusammenfassend kann für die Einzelfallanalyse gesagt werden, dass eine Worst Case bzw. eine Best Case Bestimmung auf der Grundlage der Einzelfallanalyse nur für sehr kurze Programme zu empfehlen ist. Der Aufwand, der betrieben werden muss, um jeden möglichen Programmpfad zu durchlaufen, ist enorm. Er bringt oft wenig neue Erkenntnisse. Sollen gezielt alle Programmpfade durchlaufen werden, setzt dies umfangreiche Analysen der Eingangsvariablen voraus, die für die Pfade bestimmend sind.

Dieser Ansatz ist jedoch für die Laufzeitmessung im Zusammenspiel mit realen Fahrprofildaten geeignet. Neben der Laufzeit von Prozessen kann auch bestimmt werden, (geeignete statistische Tools vorausgesetzt) welcher Pfad im realen Fahrbetrieb wie oft durchlaufen wurde oder welcher nicht durchlaufen wird. Durch die Auswertung der durch ein reales Fahrprofil gewonnen Laufzeitdaten und Pfade kann eine gezielte Untersuchung von noch nicht berücksichtigten Programmpfaden erfolgen oder sogar noch Fehler gefunden werden.

Grundsätzlich kann dadurch, dass ein reales Fahrprofil zur Anwendung kommt, Zeit in der Analyse von Pfadabhängigkeiten (bzw. Datenabhängigkeiten) gespart werden, da nur die noch nicht durchlaufenen Pfade untersucht werden müssen. Im günstigsten Fall werden alle Pfade durch das reale Fahrprofil abgedeckt. Die Datenabhängigkeit wird bei einem realen Fahrprofil automatisch mitberücksichtigt, da reale Faktoren im Fahrzeug immer festlegen, welcher Programmpfad in einem Fahrzyklus durchlaufen wird. Im Gegensatz dazu ist der vom Benutzer vorgegebene Eingangsdatensatz von den Analysequalitäten des Benutzers abhängig, der die Datenabhängigkeit erkennen muss.

Es können Datenabhängigkeiten aufgezeigt werden, indem die Pfadverläufe ausgewertet werden. Weiterhin lassen sich Laufzeitmessungen für Fahrsituationen, die häufig oder weniger häufig im Fahrbetrieb auftreten (je nach gewählten Fahrzyklus), durchführen. Im Mittelpunkt steht die Bestimmung der Laufzeit, im Speziellen die Laufzeitgrenzen des Programms. Dafür wurde eine messtechnische analytische Bestimmung der Laufzeit von Software in einem Echtzeitumfeld vorgestellt. Ein Augenmerk liegt in der Automatisierung der Laufzeitbestimmung in Verbindung mit einem Funktionstest. Ein weiteres Ziel ist, die Technik der direkten Messung von Laufzeit in der Genauigkeit und Aussage der Messerergebnisse zu erhöhen.

Es wurde ein Verfahren vorgestellt, dass den Softwareentwickler schon beim Funktionstest eine sichere Basis zur Bestimmung der Laufzeit zur Verfügung stellt. Grundlegende Informationen über die Hardware wurden in der Messmethodik mitberücksichtigt, um den Messfehler möglichst klein zu halten. Weiterhin wurde die Messmethode zur Erhöhung der Messsicherheit erweitert, um Hardwareeinflüsse (Cache und Pipeline) berücksichtigen zu können. Es bleibt die Aufgabe, durch statistische Auswertung der Messdaten die Laufzeitanalyse zu erweitern. Generell ist dieses Verfahren auch über die Automobilindustrie hinaus einsetzbar. Es zeigt die konkrete Umsetzung einer Kombination von wissenschaftlich basierten Analysen und industriellen Messverfahren.

Eine mögliche Erweiterung ist die Ergänzung um eine Messung der Stromaufnahme der Bauteile bei identischer Funktionsweise des restlichen Verfahrens. Auf diesem Wege kann die Leistungsaufnahme als Basis für eine Optimierung der elektrischen Verlustleistung und damit letztendlich auch des Kraftstoffverbrauchs und der Emissionen des Fahrzeugs verwendet werden.

3.12 Zusammenfassung

- Für die Softwareentwicklung wurde auf das allgemeine Konzept der Eindeutigkeit und Durchgängigkeit von Anforderungen eingegangen.
- Die konkreten Schritte der Softwareentwicklung wurden im Detail vorgestellt.
- Die für die industrielle Erstellung von Software notwendigen begleitenden Prozesse aus den Bereichen der Qualitätssicherung und des Projektmanagements sowie Änderungs- und Konfigurationsmanagement wurden eingeführt.
- Der Weg von der Spezifikation bis zur Codierung in konkreten Programmiersprachen wurde beschrieben. Hierbei wurde vor allem auf Codierungsrichtlinien und die modellbasierte Entwicklung eingegangen.
- Es wurde eine Auswahl in der Praxis eingesetzter Entwicklungswerkzeuge und IT-Infrastruktur exemplarisch vorgestellt.
- Der Einsatz eines Modulbaukastens zur Generierung von Plattformsoftware wurde im Detail hergeleitet.
- Den Abschluss bildete die konkrete Darstellung eines industriell eingesetzten hybriden Verfahrens aus Analyse und Messung für die Ermittlung der Rechenzeit von Software.

3.13 Lernkontrollen

3.13.1 Softwareentwicklung

- Nennen Sie die Phasen der Softwareentwicklung.
- Welche übergreifenden Prozesse gibt es in der Softwareentwicklung?
- Welche entwicklungsbegleitenden Softwaretests gibt es?

3.13.2 Programmierung

- Warum verwendet man Codierungsstandards?
- Welche Vorteile hat die modellbasierte Softwareentwicklung im Vergleich zur herkömmlichen?
- Was ist der Unterschied zwischen Simulation und Codegenerierung?

3.13.3 Modulbaukasten

- Welcher Teil der Softwarearchitektur wird im Modulbaukasten abgelegt?
- Was ist der Unterschied zwischen Basissoftware und Modulbaukasten?
- Welcher übergreifende Prozess ist die Basis für einen Modulbaukasten?

3.13.4 Rechenzeitanalyse

- Welche Einflüsse auf die Rechenzeit von Software gibt es?
- Skizzieren Sie Laufzeittests in Bezug auf Echtzeitanforderung, analysierte Laufzeitgrenzen, wahre Laufzeitgrenzen, Analyseungenauigkeiten.
- Was ist der Unterschied zwischen statischen und dynamischen Analyseverfahren?

Softwaretest 4

Dieses Kapitel führt in die Grundlagen zum Softwaretest im automobilen Umfeld ein. Die Einordnung von Tests in die Prozesse der Softwareentwicklung im vorherigen Kapitel wird durch die zugehörigen technischen Testverfahren aus der allgemeinen Thematik des Softwaretests bis hin zu spezifischen Systemtests der Automobilindustrie konkretisiert. Damit ist der Softwaretest die nächste wesentliche Säule zum Verständnis des Gesamtbegriffs der Fahrzeuginformatik in diesem Buch.

4.1 Softwarefehler

Die Auswirkungen der Softwarefehler, die spezifischen Reaktionsmechanismen und die weiteren daraus folgenden Maßnahmen der Automobilindustrie wurden bereits im Abschnitt zur Diagnose in Abschn. 2.5.2 erläutert. Hier soll über die dort vorgestellten Systemfehler hinaus zunächst der reine Softwarefehler oder Programmierfehler in Form einer falschen Codierung im Fokus stehen. Dessen Symptom ist im Fahrzeug oft das reine Einschalten einer Warnleuchte ohne weitere Auswirkungen, da keine physikalische Ursache vorliegt.

Wirtschaftliche Bedeutung von Softwarefehlern im Automobil

4.1.1 Ursachen von Softwarefehlern

Die Ursachen von Softwarefehlern sind vielfältig. Hier soll vor allem das menschliche Versagen als Ursache von Fehlern im Fokus stehen. Technische Probleme wie zum Be-

© Springer Fachmedien Wiesbaden GmbH, ein Teil von Springer Nature 2018
F. Wolf, *Fahrzeuginformatik*, ATZ/MTZ-Fachbuch,
https://doi.org/10.1007/978-3-658-21224-7_4

spiel die fehlerhafte Umsetzung des Codes durch den Compiler werden nicht betrachtet. Die Berücksichtigung solcher systematischer Fehler ist Teil der technischen Konzepte der funktionalen Sicherheit.

Das menschliche Versagen kann sich in Form der folgenden Fehler, Irrtümer oder Probleme äußern, ist jedoch nicht darauf beschränkt. Die Möglichkeiten Fehler zu begehen sind schwer abgrenzbar. Schaden entsteht oft erst durch die Verkettung von Fehlern, da einzelne Fehler oft rechtzeitig erkannt werden. Folgende Fehler klassifizieren den oft schwer allgemein beschreibbaren Fehlerfall.

- Fehler bei der Kommunikation zwischen Architekten, Entwicklern und Testern
- Identitätsirrtum
- Erklärungsirrtum
- Übermittlungsirrtum
- Entschlüsselungsirrtum
- Inhaltsirrtum
- Gedächtnisprobleme
- Komplexitätsprobleme
- Mangelndes Problemverständnis

Es ist offensichtlich, dass die Ursachen dieser Fehler in der Natur des menschlichen Denkens und des Zusammenarbeitens liegen können und so schwer formal abstellbar sind. Darum muss der Fokus auf dem Auffinden der gemachten Fehler liegen.

4.1.2 Schäden durch Softwarefehler

Die Notwendigkeit für das Auffinden nicht vermeidbarer Fehler wird häufig erlebbar. Für den Anwender und den Anbieter des fehlerhaften Produkts können wesentliche, über einen reinen Systemausfall hinausgehende Schäden entstehen, deren Schadensersatz im Rahmen der Produkthaftung je nach Umfang, Vertragslage und Substanz des Unternehmens existenzbedrohend sein können:

- Imageschaden
- Finanzieller Schaden
- Sachschaden
- Personenschaden

Daraus entsteht die Notwendigkeit, die Software hinsichtlich ihrer Eigenschaften zu untersuchen, also zu testen, um eine Schadensbegrenzung zu betreiben. Vollständige Fehlerfreiheit ist in der Praxis nur schwer zu erreichen.

4.1.3 Prominente Bespiele

Im Folgenden wird eine Auswahl prominenter Beispiele von Softwarefehlern, zunächst im Allgemeinen und dann aus dem Automobilbereich, gegeben.

- **Kampfflugzeug**
  Im Jahr 1984 verursachte der Autopilot das Drehen des Flugzeuges mit der Unterseite nach oben, wenn der Äquator überflogen wurde. Dies kam daher, dass man keine „negativen" Breitengrade als Eingabedaten bedacht hatte. Dieser Fehler wurde sehr spät während der Entwicklung des Flugzeugs an Hand eines Simulators entdeckt und beseitigt.
- **Raketenabsturz**
  Im Jahr 1996 stürzte der Bordcomputer einer Rakete genau 36,7 s nach dem Start ab, als er versuchte, den Wert der horizontalen Geschwindigkeit von einer 64 Bit Gleitkommadarstellung in 16 Bit signed Integer umzuwandeln: $-/+$ b1 b2 ... b15. Die entsprechende Zahl war größer als $2^{15} = 32.768$ und erzeugte einen Overflow. Eine Begrenzung des Werts war nicht vorgesehen oder bedacht, da die Software von der Vorgängerversion übernommen und darum nicht weiter geprüft wurde. Die Software war zwar erfolgreich im Vorgängersystem getestet, dieses hatte jedoch nie die Geschwindigkeit der aktuellen Version erreicht. Das Lenksystem brach zusammen und gab die Kontrolle an eine zweite, identische Einheit ab. Die Selbstzerstörung wurde ausgelöst, da zu diesem Zeitpunkt bereits die Triebwerke abzubrechen drohten.
- **Flugzeugabsturz**
  Am 14. September 1993 startete in Frankfurt ein Passagierflugzeug zu einem Linienflug. Das Wetter war schlecht, es ging ein leichter Sturm und der Himmel hing voller Gewitterwolken. Trotzdem war es gut genug für eine sichere Landung. Der Kapitän des Passagierflugzeugs setzte zur Landung an. Routinemäßig brachte er das Flugzeug auf den Boden. Als er die Geschwindigkeit drosseln wollte, funktionierten die Bremssysteme nicht. Erst nach 13 s Bodenkontakt entfalteten sie ihre komplette Bremsleistung; zu spät. Ursache: Die Plausibilisierung in der Software des Fly-by-Wire für den Aufsetzdruck war aufgrund des wetterdingt so noch nicht aufgetretenen Luftdrucks falsch. Die Software des Fly-by-Wire-Systems aller Typen der Familie des Passagierflugzeugs wurde überarbeitet und der notwendige Aufsetzdruck von 12 t auf 2 t gesenkt.
- **Automobilindustrie**
  Prominente Fehler in der Motorsteuerung waren ungewollte Beschleuniger von Fahrzeugen eines Herstellers, obwohl das Fahrpedal nicht getreten wurde. Ein weiterer Softwarefehler führte zu erhöhtem Ruhestrombedarf der Fahrzeuge und damit zur Entladung der Batterie nach wenigen Tagen Standzeit.

Das vorsätzliche Einbringen nicht korrekt arbeitender Software zur Verschleierung technischer Probleme oder bekannter Grenzen wird hier nicht betrachtet, da es sich im

Sinne des Fehlerbegriffs nicht um einen Irrtum handelt. Hier stehen andere Methoden des Projektmanagements in Abschn. 3.6.4 im Vordergrund.

Auch heutzutage führen etliche Softwarefehler im Rahmen der Diagnosen zur Aktivierung von Notlaufprogrammen und dem Anzeigen von Fehlern, weil fälschlicherweise Bauteildefekte diagnostiziert werden. Teilweise werden dadurch Liegenbleiber erzeugt oder unnötige Reparaturen veranlasst. Die Fehler werden in solchen Fällen proaktiv je nach Schwere der Auswirkung unter Mitwirkung der Behörden bei der Bewertung entweder durch aktive Rückrufe zum Softwareupdate oder Werkstattaktionen im Rahmen der Wartung der Fahrzeuge beseitigt.

4.2   Grundlagen des Softwaretests

Testen ist ein Prozess, ein Programm mit der Absicht Auszuführen, Fehler zu finden. (Glenford J. Myers 1991).

Zuordnung des Tests zum Softwareentwicklungsprozess

4.2.1   Testbegriff

Der Testbegriff definiert den Vorgang des Testens. Unter Testen versteht man die Ausführung eines Programms unter Bedingungen, für die das korrekte Ergebnis bekannt ist und mit denen des Programms verglichen werden kann. Stimmen beide nicht überein, so liegt ein **Fehler** vor.

Testen ist der Prozess, der sich, sowohl statisch als auch dynamisch, mit der Planung, Vorbereitung und Bewertung einer Software und der hierzu in Beziehung stehenden Arbeitsergebnisse befasst, um

- die Software mit dem Ziel auszuführen, Fehlerwirkungen nachzuweisen.
- die Software mit dem Ziel auszuführen, die Qualität zu bestimmen.
- die Software mit dem Ziel auszuführen, Vertrauen in die Software zu erhöhen.
- die Software oder die Dokumente zu analysieren, um Fehlerwirkungen vorzubeugen.

4.2.2   Ablauf von Tests

Der Ablauf von Tests kann generell in die folgenden Phasen strukturiert werden. Dies ist im Wesentlichen unabhängig von den verwendeten Testverfahren oder Testern.

- **Testplanung**
  Bestimmung der Testkriterien, Bereitstellung von Personal, Budget, Infrastruktur und Terminen.
- **Testerstellung**
  Auswahl der Eingabedaten (Testdaten) und eines Prüfungsverfahrens für die Ausgabedaten.
- **Testdurchführung**
  Ausführung des Programms mit ausgewählten Eingabedaten.
- **Testauswertung**
  Vergleich der Ausgabedaten mit den erwarteten Ergebnissen.
- **Testwartung**
  Anpassung der Testfälle, die trotz korrekter Software zu einem falschen Testergebnis (falscher Erwartungswert) geführt haben.

4.2.3 Fehlerbegriff

Der Fehlerbegriff ist im Rahmen des Softwaretests wie folgt zu verstehen:

- Eine Person begeht einen **Irrtum**.
- Als mögliche Folge davon enthält die Software einen **Defekt**. Wird der Defekt durch Prüfen der Software gefunden, so ergibt das einen **Befund**.
- Bei der Ausführung von Software mit einem Defekt kommt es zu einem **Fehler**, wenn der entsprechende Teil des Programms durchlaufen wird.
- Die tatsächlichen Ergebnisse weichen von den erwarteten/richtigen ab.

Dies kann zum **Ausfall** eines softwarebasierten Systems führen. Dieser kann sich im weniger kritischen Fall durch eine reine Passivität oder Totalausfall, im kritischeren Fall jedoch auch durch eine ungewollte Systemreaktion wie einen Selbstbeschleuniger beim Fahrzeug äußern.

4.2.4 Ziel des Tests

Das Ziel des Tests ist es, Fehler zu entdecken. Aus diesem Grund ist es neben dem Begriff des Irrtums, der sich wiederholt, auch problematisch, wenn Entwickler ihre eigene Software testen. Dies entspricht nicht dem Entwicklungsziel einer funktionierenden Software. Der in sich kreative Prozess des Testens ist damit nicht vorbehaltlos möglich. Der Einfluss des Faktors Mensch wurde bereits erwähnt.

- Ein Test ist erfolgreich, wenn ein Fehler gefunden wurde.
- Ein erfolgloser Test ist niemals ein Beweis für ein korrektes Programm. Es wurden lediglich keine Fehler gefunden.

Abb. 4.1 Testfälle für eine
Addition

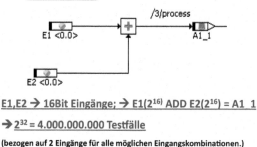

Beispiel Addition:

E1,E2 → 16Bit Eingänge; → E1(2^{16}) ADD E2(2^{16}) = A1_1

→ 2^{32} = 4.000.000.000 Testfälle

(bezogen auf 2 Eingänge für alle möglichen Eingangskombinationen.)

- Die Korrektheit eines Programms kann durch Testen (außer trivial) nicht bewiesen werden. Der Nachweis der Software ohne Fehler erfolgt im Hinblick auf deren Funktion, nicht auf deren Fehlverhalten.
- Es kann eine Argumentation der Akzeptanz von Fehlern im Zusammenhang mit der Güte und dem Reifegrad einer Software erfolgen.

Für den Nachweis der Korrektheit oder das Auffinden möglicher Fehler müssen alle Kombinationen aller möglichen Werte der Eingabedaten getestet werden. Das beinhaltet nicht nur den rein funktionalen Teil, sondern auch die Umsetzung der Variablen in einer Programmiersprache oder modellbasierten Darstellung wie in Abb. 4.1 gezeigt.

Die einfache Addition führt in der gezeigten Implementierung zu 4 Mrd. Testfällen. Dies ist weder wirtschaftlich, sinnvoll, noch praktikabel.

Das Ziel ist es darum, dass Strategien zur Vereinfachung bei gleichem formal korrektem Ergebnis gefunden werden. Dazu werden sogenannte Äquivalenzklassen für Wertebereiche gebildet. Der zugehörige Äquivalenzklassentest wird später in diesem Kapitel vorgestellt.

4.2.5   Maße für Software

Maße für die Software können eine Möglichkeit zur Einschätzung ihrer Komplexität und damit auch der Testbarkeit des Programms in endlicher Zeit liefern. Bereits zu frühen Zeiten der Programmierung wurden einfache Maße verwendet. Das können die Folgenden sein:

- Anzahl der zur Codierung eines Programms notwendigen **Lochkarten**
- Größe der **Programmdatei**
- Anzahl der **Programmzeilen** (Lines of Code – LOC)
- Anzahl der **Funktionen**

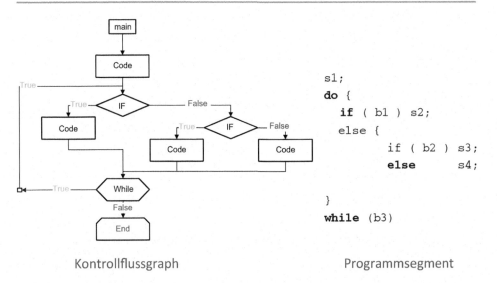

Kontrollflussgraph   Programmsegment

Abb. 4.2   Kontrollflussgraph und Programmsegment

Diese einfachen Maße sind nur mit Vorbehalt zu verwenden, da sie weder vollständig noch eindeutig sind. Es sind eindeutige aussagekräftige Maße für die Komplexität von Software nötig, z. B. Umfangsmaße. Zunächst muss eine geeignete Darstellung für den Programmcode gefunden werden. Hier bietet sich der Kontrollflussgraph in Abb. 4.2 an.

4.2.5.1   Zyklomatische Komplexität
Die Zyklomatische Komplexität ist wahrscheinlich das am weitesten verbreitete Maß für Software in Analyse- und Testwerkzeugen. Sie hat ihren Ursprung in der Graphentheorie, wo sie der Ermittlung der Komplexität von stark zusammenhängenden Graphen dient. Ein Umweg über modifizierte Kontrollflussgraphen macht die Nutzung im Softwaretest möglich. Üblicherweise wird sie aber nicht über den Kontrollflussgraphen ermittelt, sondern anhand der Auszählung der Entscheidungen eines Graphen.

Die zyklomatische Komplexität eines Graphen lautet:

$$Z(G) = e - n + 2$$

wobei e Anzahl der Kanten und n Anzahl der Knoten ist. Für den Kontrollflussgraphen ist die zyklomatische Zahl stets um eines größer als die Anzahl der Entscheidungen.

4.2.5.2   Halstead-Maße
Die Halstead-Metriken oder Halstead-Maße zählen die verwendeten Operatoren und Operanden, die im Beispiel in Abb. 4.3 zu sehen sind.

Operator	Anzahl
public	1
void	1
if	1
else	1
( )	5
{ }	3
;	3
Operand	**Anzahl**
writeSoftware	1
isProfi	1
useSoftwareMetrics	1
quickAndDirty	1
sendSoftwareToKonqi	1

```
public void writeSoftware()
{
    //Hat Tux schon das SE-Seminar besucht?
    if ( isProfi )
    {
        //Tux weiß, wie es richtig geht
        useSoftwareMetrics();
    }
    else
    {
        //Da hat noch jemand Nachholbedarf
        quickAndDirty();
    }

    //Die fertige Software wird ausgeliefert
    sendSoftwareToKonqi();
}
```

Abb. 4.3 Halstead-Maße einer Software. (Bildrechte: Henning Sievert Uni Hannover)

Dabei gelten die folgenden Festlegungen:

- N1: Gesamtzahl der Operatoren
- N2: Gesamtzahl der Operanden
- $\eta1$: Anzahl der Operatoren
- $\eta2$: Anzahl der Operanden
- Länge $L = N1 + N2$
- Programmvolumen $V = L \cdot \log2(\eta1 + \eta2)$
- Geschätzte Fehlerzahl $F = V : 3000$

Die berechneten Halstead-Maße werden im Beispiel in Abb. 4.4 gezeigt.

$N_1 = 15$
$N_2 = 5$

$\eta_1 = 7$
$\eta_2 = 5$

$L = N_1 + N_2 = 20$

$V = L \cdot \log_2 (\eta_1 + \eta_2)$
$\quad = 20 \cdot \log_2 (12) = 71{,}7$

$F = V : 3000$
$\quad = 0{,}02$
(also wahrscheinlich kein Fehler!)

Operator	Anzahl
public	1
void	1
if	1
else	1
( )	5
{ }	3
;	3
Operand	**Anzahl**
writeSoftware	1
isProfi	1
useSoftwareMetrics	1
quickAndDirty	1
sendSoftwareToKonqi	1

Abb. 4.4 Berechnung der Halstead-Maße

Abb. 4.5 Live-Variables einer Software

Live-Variables Beispiel:

```
Void MinMax (int& Min, int & Max){
int hilf;
if (Min > Max)        /*1*/
{hilf = Min;          /*2*/
Min = Max;            /*3*/
Max = hilf;}}  /*4*/
```

Zeile	Lebendige Variablen	Anzahl
1	Min;Max	2
2	Min;Max;hilf	3
3	Min;Max;hilf	3
4	Max,hilf	2
4 Zeilen	10	→ Ø2,5 LV

4.2.5.3 Live-Variables

Das Maß der Live-Variables aus dem Compilerbau [11] dient ebenfalls der Messung der Komplexität der Software. Es basiert auf der Annahme der Variablenabhängigkeit von Anweisungen. Eine Variable ist zwischen ihrer ersten und letzten Referenz innerhalb eines Moduls „lebendig" und kann in dieser Zeit die Anweisungen beeinflussen. Die Metrik ist die Gesamtzahl lebendiger Variablen im Verhältnis zur Anzahl ausführbarer Anweisungen. In Abb. 4.5 ist ein Beispiel einer einfachen Softwarefunktion zum Tausch von Variableninhalten gezeigt.

4.2.6 Vorgehen und Strategie im Softwaretest

Fehler werden am „einfachsten" zeitnah in der Softwareentwicklung auf der Abstraktionsebene entdeckt, auf der sie begangen werden. Das Ziel ist es, Fehler zu vermeiden oder Fehler zum frühsten Zeitpunkt zu entdecken, da die Auswirkungen, die Korrekturen und damit die Kosten bei einer Weiterverwendung des fehlerhaften Codes in späteren Integrations- und Projektphasen immer umfangreicher werden. Im in Abb. 4.6 gezeigten vereinfachten Vorgehensmodell wird dieses Vorgehen durch konstruktive Qualitätssicherungs(QS)-Maßnahmen bei der Erstellung durch Reviews und durch weitere analytische Qualitätssicherungs(QS)-Maßnahmen bei Testen sichergestellt.

Dabei sind die folgenden Prinzipien einzuhalten:

- Man darf niemals die Tests unter der stillschweigenden Annahme planen, dass keine Fehler vorhanden sind.
- Der Vorgang des Testens ist wertschöpfend, kreativ und intellektuell herausfordernd. Der Tester hat eine verantwortungsvolle Aufgabe.

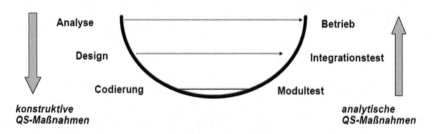

Abb. 4.6 Qualitätssicherungs(QS)-Maßnahmen beim Test

- Ein notwendiger Bestandteil des Tests ist die vollständige Definition der erwarteten Werte (gültige sowie ungültige) auf der Basis einer möglichst vollständigen Funktionsbeschreibung.

Aus der Psychologie des Menschen und Kognitionstheorie folgt, dass ein Programmierer nicht versuchen sollte, sein eigenes Programm zu testen. Im Rahmen der industriellen Praxis im Softwaretest der Fahrzeuginformatik ergeben sich die folgenden wesentlichen Punkte:

- Die Entwicklung von Testfällen ist teuer, daher sollten Testfälle dokumentiert und aufbewahrt werden.
- In der Praxis sind Fehler oft gehäuft und nicht etwa gleichverteilt über den gesamten Code.
- Je mehr Fehler man in einem Modul findet, desto größer ist die Wahrscheinlichkeit, weitere Fehler gerade in diesem Modul zu finden.

4.2.7 Testaufwand

Oft stellt sich nicht zuletzt aus wirtschaftlichen Gründen die Frage, wie viel Testaufwand für die Erreichung der Testziele bei einer gegebenen Sicherheitseinstufung und der notwendigen Qualität des Systems notwendig ist. Hier ist ein guter Kompromiss zu finden. Dabei gelten zwei wesentliche Aussagen (Zitate):

- Testen ist ökonomisch sinnvoll, solange die Kosten für das Finden und Beseitigen eines Fehlers im Test niedriger sind als die Kosten, die mit dem Auftreten eines Fehlers bei der Nutzung verbunden sind.
- Ein guter Test ist wie eine Haftpflichtversicherung: Er kostet richtig Geld, lässt aber den Projektleiter und den Kunden ruhig schlafen. Zum guten Schlaf gehört auch eine gute Versicherung, die alle möglichen Risiken abdeckt. Zum Vertrauen in die Software gehört ein guter Test, der die ganze Produktionswirklichkeit abdeckt.

Damit senkt erfolgreiches Testen letztendlich die Kosten, wobei der Aspekt von Leib und Leben im Rahmen sicherheitsrelevanter Systeme immer Priorität hat. In der Automobilindustrie werden nicht wie teilweise angenommen moralisch nicht akzeptable Gegenrechnungen von Versicherungssummen und Schadensersatz zum Testaufwand vorgenommen.

4.2.8 Weitere Begriffe und Definitionen

4.2.8.1 Verifikation und Validierung

Im Softwaretest wird wie an verschiedenen Stellen bereits beschreiben zwischen der Verifikation und der Validierung oder Validation unterschieden.

- **Verifikation**
  Die Verifikation ist die Prüfung, ob die Ergebnisse einer Entwicklungsphase die Vorgaben der Phaseneingangsdokumente erfüllen.
  Haben wir das System richtig realisiert?
- **Validierung oder Validation**
  Die Validierung oder Validation ist die Prüfung, ob ein Entwicklungsergebnis die individuellen Anforderungen bezüglich einer speziellen beabsichtigten Nutzung erfüllt.
  Haben wir das richtige System realisiert?

Im Vorgehensmodell befindet sich die Validation auf der obersten Ebene, bevor die Systemarchitektur definiert wird. Verifikation wird auf allen Ebenen darunter durchgeführt. Bei der Validierung spricht man aufgrund der formalen Unschärfe teilweise auch von einer „Schrotschussphilosophie".

4.2.8.2 Analysemethoden

Im Rahmen der Analysemethoden gibt es verschiedene Möglichkeiten, Aussagen über Programme zu treffen, die nicht zum klassischen Softwaretest gehören:

- Informelle Methoden: Inspection, Review, Walkthrough . . .
- Analytische Methoden: Metriken, Coding Standards, . . .
- Formale Methoden: Model Checking, . . .
- Dynamisches Testen: Black-Box, White-Box, Regressionstests, . . .

Um das Verhalten eines Programms im Betrieb beurteilen zu können, sollte man das Programm ausführen. Formale Methoden sind oft sehr mühsam, aufwändig oder sehr komplex. Weiterhin gehören sie selten zum Erfahrungsumfang der Entwicklungs- und Testingenieure der Automobilindustrie und werden darum ungern eingesetzt.

4.2.8.3   Statische und dynamische Analyse

Aus diesem Grund besteht beim Testen ein wesentlicher Unterschied darin, ob das zu untersuchende Programm ausgeführt oder lediglich analytisch untersucht wird. Man unterscheidet in diesem Fall zwischen der statischen in der dynamischen Analyse der Software.

Statische Analyse

- Es erfolgt keine Ausführung der zu prüfenden Software.
- Alle statischen Analysen können prinzipiell ohne Computerunterstützung ausgeführt werden.
- Es werden keine Testfälle definiert.
- Es können keine vollständigen Aussagen über die Korrektheit oder Zuverlässigkeit des Programms im Betrieb erzeugt werden.
- Die Einflüsse des ausführenden Steuergeräts und der Systemumgebung können nur schwer durch Vorhersage berücksichtigt werden.

Dynamische Analyse

- Die übersetzte, ausführbare Software wird mit konkreten Eingabewerten versehen und mittels einer Testumgebung oder auf dem Zielsystem ausgeführt.
- Es kann in der realen Betriebsumgebung getestet werden.
- Dynamische Testtechniken sind Stichprobenverfahren oder Einzelfallanalysen.
- Dynamische Testtechniken können die Korrektheit der getesteten Software nicht beweisen.
- Die Berücksichtigung von Grenzfällen ist schwer implementierbar.

4.2.8.4   Testumgebung und Testfall

Testumgebung

Die Testumgebung bezeichnet eine Gruppe von Werkzeugen, die die Ausführung von Tests unterstützen. Hierzu gehören u. a. Planungswerkzeuge, Simulatoren, Generatoren, Mess- und Prüfgeräte, weitere Tools sowie Geräte und Werkzeuge, die dem Informationsfluss in den Prozessen dienen. Der Zugriff auf das zu testende System muss sichergestellt werden.

Testfall

Ein Testfall ist eine Kombination von möglichen Eingabedaten, Bedingungen und erwarteten Ausgaben, die einem bestimmten Zweck dienen. Man prüft z. B., ob Vorgaben in einem Spezifikationsdokument eingehalten werden oder ob der Programmablauf tatsächlich dem erwarteten Pfad entspricht. Der Testfall enthält keine Angaben zur Bedienung oder Ausführung des Testfalls. Diese findet man im dazugehörigen implementierten Testskript, auf das der Testfall verweist.

4.2.8.5 Testarten in der Automobilindustrie

In diesem Abschnitt wird auf den in der Automobilindustrie spezifischen Teil verschiedener Testarten eingegangen. Sie sind in modifizierter Form auch in den anderen Industriezweigen zu finden, deren Fokus mehr auf der Herstellung von mechatronischen Systemen und Komponenten als reiner Software besteht. Konkrete Beispiele werden im weiteren Verlauf dieses Kapitels gezeigt.

Fahrzeugintensivtest

- Intensive Prüfung der elektrischen Funktionsumfänge im Verbund zur Ermittlung des aktuellen Projektstatus aus Sicht der Elektrik-/Elektronik. Dies geschieht im Fahrversuch.
- Der Fahrzeug Intensivtest wird beim Wechsel zur nächsten Projektphase oder Baustufe durchgeführt.
- Die Testdauer beträgt je nach Unternehmen und Projekt zwischen ein und zwei Wochen mit 5 bis 10 Fahrzeugen.

Gesamtintegrationstest

- Die Integration der Bauteile in elektrische-/elektronische-Teilsysteme und in das Gesamtsystem wird getestet.
- Die Testumfänge umfassen den intensiven Test der elektrischen Funktionen im Verbund und sind die Basis für die Freigaben der Einzelkomponenten.
- Die Erprobungen erfolgen auf Protokoll- sowie auch auf Funktionsebene und für verteilte Funktionen an verschiedenen Prüfständen.
- Der Gesamtintegrationstest wird zum Wechsel in die nächsten Projektphasen oder Baustufen abgeschlossen.
- Die Testdauer beträgt je nach Unternehmen und Projekt 2 bis 6 Wochen.

Model in the Loop

- Es ist ein Modell der Umwelt des Steuergeräts notwendig, damit das Testobjekt stimuliert werden kann.
- Der Test erfolgt ohne die Hardware auf einem Rechnersystem oder einer Simulationsplattform. Solche Systeme werden oft kommerziell angeboten und können bei Bedarf an die konkrete Umgebung angepasst werden.

Software in the Loop

- Es handelt sich um eine Methode zur Unterstützung der Entwicklung und Prüfung von Funktionen in Steuergeräten auf reiner Softwarebasis ohne das physikalische Zielsystem.

- Es erfolgt eine Simulation der Hard- und Software von Steuergeräten sowie eine Simulation des Zielsystems, zum Beispiel des Antriebsverhaltens.
- Bei der Methode Software in the Loop (SiL) wird im Gegensatz zum Hardware in the Loop (HiL) keine besondere Hardware eingesetzt.
- Das erstellte Modell der Software wird lediglich in den für die Zielhardware verständlichen Code umgewandelt (Modell in C-Code).
- Dieser Code wird auf dem Entwicklungsrechner zusammen mit dem simulierten Modell ausgeführt, anstatt wie bei Hardware in the Loop auf der Zielhardware zu laufen.
- Der Unterschied zum Model-in-the-Loop besteht darin, dass Modelle der Software oder der Umgebung in den Code des Zielsystems übersetzt werden und nicht auf einer Ausführung des Modells in einer abstrakten Umgebung basieren.

Hardware in the Loop

- Es handelt sich um eine Methode zum Labortest von Fahrzeugsteuergeräten und Komponenten an Prüfständen.
- Mit einem HiL-Simulator und entsprechenden mathematischen Simulationsmodellen werden die fehlenden Fahrzeugaggregate oder weitere Komponenten durch Echtzeitsimulation nachgebildet.
- Die Erprobung von Funktionen der Steuergeräte ist bereits im Labor ohne reale Aggregate (z. B. Motor mit Motorprüfstand) möglich.

Der Hardware in the Loop Test wird am Ende des Kapitels bespielhaft für Antriebs- und Lenkungselektronik beschrieben. Er ist in verschiedenen Bereichen des Tests der Automobilelektronik von der einzelnen Komponente bis auf die Systemebene und Vernetzung sehr etabliert. Einige Werkzeughersteller haben sich auf die Bereitstellung solcher Simulatoren spezialisiert.

4.3 Merkmalsräume von Softwaretests

Im Folgenden werden wie in Abb. 4.7 gezeigt die Merkmalsräume von Softwaretests eingeführt. Diese beinhalten die Prüfebene für die Entwicklungsphase, die inhaltlichen Aspekte im Prüfkriterium und die Prüfmethodik für die Testfallkonstruktion.

4.3.1 Prüfebene

Die Prüfebene orientiert sich wiederum am V-Modell und ist in Abb. 4.8 gezeigt. Die Ebenen sind den unterschiedlichen Phasen der Entwicklung und des Tests zugeordnet.

Der Fortschritt im Testverlauf und im Testobjekt über die Ebenen hinweg ist in Abb. 4.9 gezeigt. Der Fortschritt erfolgt Bottom-up, d. h. die Tests werden zunächst auf den unteren

Abb. 4.7 Merkmalsräume von
Softwaretests. ([4])

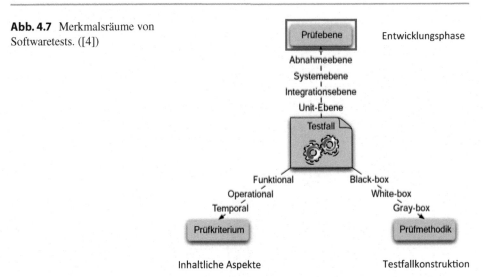

Ebenen durchgeführt und ausgewertet, bevor auf höhere Ebenen und Tests weitergegangen wird.

Der Einteilung in Prüfebenen liegen zum einen die Programmstruktur des untersuchten Softwaresystems und zum anderen die zeitliche Entwicklungsphase im Projektverlauf, in der ein Test durchgeführt wird, zugrunde. Diese ist in Abb. 4.10 gezeigt.

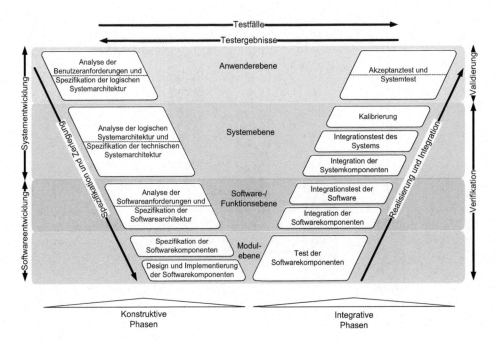

Abb. 4.8 Prüfebenen im V-Modell

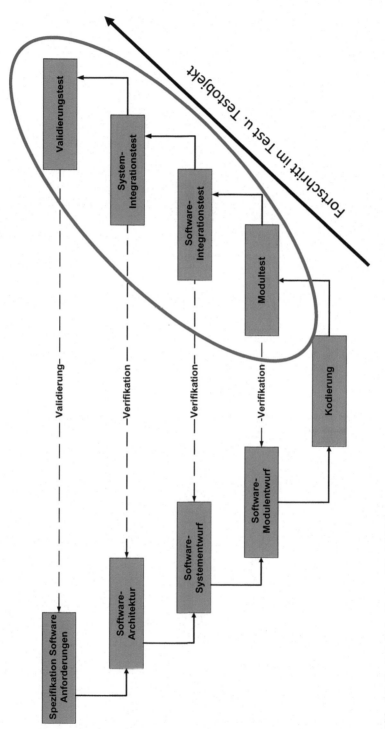

Abb. 4.9 Fortschritt im Test und Testobjekt

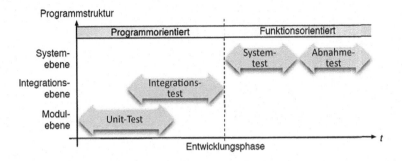

Abb. 4.10 Zuordnung der Prüfebenen zu den Entwicklungsphasen. ([4])

4.3.1.1 Unit-Tests und Modultests

Mit dem Begriff Unit oder Modul wird eine atomare Programmeinheit bezeichnet, die groß genug ist, um als solche eigenständig getestet zu werden. Dieser Test von Units wird auch als Modultest oder allgemeiner Komponententest von Software bezeichnet. Das Ziel ist die Verifikation, dass die Anforderungen an die Softwaremodule erfüllt werden. Ein modellbasiertes Beispiel ist in Abb. 4.11 gezeigt.

Basisaktivität
Verifizierung/Verifikation der erstellten Module

Input

- Source-Code
- Testspezifikation der Software-Module
- Bericht der analytischen Code-Überprüfung

Output

- Ergebnisse des Software-Modultests
- Verifizierte und getestete Software-Module

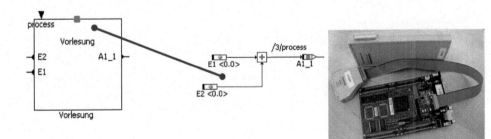

Abb. 4.11 Modultest

Ablauf eines Modultests (Beispiel)

- Testfall 1: Anlegen von Werten: {Grenzwerte (min/max), Normalwerte}: z. B. 32767/
  −32768/0/1 für 16 Bit Werte.
- Testfall 2: Test der Applizierbarkeit von Parametern. {beliebige gültige Werte}. Grenzwerte, Testparameter, Applikationsparameter („Schalter").
- Testfall 3: Codebetrachtung. Datenübertragung an das HOST-System. Ende des Tests.

4.3.1.2 Softwareintegrationstests

Nach dem Unit-Test oder Modultest bildet der Softwareintegrationstest die nächste höhere
Abstraktionsstufe und wird immer dann eingesetzt, wenn einzelne Programmmodule zu
größeren Softwarekomponenten zusammengesetzt werden. Der Softwareintegrationstest
stellt dabei sicher, dass die Komposition der separat getesteten Programmkomponenten
ebenfalls wieder ein funktionsfähiges System ergibt. Ein modellbasiertes Beispiel ist in
Abb. 4.12 gezeigt.

Die Ziele sind eine Integration der Module zu größeren Einheiten und die Verifikation,
dass diese im Zusammenwirken die gesetzten Anforderungen an die Software erfüllen und
auf der anderen Seite nur die definierten Funktionen und keine anderen ausführen.

Basisaktivität

Verifizierung des erstellten Softwaresystems

Input

- Spezifikation der Softwareintegrationstests

Output

- Ergebnisse der Softwareintegrationstests
- Verifiziertes und getestetes Software-System

Strategien für einen Softwareintegrationstest

- Big-Bang-Integration
- Strukturorientierte Integration in Abb. 4.13: Bottom-Up, Top-Down, Outside-In, In-
  side-Out
- Funktionsorientierte Integration nach Termin, Risiko, Test und Anwender oder Auftraggeber

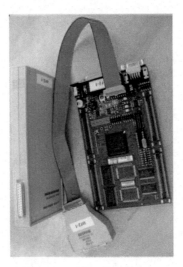

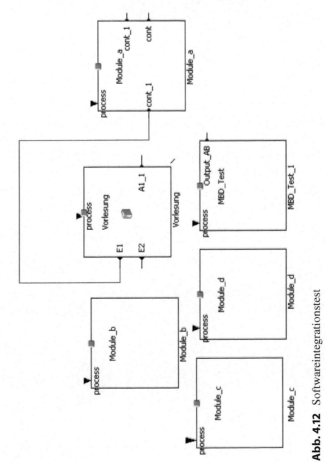

Abb. 4.12 Softwareintegrationstest

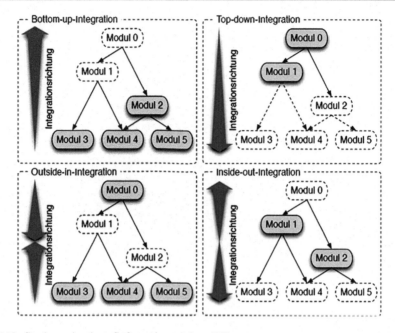

Abb. 4.13 Strukturorientierte Softwareintegration. ([4])

4.3.1.3 Systemintegrationstest

Mit dem Systemintegrationstest wird begonnen, sobald alle Teilkomponenten eines Software-Systems erfolgreich integriert sind. Im Gegensatz zum Unit- bzw. Integrationstest wird das System als Ganzes getestet und auf die Einhaltung der im Pflichtenheft spezifizierten Eigenschaften überprüft. Der Systemtest betrachtet die zu untersuchende Software nahezu ausschließlich aus funktionaler Sicht. Die interne Code-Struktur spielt so gut wie keine Rolle mehr – ganz im Gegensatz zum Unit- oder Integrationstest.

In der in Abb. 4.14 dargestellten Praxis wird der Systemtest oft in mehreren Phasen durchgeführt. Insbesondere im Bereich sicherheitskritischer Systeme erfolgt der Test inkrementell. In jeder Phase wird sowohl der Testaufwand als auch das eingegangene Risiko schrittweise erhöht.

Die Ziele sind die Integration der Softwarearchitektur und der Software in die Zielhardware und die Verifikation, dass diese im Zusammenwirken die gesetzten Anforderungen

Abb. 4.14 Systemintegrationstest in mehreren Phasen. ([4])

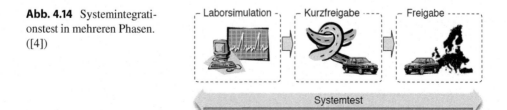

an die Software für das sicherheitsrelevante System erfüllen und nur die definierte Funktion und keine andere erfüllen.

Basisaktivität
Verifikation der erstellten Softwarearchitektur und der Software auf der Zielhardware

Input

- Spezifikation der Integrationstests der Hardwarearchitektur
- Spezifikation der Integrationstests der Software auf der Zielhardware

Output

- Ergebnisse des Integrationstests der Softwarearchitektur
- Ergebnisse des Integrationstests der Software auf der Zielhardware
- Integrierte, verifizierte und getestete Zielhardware mit Software

4.3.1.4 Abnahmetest
Der Abnahmetest im Fahrzeug hat das Ziel, die Leistungsparameter des erstellten Softwaresystems mit den Vorgaben des Pflichtenhefts abzugleichen. Die Unterscheidung erfolgt in zwei wesentlichen Aspekten:

1. Liegt der Systemtest noch vollständig im Verantwortungsbereich des (Automobil-)Herstellers, so wird der Abnahmetest unter Federführung des Auftraggebers durchgeführt.
2. Der Abnahmetest findet in der realen Einsatzumgebung des Kunden statt. Die Programmabläufe und Ausführungen werden spätestens jetzt mit authentischen Daten des Auftraggebers durchgeführt.

Feldtests werden nach Alpha und Beta-Klassifikation eingeteilt.

- Alpha-Tests finden in der Testumgebung des Herstellers in Prüfgeländen statt. Das Fahrzeug wird durch repräsentativ ausgesuchte und qualifizierte Anwender erprobt und die Ergebnisse an die Entwicklung oder Qualitätssicherung zurückgeliefert.
- Im Gegensatz zu Alpha-Tests finden Beta-Tests in der Umgebung des Kunden statt. Da das Produkt ab jetzt in seiner authentischen Zielumgebung betrieben wird, erweist sich die Fehlersuche als deutlich schwieriger. Der Kunde ist beim Testen der Software im Wesentlichen auf sich alleine gestellt und kann nur die Symptome ohne eine Voranalyse oder eine Einordung in den Gesamtkontexts des Fehlers liefern.

4.3.2 Prüfkriterium

Im Merkmalsraum der Softwaretests in Abb. 4.15 werden nun die inhaltlichen Aspekte betrachtet.

Die wesentliche Unterscheidung erfolgt hier in drei Kategorien:

1. Funktional
2. Operational
3. Temporal

Die **funktionalen** Szenarien umfassen folgende Tests:

- Funktionstest
- Trivialtest
- Crashtest
- Kompatibilitätstest
- Zufallstest

4.3.2.1 Funktionstest

Der Funktionstest stellt sicher, dass ein Softwaresystem für eine vorgegebene Belegung der Eingangsgrößen die Werte der Ausgangsgrößen korrekt berechnet. Es erfolgt ein Test des Systems gegen die funktionalen Anforderungen und eine Prüfung des Sollverhaltens sowie die zugehörige Gegenprobe: Was funktioniert noch nicht?

Abb. 4.15 Prüfkriterien im Merkmalsraum. ([4])

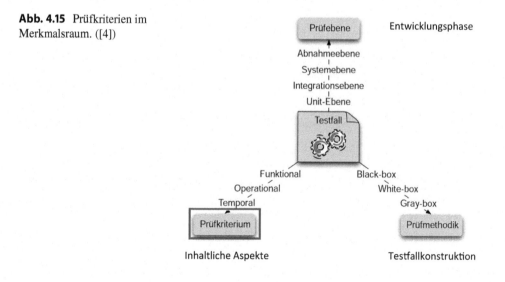

4.3.2.2   Trivialtest

Im Rahmen eines Trivialtests wird ein Programm mit Eingaben aufgerufen, die besonders einfach strukturiert sind und in der Praxis mit hoher statistischer Wahrscheinlichkeit zu Fehlern führen.

Beispiele:

- Sortierung einer leeren Liste
- Drehung eines Objekts um 0 Grad
- Streckung eines Vektors um den Faktor 1

Technisch gesehen sind Trivialtest nichts anderes als Grenzwerttests, die nicht explizit durch die funktionalen Anforderungen wiedergegeben sind und darum oft nicht bedacht werden.

4.3.2.3   Crashtest

Crashtests sind auch im Themenbereich der Automobilindustrie nicht nur mit der gezielten Zerstörung einer Karosserie gemeint, sondern ebenfalls im Bereich der Software. Als Crashtests werden spezielle Funktionstests bezeichnet, die versuchen, den Absturz oder einen Deadlock des untersuchten Softwaresystems zu Testzwecken herbeizuführen.

Durch die gezielte Suche nach entsprechenden Schwachstellen und deren Stimulation wird insbesondere die Robustheit eines Softwaresystems deutlich gesteigert. Crashtests sind vor allem im Bereich sicherheitskritischer Systeme von zentraler Bedeutung.

Die Methoden zur Erzeugung der Testfälle für Crashtests ergeben sich aus den Analysemethoden für die sicherheitsrelevante Entwicklung. Auf der einen Seite können die Top-Events erzeugt, auf der anderen Seite das Softwaresystem wie beispielsweise durch eine Division durch Null angegriffen und damit dessen Robustheit geprüft werden. Hier spielt auch der weiter unten erwähnte Zufallstest eine bedeutende Rolle, da dieser die auf die Produkteigenschaften und mögliche Szenarien eingefahrenen Denkstrukturen und Ziele der Entwickler und Tester durchbricht.

4.3.2.4   Kompatibilitätstest

Diese Art von Softwaretests verfolgt das Ziel, verschiedene Verträglichkeitsaspekte des erstellten Produkts zu überprüfen. So wird mit Hilfe von Kompatibilitätstests unter anderem sichergestellt, dass ein Softwaresystem auch auf anderen Hardware- oder Softwareplattformen lauffähig ist, sich an vereinbarte Schnittstellen- und Formatstandards hält und keine negativen Einflüsse auf andere, parallel betriebene Programme ausübt.

Der Kompatibilitätstest spielt auch eine wesentliche Rolle für die Standardisierung von Softwaremodulen und deren Weiterverwendung in den Modulbaukästen in Abschn. 3.13.3. Die Software soll auf möglichst vielen Zielarchitekturen lauffähig sein und muss für diese getestet werden.

4.3.2.5 Zufallstest

Das Softwaresystem wird im Zufallstest nicht mit gezielt konstruierten Eingabedaten, sondern mit zufällig erzeugten Werten betrieben. Da sich die generierten Testfälle nur selten wiederholen, führt diese Vorgehensweise zu einer effektiven Verbreiterung des Testspektrums ohne den Aufwand, der hinter der systematischen Erzeugung von Testfällen steht.

Durch die Entkopplung von der sehr inhaltlich fokussierten Denkweise der Entwickler und Tester können auf diese Weise Fehlerszenarien entdeckt werden, die der regulären Test-Suite verborgen bleiben.

Wegen der fehlenden Systematik und Nachweisführung werden zufällig generierte Testfälle nur als Ergänzung zu den regulär erstellten Testfällen ausgeführt. Dies kann beispielsweise mithilfe einer automatisierten Nutzung der sonst manuell betriebenen Testeinrichtungen außerhalb der regulären Arbeitszeiten oder im Hintergrund erfolgen. Der Zufallstest ist eine sinnvolle Ergänzung zum oben genannten Crashtest.

Die **operationalen** Szenarien umfassen folgende Tests:

- Installationstest
- Ergonomietest
- Sicherheitstest

4.3.2.6 Installationstest

Diese Art von Tests hat das Ziel, die reibungsfreie Inbetriebnahme des erstellten Produkts in den verschiedenen Phasen seines Lebenszyklus sicherzustellen. Dabei spielen im Installationstest folgende Aspekte eine Rolle:

- **Entwicklung**
  Die Flashbarkeit der Software auf die unterschiedlich reifen Prototypen, die teilweise überhaupt keine Softwareschnittstelle haben, muss sichergestellt werden.
- **Versuch**
  Die Austauschbarkeit der Software zum Test verschiedener Szenarien im Versuch und Testbetrieb muss sichergestellt werden.
- **Industrialisierung**
  Die Flashbarkeit der Software bei der Inbetriebnahme der Produktionsanlage muss überprüft werden.
- **Produktion**
  Die Flashbarkeit der Software in der Serienproduktion darf den Produktionstakt nicht beeinflussen.
- **Wartung**
  Es erfolgt eine Prüfung, ob sich eine Software problemlos nachträglich ändern lässt (Software-Updates).

4.3.2.7 Ergonomietest

Im Rahmen von Ergonomietests wird die Benutzbarkeit eines Softwaresystems überprüft. Dabei spielen die folgenden Aspekte eine Rolle:

- Die Bildschirmgestaltung und Tastaturbedienung für IT-Systeme.
- Das Anzeigekonzept und die Bedienung über den Touchscreen bei Smartphones.
- Die Verwendung der Bedieneinheiten wie Schalter und Knöpfe in Fahrzeugen oder anderen Produkten mit eingebetteter Software.
- Speziell im Fahrzeug die Rückmeldung der spezifischen Komponenten wie die Rückstellkraft einer elektrischen Lenkung oder akustische sowie optische Signale und z. B. das spezifische Beschleunigungsverhalten des Fahrzeugs.

4.3.2.8   Sicherheitstests

Die Unbedenklichkeit eines Software-Systems wird mit Hilfe von Sicherheitstests nachgewiesen. Hierzu gehören Tests, mit denen die Vertraulichkeit der gespeicherten Daten sichergestellt oder das Softwaresystem auf eventuell vorhandene Sicherheitslecks untersucht werden kann.

Diese Sicherheitstests beziehen sich auf den Aspekt der IT-Security (Datensicherheit), nicht auf den Sicherheitsbegriff im Rahmen der Entwicklung sicherheitsrelevanter Systeme (Safety oder Funktionale Sicherheit). Diese werden durch die Normen in diesen Bereichen vorgegeben.

Die **temporalen** oder **nichtfunktionalen** Szenarien umfassen folgende Tests:

- Komplexitätstest
- Laufzeittest
- Lasttest
- Stresstest

4.3.2.9   Komplexitätstest

Komplexitätstests stellen sicher, dass die implementierten Algorithmen in den vorher spezifizierten Komplexitätsklassen liegen.

- Die algorithmische Komplexität ist ein abstraktes Maß für das asymptotische Laufzeitverhalten eines Softwaresystems und bestimmt im Wesentlichen, wie sich ein Algorithmus bei der Verarbeitung großer Eingabedatenmengen verhält.
- Die Komplexitätsanalyse bildet damit die theoretische Grundlage, um die Skalierbarkeit eines Softwaresystems sicherzustellen.
- Wird mit der Durchführung entsprechender Tests frühzeitig begonnen, können viele Laufzeitprobleme im Vorfeld vermieden werden.

Die **Kolmogorow-Komplexität** ist ein Maß für die Strukturiertheit einer Zeichenkette und ist durch die Länge des kürzesten Programms gegeben, das diese Zeichenkette erzeugt. Dieses kürzeste Programm ergibt somit eine beste Komprimierung der Zeichenkette, ohne dass Information verloren geht.

Wenn die Kolmogorow-Komplexität einer Zeichenkette mindestens so groß ist wie die Zeichenkette selbst, dann bezeichnet man die Zeichenkette als nicht komprimierbar, zufällig oder auch strukturlos. Je näher die Kolmogorow-Komplexität an der Länge der

Zeichenkette liegt, desto „zufälliger" ist die Zeichenkette (und desto mehr Information enthält sie).

4.3.2.10 Laufzeittests

Im Rahmen von Laufzeittests werden die vereinbarten Zeitanforderungen mit konkreten Messungen überprüft. Laufzeitmessungen erfolgen in der Praxis auf allen Softwareebenen. Tests zur Messung der Ausführungsgeschwindigkeit einzelner Funktionen, Module oder Prozesse sind genauso typisch wie Tests, die sich mit der Zeitmessung vollständiger Geschäftsvorgänge beschäftigen.

Die Programmlaufzeit oder Rechenzeit ist wie bereits erläutert die Zeit, die bei gegebener Hardware und gegebenen Eingabedaten für die Erfüllung der Funktionalität dieses Programms gemäß dessen interner Logik aufgewendet wird. Zur Bestimmung der Laufzeitgrenzen müssen alle Programmpfade durchlaufen werden, was bei komplexen Strukturen der Software sowie Rechnerarchitekturen problematisch ist.

Ein praktikables Beispiel für die Ermittlung der Laufzeit oder Rechenzeit von Software im industriellen Umfeld wurde in Abschn. 3.13.4 im Detail vorgestellt. Dieses gilt für eine speziell eingesetzte Zielarchitektur, bzw. wird für ein spezielles Zielsystem aufgebaut. Die allgemeinen Herausforderungen für die Bestimmung der Laufzeit ist oft die Verfügbarkeit von Simulationsmodellen für

- die Hardwarekomponenten.
- die Black-Box Softwarekomponenten, beispielsweise aus Modulbaukästen oder von Lieferanden.
- das Echtzeitbetriebssystem.
- die Rechnerkomponenten wie Speicher, Caches, Pipelines und Register.

Weiterhin gibt es auf dem Markt einen hohen Bedarf nach industriell einsetzbaren Werkzeugen zur Analyse der Software-Rechenzeit. Wesentliche Probleme sind hier die Analysegenauigkeit, die pfadabhängige Laufzeitbestimmung und die unbekannte Abdeckung für kritische Randfälle. Zusätzlich dazu ist die Bedienbarkeit solcher Software ohne ein tiefes Verständnis der zugrundeliegenden Theorie oft kryptisch und die Werkzeuge sind sehr teuer, da der Markt begrenzt ist.

4.3.2.11 Lasttest

Der Lasttest bezeichnet eine Untersuchung, wie sich ein Software-System in den Grenzbereichen seiner Spezifikation verhält. Im Automobilbereich werden oft maximale Auslastungen des Prozessors, z. B. 90 % vorgegeben. Der Lasttest muss dann im Rahmen der nichtfunktionalen Nachweisführung zeigen, dass dieser Wert nicht überschritten wird.

- Zur Durchführung eines Lasttests wird zunächst eine geeignete Testumgebung aufgesetzt, mit der sich verschiedene Lastprofile reproduzierbar generieren lassen.

- Anschließend wird anhand verschiedener Lastprofile überprüft, ob sich das Software-system auch im Grenzlastbereich noch immer im Rahmen seiner Spezifikation bewegt.

4.3.2.12   Stresstest

Der Stresstest entspricht im Wesentlichen dem Lasttest. Es wird eine bewusste Über-schreitung des spezifizierten Grenzbereichs herbeigeführt. Eine entsprechende Last kann entweder durch eine weitere Steigerung der zu verarbeitenden Daten (Überlasttest) oder durch die Wegnahme von Ressourcen künstlich erzeugt werden (Mangeltest).

Der Stresstest verfolgt mehrere Ziele:

- Die Belastungsgrenzen der Software sollen experimentell ausgelotet werden.
- Die Beobachtung des Verhaltens nach dem Rückfall in den Normalbetrieb, zum Bei-spiel nach einem Watchdog-Reset oder einer Recovery-Prozedur des Echtzeitbetriebs-systems.

4.3.3   Prüfmethodik und Prüftechniken: Black Box Tests

Im Merkmalsraum der Softwaretests in Abb. 4.16 werden nun die konkrete Prüfmethodik und die Prüftechniken betrachtet. Dabei steht die Testfallkonstruktion im Vordergrund.

Die Methoden und Techniken, die zur Konstruktion eines Testfalls zum Einsatz kom-men, lassen sich wie in Abb. 4.17 gezeigt in Black-Box-Tests, White-Box-Tests und Gray-Box Tests klassifizieren.

In der Darstellung in Abb. 4.18 werden die Black Box Tests und White Box Tests sowie die bis hier erläuterten Ebenen der Tests im V-Modell den Testarten zugeordnet.

Für die Black-Box-Verfahren werden u. a. folgende Tests festgelegt:

Abb. 4.16 Prüfmethodik im Merkmalsraum. ([4])

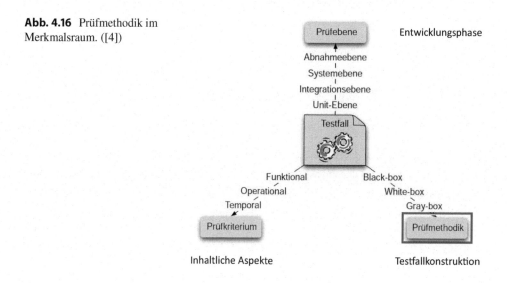

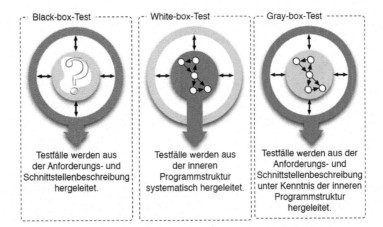

Abb. 4.17 Black Box, White Box und Gray Box Test. ([4])

Abb. 4.18 Zuordnung der Testebenen zu den Testarten

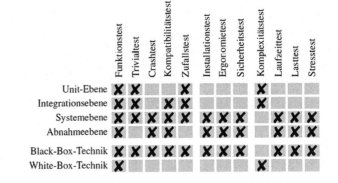

	Funktionstest	Trivialtest	Crashtest	Kompatibilitätstest	Zufallstest	Installationstest	Ergonomietest	Sicherheitstest	Komplexitätstest	Laufzeittest	Lasttest	Stresstest
Unit-Ebene	✗	✗			✗				✗			
Integrationsebene	✗	✗		✗	✗				✗			
Systemebene	✗	✗	✗	✗	✗	✗	✗	✗		✗	✗	✗
Abnahmeebene	✗		✗	✗		✗	✗	✗		✗	✗	✗
Black-Box-Technik	✗	✗	✗	✗	✗	✗	✗	✗		✗	✗	✗
White-Box-Technik	✗								✗			

- Äquivalenzklassentest und Grenzwertbetrachtung
- Zustandsbasierter Softwaretest
- Use-Case-Test
- Entscheidungstabellenbasierter Test
- Diversifizierende Testtechniken
- Back2Back, Regressionstest, Mutationstest

Diese werden im Folgenden vorgestellt.

4.3.3.1 Äquivalenzklassentest

Wie bereits gezeigt, ist das Hauptproblem die Definition von Testfällen aus einer Menge, die repräsentativ für das Betriebsverhalten einer Softwarekomponente sind, ohne alle Einzelfälle zu betrachten. Daraus entstehen die Äquivalenzklassentests. Es ist eine sorgfältige Auswahl der Testfälle notwendig, die gute Vertreter der Grundgesamtheit aller Testfälle darstellen. Die Fehler müssen trotzdem sicher erkannt werden.

Das in diesem Fall direkt aus dem englischen übersetzte angewandte Prinzip lautet: Teile und Herrsche (divide and conquer), d. h. die Zerlegung der Komplexität eines Testproblems in Teilprobleme und eine spätere Zusammenfassung der Teilergebnisse. Final entsteht die Menge von Äquivalenzklassen, die die Vertreter der Grundgesamtheit aller Testfälle darstellen. Der Weg und Ansatz dafür ist die funktionale Äquivalenzklassenbildung (ÄVK).

Ein grundsätzlicher Ansatz ist die Durchführung einer fortgesetzten Fallunterscheidung. Es werden Ein- und Ausgabebedingungen betrachtet. Dabei testen die Äquivalenzklassen eine identische Programmfunktion, sodass eine Beschränkung der Testfallanzahl erreicht wird. Es entstehen gültige sowie ungültige Äquivalenzklassen, d. h. für sämtliche definierten Äquivalenzklassen müssen Grenzwertanalysen vollzogen werden. Das Verfahren basiert auf der Erfahrung, dass Fehler besonders häufig an Grenzen von ÄVK auftreten, da die Programmierer und Tester oft nur die „typischen" funktionalen Fälle betrachten.

Regeln für die Äquivalenzklassenbildung

- Falls eine Eingangsbedingung einen Wertebereich spezifiziert, so sind eine gültige Äquivalenzklasse und zwei ungültige Äquivalenzklassen zu bilden.
  Eingabebereich: $1 \leq$ Wert ≤ 1024
  Gültige ÄVK: $1 \leq$ Wert ≤ 1024
  Zwei ungültige ÄVK: Wert < 1, Wert > 1024
- Spezifiziert eine Eingangsbedingung eine Anzahl von Werten, so sind eine gültige Äquivalenzklasse und zwei ungültige Äquivalenzklassen zu bilden.
  Für ein Auto können zwischen 1 und 3 Besitzer eingetragen sein.
  Gültige ÄVK: Ein Besitzer bis drei Besitzer
  Ungültige ÄVK: Kein Besitzer
  Ungültige ÄVK: Mehr als drei Besitzer
- Falls eine Eingangsbedingung eine Menge von Werten spezifiziert, die unterschiedlich behandelt werden, so ist eine gültige Äquivalenzklasse zu bilden. Für alle Werte mit Ausnahme der gültigen Werte ist eine ungültige Äquivalenzklasse zu bilden.
  Obst: Apfel, Birne, Banane, Orange
  Vier gültige ÄVK: Apfel, Birne, Banane, Orange
  Eine ungültige ÄVK: Alles andere ... Fleisch
- Falls eine Eingangsbedingung eine Situation festlegt, die zwingend erfüllt sein muss, so sind eine gültige Äquivalenzklasse und eine ungültige Äquivalenzklasse zu bilden.
  Das erste Zeichen muss ein Buchstabe sein.
  Gültige ÄVK: Das erste Zeichen ist ein Buchstabe.
  Ungültige ÄVK: Das erste Zeichen ist eine Ziffer.

Die Grenzwertbetrachtung kann auch wie in Abb. 4.19 gezeigt für mehrere Dimensionen durchgeführt werden.

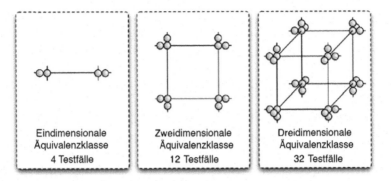

Abb. 4.19 Mehrdimensionale Äquivalenzklassenbildung. ([4])

Die Äquivalenzklassenbildung stellt damit eine universell einsetzbare Testtechnik dar, die die Reduktion der Problemgröße zum Ziel hat. Sie verwendet eine Fallunterscheidung z. B. im Modultest und in der Schnittstelleninteraktion im Softwareintegrationstest.

Das Verfahren ist einfach anwendbar und wird ggf. auch implizit durch das Weglassen von Redundanzen angewendet, wenn getestet wird. Es ist damit problemlos in den Entwicklungs- und Testalltag einführbar. Die funktionale mehrdimensionale Äquivalenzklassenbildung ist gut geeignet für den Test von Software, die nicht zustandsbasiert ist und nicht von komplizierten Eingabedaten abhängig ist.

4.3.3.2 Zustandsbasierter Softwaretest

Die bisher betrachteten Funktionen und Methoden waren so aufgebaut, dass die berechneten Ergebniswerte ausschließlich durch die aktuelle Belegung der Eingangsparameter bestimmt wurden. Die betrachteten Funktionen und Methoden waren allesamt gedächtnislos, also ohne Speicher.

Viele der in der Praxis vorkommenden Programmfunktionen sind durch die Verwendung von Speichern jedoch gedächtnisbehaftet, d. h., die berechneten Ausgabewerte hängen zusätzlich von der bisherigen Ausführungshistorie der Programme ab.

In der Theorie der Rechnerstrukturen unterscheidet man die in Abb. 4.20 gezeigten Schaltnetze und Schaltwerke.

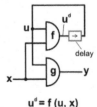

$$u^d = f(u, x)$$
$$y = g(u, x)$$

Schaltnetz   Schaltwerk

Abb. 4.20 Schaltnetze und Schaltwerke

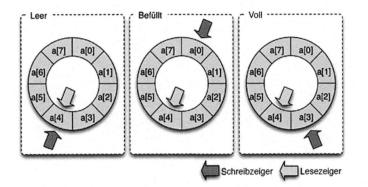

Abb. 4.21 Ringpufferspeicher. ([4])

Abb. 4.22 Endliche Automaten. ([4])

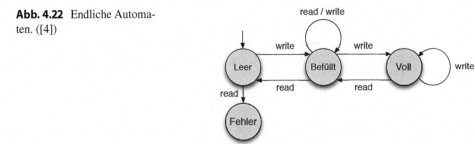

Ein Beispiel hierfür ist der Ringpufferspeicher in Abb. 4.21. Gedanklich lässt sich ein Ringpuffer als ein spezieller Warteschlangenspeicher auffassen, dessen Elemente kreisförmig angeordnet sind. Das hat zwei entscheidende Vorteile. Ein Ringpuffer ist stets beschreibbar, die Datenstruktur besonders einfach und effizient implementierbar.

Endliche Automaten in Abb. 4.22 stellen eine Methode zur Modellierung solcher Systeme dar. Die Idee des zustandsbasierten Softwaretests besteht darin, alle Übergänge zwischen zwei Zuständen mindestens einmal zu überprüfen.

Zur Bestimmung der Testfälle wird der besseren Übersichtlichkeit halber der Automat in einen Zustandsbaum in Abb. 4.23 ausgerollt. In diesem Zustandsbaum gibt es nur eine Richtung der Zustandswechsel, keine Rücksprünge. Darum lassen sich die Testfälle ableiten.

Jedem der nummerierten Endzustände von 1 bis 6 werden in Abb. 4.24 die notwendigen Sequenzen der Testeingaben zum Erreichen des Zustands und die Sollergebnisse zugeordnet.

Diese Zustandsautomaten (State Machines) besitzen in der Praxis eine häufige Verwendung. Beim Test von Zustandsautomaten sollen sowohl Normal- als auch Fehlerfälle getestet werden. Dabei sind möglichst alle Zustandsübergänge und Ereignisse zur berücksichtigen, die nicht zu einem Fehlerfall führen. Ebenso ist ein Test der Ereignisse notwendig, die keinen Zustandswechsel nach sich ziehen.

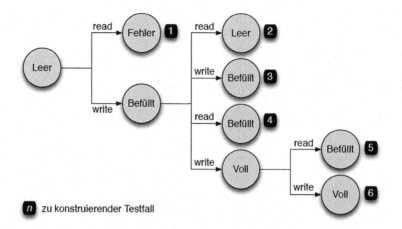

n zu konstruierender Testfall

Abb. 4.23 Ausrollen eines Automaten zum Zustandsbaum. ([4])

Nr	Testeingabe	Soll-Ergebnis (gelesen)	Soll-Ergebnis (Puffer-Inhalt)
1	`read()`	Fehler	{}
2	`write(1), read()`	{1}	{}
3	`write(1), write(2)`	{}	{1,2}
4	`write(1), write(2), read()`	{1}	{2}
5	`write(1), write(2), write(3)` `write(4), write(5), write(6)` `write(7), read()`	{1}	{2,3,4,5,6,7}
6	`write(1), write(2), write(3)` `write(4), write(5), write(6)` `write(7), write(8)`	{}	{2,3,4,5,6,7,8}

Abb. 4.24 Testfälle für den Automaten. ([4])

4.3.3.3 Use Case Test

Im Use Case Test werden die Eingabewerte bestimmt, die eine bestimmte Ablaufsequenz innerhalb des Use-Case-Diagramms in Abb. 4.25 auslösen. Am Ende dieses Schritts steht eine Partitionierung der Eingangsbelegungen, die im Zuge der Äquivalenzklassenbildung erläutert wurden. Es werden gültige und ungültige Eingangsbelegungen gebildet.

Anschließend werden aus den ermittelten Werteintervallen konkrete Eingabebelegungen ausgewählt. Auch hier ist die Wahrscheinlichkeit groß, Fehler an den Rändern der Äquivalenzklassen zu finden. Damit bietet sich die vorgestellte Grenzwertanalyse als aussichtsreiches Instrument für die Testfallkonstruktion an.

4.3.3.4 Entscheidungstabellenbasierter Test

Zum Test auf Systemebene bieten die Entscheidungstabellen ähnlich wie die Use-Case-Tests eine gute Testmöglichkeit. Die Entscheidung wird aufgrund eines Ursache-Wirkungs-Graphen abgeleitet. Die Darstellung erfolgt mit Verbindungen, die boolesche Operatoren wie in Abb. 4.26 gezeigt hinterlegt haben.

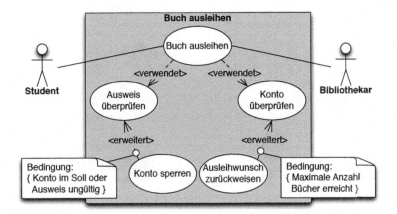

Abb. 4.25 Use Case Diagramm zur Bibliothek. ([4])

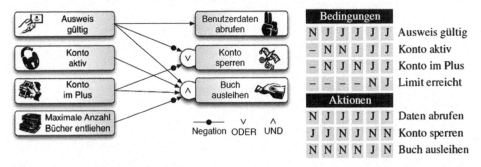

Bedingungen						
N	J	J	J	J	J	Ausweis gültig
–	N	N	J	J	J	Konto aktiv
–	N	J	N	J	J	Konto im Plus
–	–	–	–	N	J	Limit erreicht
Aktionen						
N	J	J	J	J	J	Daten abrufen
J	J	N	J	N	N	Konto sperren
N	N	N	J	N	N	Buch ausleihen

Abb. 4.26 Entscheidungstabellen zur Bibliothek. ([4])

Im Folgenden werden im Rahmen der Grundlagen des Softwaretests im Automobil-
bereich die diversifizierenden Testtechniken gezeigt. Diese sind ebenfalls als Black Box
Tests anzusehen. Diversifizierende Testverfahren vergleichen mehrere Versionen eines
Programms gegeneinander. Das ist ein neuer Ansatz: Es ist kein Test gegen eine einmalige
Spezifikation oder Anforderung, sondern es werden neue Implementierungen gegen alte
Implementierungen getestet. Es handelt sich dabei um die Verfahren:

- Back-to-Back-Test
- Regressionstest
- Mutationstest

4.3.3.5 Back-to-Back-Test

Im Back-to-Back-Test werden mehrere (n) verschiedene Implementierungen einer Software gegeneinander getestet.

Abb. 4.27 Back-to-Back-Test.
([4])

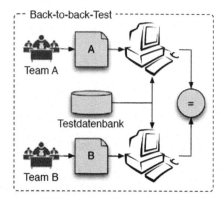

- Alle Versionen basieren auf der gleichen Anforderung.
- Unabhängige Teams realisieren die Software.
- Es ist eine Heterogenität zwischen den Teams gewünscht (Diversität).
- Der Einsatz geschieht besonders in sicherheitskritischen Umgebungen oder bei schwer testbaren Anforderungen, zum Bespiel in der digitalen Signalverarbeitung.

Das Verfahren ist in Abb. 4.27 gezeigt.

4.3.3.6 Regressionstest

In der Praxis entstehen durch die lokal begrenzte Weiterentwicklung oder eine Fehlerkorrektur überarbeitete Versionen einer Software, die sich nur in (kleinen) Teilen von den jeweiligen Vorgängern unterscheiden. Durch Regressionstests geschieht eine Sicherstellung der Funktionalität durch Vergleich mit der ursprünglichen Version der Software.

Neben dem Aspekt des Nachweises, dass die Änderung keine Auswirkung auf den Rest der Software hat, entstehen durch Verwendung einer gemeinsamen Entwicklungslinie kostenoptimale Tests, da ein hoher Grad der Wiederverwendung der Testfälle besteht. Die Tests wachsen mit der Lebensdauer einer Software. Das Verfahren ist in Abb. 4.28 gezeigt.

Abb. 4.28 Regressionstest.
([4])

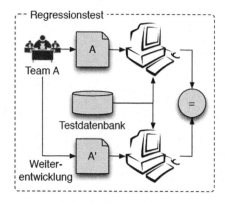

4.3.3.7 Mutationstest

Beim Mutationstest handelt es sich um eine diversifizierende Technik zur Bewertung anderer Testverfahren. Die Mutationstests setzen die oft in den Richtlinien für sicherheits-relevante Entwicklung geforderten Methoden des „Error Seeding" oder der „Fehlerinjek-tion" um. Getestet wird nicht der Programmcode, sondern die Testumgebung.

- Die verschiedenen Versionen einer Software entstehen durch künstliches Einfügen von typischen Fehlern.
- Es wird dann geprüft, ob die benutzte Testmethode mit den vorhandenen Testdaten diese künstlichen Fehler findet.
- Wird ein Fehler nicht gefunden, so werden die Testdaten um entsprechende Testfälle erweitert.
- Diese Technik beruht auf der Erfahrung, dass ein erfahrener Programmierer meist nur noch typische Fehler macht.

Der Mutationstest basiert auf zwei Annahmen:

- **Competent programmer hypothesis**
  Software-Entwickler erstellen fast korrekte Programme, die in ihrem Verhalten nur re-lativ geringfügig vom vorgesehenen Verhalten (Spezifikation) abweichen.
- **Coupling effect**
  Komplexe Fehler sind auf eine bestimmte Art und Weise an einfache Fehler gekoppelt.

In der Praxis ist der Mutationstest sehr rechenzeitintensiv, da die Fehler in das gesamte zu testende Programm automatisiert wie in Abschn. 3.8.5 beschrieben eingesetzt werden können und dies immer wieder getestet wird. Die Analyse der entstehenden Rohdaten (Abweichungen) muss allerdings manuell erfolgen und kann sehr mühselig und mono-ton werden. Je weniger reif eine einem Mutationstest unterzogene Software bzw. deren Testfälle sind, desto komplexer werden die Mutationstests, da immer mehr fehlende Test-fälle über die „Mutanten" aufgedeckt werden und erneute Tests sowie erneute manuelle Bewertungen notwendig machen.

4.3.4 Prüfmethodik und Prüftechniken: White Box Tests

Bis zu diesem Punkt wurden die den Black-Box-Tests zugeordneten Verfahren erläutert, bei denen die innere Struktur der Programme nicht erkennbar ist. Im Sinne der Merkmals-räume folgen nun die Prüftechniken, die den White-Box-Tests zugeordnet werden. Als Basis für diese Tests hat der Tester einen Einblick in die innere Struktur des zu testenden (Quell-)Codes.

Durch die Transparenz des Codes kann dieser wie bereits erläutert als Kontrollfluss-graph dargestellt und der Kontrollfluss im Sinne der Tests modelliert werden. Das ist in Abb. 4.29 gezeigt.

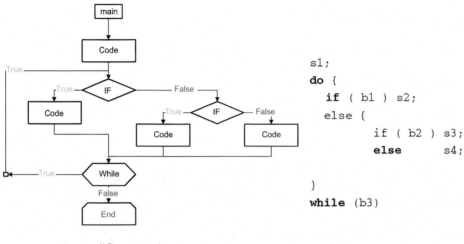

```
s1;
do {
   if ( b1 ) s2;
   else {
          if ( b2 ) s3;
          else        s4;

}
while (b3)
```

Kontrollflussgraph   Programmsegment

Abb. 4.29 Ableitung des Kontrollflussgraphen aus einem Programmsegment

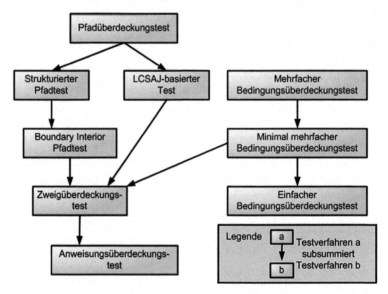

Abb. 4.30 Kontrollflussorientierte Strukturtests. ([4])

Kontrollflussorientierte Strukturtests orientieren sich am Kontrollflussgraph des Programms. Die unterschiedlichen Testverfahren sind in Abb. 4.30 gezeigt.

Man unterscheidet dabei folgende Typen von Verfahren nach der Überdeckung der Struktur des Programms im Kontrollflussgraphen:

- Anweisungsüberdeckung (**C0**)
- Kantenüberdeckung (**C1**)
- Bedingungsüberdeckung (**C2, C3**)
- Pfadüberdeckung (**C4**)

4.3.4.1 Anweisungsüberdeckung (C0)

Ansatz Definition eines Tests, der alle Anweisungen des Testobjekts ausführt.

- Als Testmaß wird der Anweisungsüberdeckungsgrad definiert. Dieser stellt das Verhältnis von ausgeführten zu vorhandenen Anweisungen dar.
- Sind alle Anweisungen mindestens einmal ausgeführt, so ist eine vollständige Anweisungsüberdeckung gegeben.
- Der C0-Test ist gering aussagekräftig. Er dient in erster Linie zum Auffinden von totem Code. Dieser wird meist bereits durch einen optimierenden Compiler eliminiert, wenn die Einstellung des Compilers entsprechend gewählt wurde.
- Das Anweisungsüberdeckungsmaß dient zur Quantifizierung der Testabdeckung.

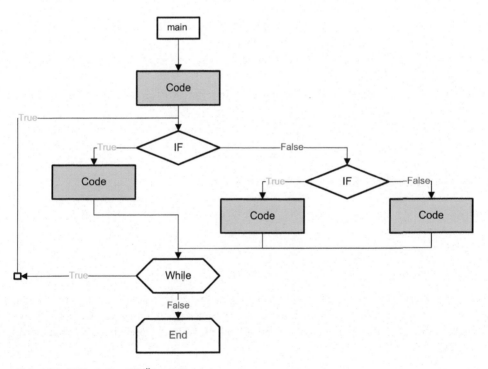

Abb. 4.31 Vollständige C0 Überdeckung

Beispiel z wird das Doppelte des größeren Werts von x oder y zugewiesen.

```
int z = x;
if (y > x)
    z = y;
z *= 2;
```

In diesem Fall genügt ein einziger Testfall, um eine 100 %ige Anweisungsüberdeckung zu erreichen: z. B. x = 0, y = 2. Es sind beliebig viele passende Testfälle denkbar, solange y größer als x ist. Ansonsten wird z = y nicht ausgeführt und die resultierende Anweisungsüberdeckung ist < 100 %.

Eine vollständige C0 Überdeckung ist im Kontrollflussgraphen in Abb. 4.31 gezeigt.

4.3.4.2 Kantenüberdeckung (C1)

Ansatz Definition eines Tests, der alle Kanten des Testobjekts ausführt.

- Der C1-Test beinhaltet den C0-Test und wird z. B. für Level B-Freigaben im Rahmen der RTCA DO-178B gefordert.
- Als Testmaß der Kantenüberdeckung ist das Verhältnis der ausgeführten primitiven zu den möglichen primitiven Zweigen festgelegt.
- Der Zweigüberdeckungstest bietet die Möglichkeit zum Aufspüren von nicht durchlaufenen Programmzweigen.
- Der Test dient unter anderem auch zur Optimierung von Hot-Points (oft ausgeführte Stellen) im Code.
- C1-Tests sind für den Test zusammengesetzter Bedingungen und von Schleifen ungeeignet.

Beispiel z wird das Doppelte des größeren Werts von x oder y zugewiesen.

```
int z = x;
if (y > x)
    z = y;
z *= 2;
```

Im Gegensatz zum Anweisungsüberdeckungstest ist nun mehr als ein Testfall notwendig, um eine 100 %ige Kantenüberdeckung zu erreichen, da sowohl der Fall für den durchlaufenen If-Zweig, als auch der Fall für den nicht-durchlaufenen If-Zweig überprüft werden muss:

Testfall 1: x = 0, y = 2 Testfall 2: x = 2, y = 0

Eine vollständige C1 Überdeckung ist im Kontrollflussgraphen in Abb. 4.32 gezeigt.

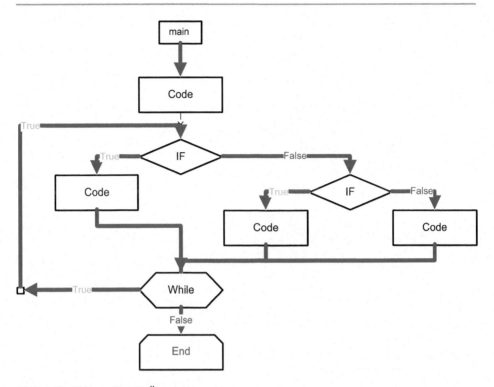

Abb. 4.32 Vollständige C1 Überdeckung

4.3.4.3   Bedingungsüberdeckung (C2, C3)

Ansatz Definition eines Tests, der alle Bedingungen des Testobjekts überprüft.

- Der C2-Test zur Bedingungsüberdeckung überprüft alle atomaren Teilentscheidungen auf wahr/falsch.
- Der zusätzliche Mehrfach-Bedingungs-Überdeckungstest C3 überprüft auch zusammengesetzte Teilentscheidungen.

Bei sequenzieller (unvollständiger) Belegung beinhaltet der C2-Test den C1-Test. Vollständige Belegung beim C3-Test führt zu exponentiellem Anstieg der Anzahl der Testfälle (im Vergleich zur Anzahl der Teilformeln einer Bedingung). Die Bedingungsüberdeckungstests sind vor allem interessant, wenn eine komplizierte Verarbeitungslogik vorliegt, die zu kompliziert aufgebauten Entscheidungen führt.

Eine vollständige C2/C3 Überdeckung ist im Kontrollflussgraphen in Abb. 4.33 gezeigt.

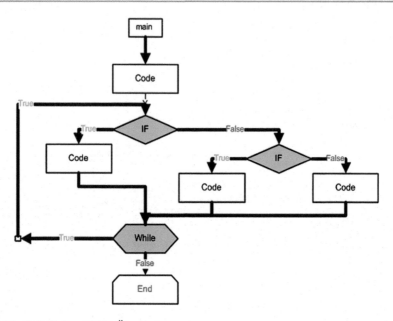

Abb. 4.33 Vollständige C2/C3 Überdeckung

4.3.4.4   Pfadüberdeckung (C4)

Ansatz Definition eines Tests, der alle Pfade des Testobjekts ausführt.

Dieser Test der Pfadüberdeckung ist im Allgemeinen nicht sinnvoll durchführbar, da die Forderung nach der Ausführung aller möglichen Pfade nahezu unmöglich zu erfüllen ist und reale Softwaremodule oft eine hohe Anzahl von Pfaden besitzen. Darum ist eine kostenoptimale Durchführung selten möglich. Relevant sind in diesem Zusammenhang vor allem Schleifen, die im Schleifenkörper weitere Bedingungen enthalten. Jede Wiederholung erzeugt einen neuen Pfad bedingt durch die Verzweigung des Kontrollflusses im Schleifenkörper und damit einen exponentiellen Zuwachs. Daher hat der C4-Test praktisch keine Bedeutung, besitzt aber im Vergleich mit den anderen Verfahren die höchsten Erfolgsquoten, wenn er terminiert. Oft werden hier Kompromisse wie eine lokale Pfadabdeckung eingesetzt, die sich dann auf ein einzelnes, besonders kritisches Programmsegment beziehen.

Der Grad der verschiedenen Überdeckungen wird in unterschiedlichen Teilen der Normen zur sicherheitsrelevanten Entwicklung oder im Rahmen von Reifegraden der Software empfohlen oder sogar explizit vorgeschrieben.

4.3.5 Testmetriken und Grenzen des Softwaretests

Testmetriken dienen der quantitativen Ermittlung von Eigenschaften des Softwaretests. Die Güte einer Testmenge oder eines Testverfahrens wird auf diese Weise zu einem greifbaren Maß. Der Einsatz von Testmetriken ermöglicht Aussagen zu den folgenden Aspekten:

- Ausreichender Modultest
- Anzahl der unentdeckten Fehler im Programm
- Leistungsfähigkeit des Testverfahrens

Überdeckungsmetriken sind in Abb. 4.34 gezeigt.

Die Metriken werden oft auch für den Nachweis der Reife und Qualität einer Software in den Freigabeberichten zu verschiedenen Phasen der Softwareentwicklung angegeben und können unter anderem als Abnahmekriterium im Rahmen des Lieferantenmanagement in Abschn. 3.6.5 verwendet werden.

Die Grenzen des Softwaretests ergeben sich allein aus der Tatsache, dass Fehler nicht zuverlässig hervorgesehen werden können. Sonst würde man sie vermeiden. Die Treiber können hier einer oder mehrere der folgenden sein:

- Unklare oder fehlende Anforderungen
- Programmkomplexität
- Mangelnde Werkzeugunterstützung
- Fehlende organisatorische Unterstützung

Überdeckungsmetrik

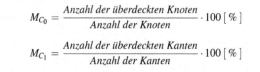

$$M_{C_0} = \frac{Anzahl\ der\ überdeckten\ Knoten}{Anzahl\ der\ Knoten} \cdot 100\,[\,\%\,]$$

$$M_{C_1} = \frac{Anzahl\ der\ überdeckten\ Kanten}{Anzahl\ der\ Kanten} \cdot 100\,[\,\%\,]$$

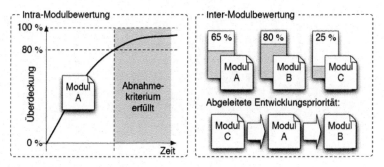

Abb. 4.34 Überdeckungsmetriken. ([4])

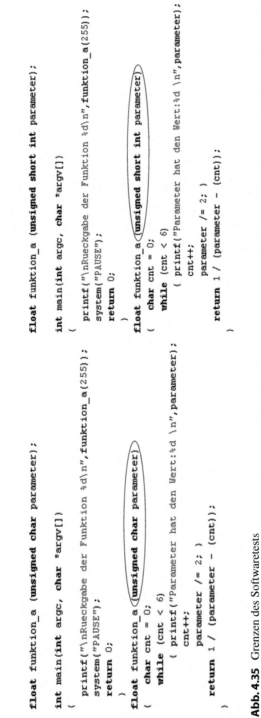

```
float funktion_a (unsigned char parameter);

int main(int argc, char *argv[])
{
    printf("\nRueckgabe der Funktion %d\n",funktion_a(255));
    system("PAUSE");
    return 0;
}

float funktion_a(unsigned char parameter)
{
    char cnt = 0;
    while (cnt < 6)
    { printf("Parameter hat den Wert:%d \n",parameter);
        cnt++;
        parameter /= 2; }
    return 1 / (parameter - (cnt));
}
```

```
float funktion_a (unsigned short int parameter);

int main(int argc, char *argv[])
{
    printf("\nRueckgabe der Funktion %d\n",funktion_a(255));
    system("PAUSE");
    return 0;
}

float funktion_a(unsigned short int parameter)
{
    char cnt = 0;
    while (cnt < 6)
    { printf("Parameter hat den Wert:%d \n",parameter);
        cnt++;
        parameter /= 2; }
    return 1 / (parameter - (cnt));
}
```

Abb. 4.35 Grenzen des Softwaretests

- Ausbildungs- oder Fortbildungsdefizite
- Zeitprobleme

Mit den Mitteln des Softwaretests kann ausschließlich das Vorhandensein von Fehlern gezeigt werden, niemals aber die Korrektheit oder Fehlerfreiheit eines Programms.

Ein Beispiel ist Abb. 4.35 gezeigt. Das Programm ist bis auf die Datentypen eines Übergabeparameters algorithmisch identisch. Dennoch machen beide Programme nicht das Gleiche.

- Das linke Programm teilt 8-Bit-Integer Werte sukzessive durch 2, nach 6 Iterationen wird die Schleife abgebrochen.
- Der Wert „1/(parameter – (cnt))" wird retourniert. (Integer Division, daher ganzzahlige Wertabrundung)
- Das Programm arbeitet für alle seine 256 möglichen Eingabewerte problemlos.
- Die Änderung des „parameter" Datentyps auf 16-Bit ermöglicht eine Wertebereichserweiterung auf 65.536 Eingabewerte.
- Ist nun gerade der Wert 402 als „parameter" gesetzt, so stürzt die Software mit der Fehlermeldung „Division by zero" ab, ebenso bei 64 anderen Werten.
- Keine herkömmliche Testtechnik findet diesen Fehler.

Hier ist zu sehen, dass die reine Änderung des Datentyps zum Fehler führt. Dies muss nicht einmal durch den Entwickler verursacht werden sondern kann auch bei der Verwendung des bereits erfolgreich in Vorprojekten eingesetzten Codes geschehen, wenn ein neuer Compiler oder Prozessor mit einer anderen Implementierung der Datentypen verwendet wird.

Zusammenfassung der Unterschiede zwischen Black Box Tests und White Box Tests

---

4.4 Hardware-in-the-Loop in der Automobilelektronik

Zwischen den vorgestellten allgemeinen Softwaretests ohne die Kenntnis des Zielsystems der Automobileelektronik auf der einen Seite und den in der Automobilindustrie etablieren Fahrzeugtests ohne das konkrete Prüfen einer bestimmten Funktion oder Codierung auf der anderen Seite besteht eine große Lücke. Die einzelnen Funktionen in Software können nur im Modultest ohne den Gesamtkontext getestet werden, während der Fahrversuch keine einzelnen Funktionen testet, aber den realistischen Einsatz des Systems sicherstellt.

In diesem Zusammenhang hat sich die Hardware-in-the-Loop (HiL)-Simulation etabliert, bei der die Funktionalität der Software unter fahrzeugnahen Bedingungen auf Prüfständen getestet wird. Eine Einordung der Hardware-in-the-Loop Simulation und Abgrenzung zur Software-in-the-Loop (SiL)-Simulation fand in den vorherigen Kapiteln statt. Hier sollen konkrete Beispiele für automatisierbare Tests in den Umgebungen der Antriebs- und Lenkungselektronik gezeigt werden. Bei vielen Steuergeräten ist es wichtig, dem Gerät über seine Anschlüsse und die daran anliegenden Signale einen realistischen Betrieb vorzugeben, da das Steuergerät bei inkonsistenten Eingängen nicht in die für den Test relevanten Betriebsmodi wechselt. Dafür sind oft sehr komplexe Modelle der Regelstrecke notwendig.

4.4.1 Historie

Den praktischen Einsatz der Hardware-in-the-Loop Simulation für Motorsteuergeräte gibt es bereits seit spätestens 1985. Diese sind an das Simulationssystem angeschlossen, das mittels des Simulationsmodells des Motors und des Fahrzeugs die Umgebung zum Betrieb der Steuergräte bereitstellt. Die Steuerung erfolgt über einen Desktop-Rechner.

Neben der rasanten Entwicklung im Antriebsbereich hat die HiL-Simulation auch in anderen Bereichen des Fahrzeugs Einzug gehalten. Hier werden oft die vollständigen Komponenten einem elektronischen Test unterzogen und nicht wie beim Verbrennungsmotor aufgrund des aufwändigen Betriebs im Versuch dieser durch Simulationsmodelle ersetzt.

4.4.2 Automatisierung der Tests

Im Antriebsbereich hat sich die Automatisierung der Tests sehr früh durchgesetzt. Abb. 4.36 zeigt in einer beispielhaften Darstellung die dafür notwendigen Komponenten. Da im Antriebsbereich der Verbrennungsmotor simuliert und nur manche schwer simulierbare elektronische Komponenten (Einspritzventile, Drosselklappen) aufgrund der Komplexität ihrer Simulation als Echtteile integriert werden, können diese Arbeitsplätze kompakt gehalten werden.

Im Wesentlichen steht bei den HiL-Tests der Test der Software auf dem Steuergerät im Fokus, nicht der elektronische oder mechanische Test der Komponenten. Für diese Tests gibt es andere, umfangreiche Testkataloge mit für die Komponenten besonders herausfordernden Umweltbedingungen wie Strom- und Temperaturschwankungen, Vibration oder sogar Salzsprühnebel zur Nachstellung einer Winterfahrt. Dies sind jedoch keine Testfälle für eine Softwarefunktion und stehen damit nicht im Fokus der HiL-Tests. Ein weiterer Fokus für HiL-Prüfstände ist die Prüfung der funktionalen Vernetzung von Steuergeräten auf Softwareebene.

Der Datenaustausch mit dem Applikations-Notebook oder einen andern Rechner zur Einstellung der Parameter für den Test erfolgt über ein spezielles Steuergerät mit einem Emulatortastkopf (ETK). Dieser stellt eine Kopie des Speichers zum Messen und

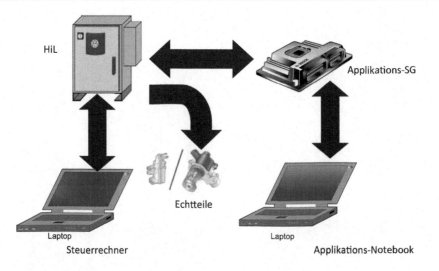

Abb. 4.36 HiL-Simulator im Antriebsbereich

einen Speicherbereich zum schnellen Wechsel von Parametern mittels einer sogenannten Arbeits- und Referenzseite zur Verfügung. Diese können direkt umgeschaltet werden,
um die Unterschiede zwischen zwei Parametersätzen zu ermitteln. Die Technik stammt
aus dem Fahrversuch der Applikation, bei dem man unterschiedliche Parametersätze und
deren Auswirkung auf das Fahrverhalten schnell und direkt vergleichen möchte. Eine de-
taillertere Beschreibung liegt in [3] vor.

Die zu testende Software wird als **Fullpass** auf das Steuergerät aufgebracht, d. h. die
Software wird als Gesamtheit verändert. In frühen Entwicklungsphasen ist es ebenfalls
möglich, nur bestimmte Funktionen auf einem zusätzlichen Simulationsrechner parallel
zum Steuergerät zu rechnen und die Ergebnisse über die ETK-Schnittstelle zur Verfügung
zu stellen. Dies bezeichnet man als **Bypass**. Beide Szenarien werden im Rapid Prototyping
eingesetzt.

Die konkreten Schritte eines beispielhaften automatisierten Betriebs im Zusammenspiel von Applikationssystem, Steuerrechner uns Simulator sind in Abb. 4.37 zu sehen.

Im Rahmen der Automatisierung können nun verschiedene Abläufe von Tests definiert werden. Die Sequenz der Testschritte wird in einer skriptbasierten Beschreibung zur
Steuerung des Simulators abgelegt. Hier kann auch ein automatischer Vergleich der Sollwerte mit den Messwerten implementiert werden, so dass der Tester die Ergebnisse nur
bei Abweichungen manuell bewerten muss. Der Aufwand für die Automatisierung der
Tests ist für jede neu zu entwickelnde Funktion mit einzuplanen. Gut entwickelte Testskripte sind für alle zukünftigen Tests weiter verwendbar, es entsteht eine umfangreiche
Testbibliothek.

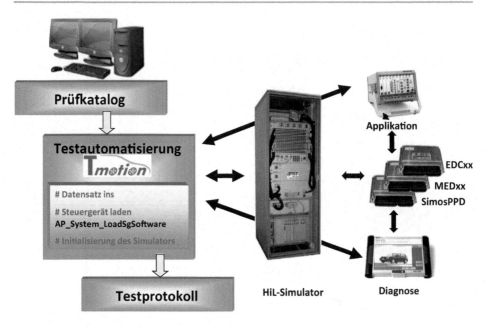

Abb. 4.37 Automatisierte Simulationsschritte

4.5   Zusammenfassung

- Es wurden Beispiele für prominente Softwarefehler und deren Ursachen sowie Auswirkungen vorgestellt.
- Der Fehlerbegriff mit seinen verschieden Ursachen und Möglichkeiten zu deren Auffinden und deren Vermeidung wurde eingeführt.
- Der grundsätzliche Ablauf von Tests, Prüfkriterien, Merkmalsräume und der Unterschied zwischen Verifikation und Validierung wurden präzisiert.
- Als Basis für die Komplexität von Softwaretest wurden Softwaremaße eingeführt, um die Komplexität von Software quantitativ zu beschreiben.
- Es wurden konkrete Testverfahren von der Ebene der reinen Softwaretests über Systemtests bis zu speziellen Testbeispielen aus dem Bereich der Fahrzeugentwicklung vorgestellt.

4.6   Lernkontrollen

4.6.1   Fehlerbegriff

- Nennen Sie mögliche Ursachen von Softwarefehlern.
- Nennen Sie die Prüfkriterien.
- Erläutern Sie den Unterschied zwischen Verifikation und Validierung.

4.6.2 Software-Maße

- Nennen Sie die früher wichtigen Maße für Software.
- Erläutern Sie die zyklomatische Komplexität von Software.
- Was ist der Ansatz von Halstead?

4.6.3 Testverfahren

- Nennen Sie Methoden zur Testfallkonstruktion.
- Nennen Sie kontrollflussorientierte Strukturtestverfahren.
- Beschreiben und bewerten Sie die C0 bis C4 Tests.

Prozessmodellierung

5

In den ersten beiden Kapiteln dieses Buchs lag der Fokus der Darstellung auf den technischen Inhalten für Produkte der Elektronik und Software im Automobil als Grundlage der Fahrzeuginformatik. Zur Realisierung der Technik aus einer Anforderung oder der Produktidee bis in Elektronik und Software ist jedoch ein weiter Weg zu beschreiten, wenn unter den Rahmenbedingungen der Bezahlung einer Kundenfunktion oder der sicherheitsrelevanten Entwicklung die Nachweisführung und der Anspruch nach einer kundentauglichen Qualität im Fokus stehen. Dazu wurde im dritten Teil eine detaillierte generische Vorgehensbeschreibung zur Erstellung von Software im industriellen Umfeld eingeführt, bevor im vierten Teil der Fokus auf dem Test der erstellten Software lag. In diesem Kapitel werden etablierte Modelle für Entwicklungsprozesse und die Reifegrade der Entwicklungsprozesse in Projekten eingeführt und runden damit das Bild der Fahrzeuginformatik im Sinne des Gesamtbegriffes ab.

Zusammenhang der Begriffe Prozessmodellierung und Softwareentwicklung

Die Umsetzung einer Anforderung aus Normen, Gesetzen und Kundenwünschen in ein Produkt ist ein kreativer Prozess der Entwickler. Kreative Prozesse können menschliche Fehler nicht ausschließen, da sie nicht bis ins letzte Detail automatisierbar sind. In diesem Fall wäre der Entwickler durch ein automatisiertes Werkzeug zu ersetzen. Zur Minimierung menschlicher Fehler hat sich in der Praxis gezeigt, dass angemessen standardisierte, vorgegebene und dokumentierte Abläufe hilfreich und notwendig sind, ohne den kreativen Prozess in Bezug auf das Produkt zu weit einzuschränken.

Wie bereits in den Kapiteln zum detaillierten Vorgehen der Softwareentwicklung in Abschn. 3.4 und zum Test in Abschn. 4.3.1 beschrieben, müssen die Leitplanken zur Fehlervermeidung so früh wie möglich gegeben werden. Je früher ein Fehler gefunden oder vermieden wird, desto weniger Kosten entstehen. Im Idealfall findet man Fehler bereits da wo sie entstehen, bevor man in die nächste Phase der Entwicklung oder sogar bereits in den Test des fertigen Produkts einsteigt. Das geschieht wie bereits beschrieben in den konstruktiven, entwicklungsbegleitenden QS-Maßnahmen auf der linken Seite des V-Modells in Form von Codereviews, noch bevor der Code integriert und getestet wird.

In der Automobilindustrie haben sich verschiedene Vorgehen etabliert. Diese Vorgehen beruhen auf einer Arbeitsteilung und Strukturierung von Entwicklungs- und Testphasen, die durch Meilensteine getrennt sind. Die Meilensteine dienen zur Übergabe von Teilergebnissen mit der jeweils zugehörenden Dokumentation, zur Projektverfolgung und letztendlich auch zur frühen Fehlerkorrektur durch das Mehraugenprinzip bei einer Abnahme des Teilschritts durch Reviews. Sie sind eine wichtige Basis für die verteilte Entwicklung und den Test über Teamgrenzen, Standorte, Kulturen oder sogar Unternehmensgrenzen im Rahmen von vergebenen Gewerken hinaus. Reviews gehören durch die Kommunikation und das Hinterfragen von Lösungen zu den besten Methoden, um die aus eingefahrenen Denkweisen entstehenden Fehler zu finden. Gerade hier sind auch fachfremde Mitarbeiter oder (Quer-)Einsteiger in der Einarbeitungsphase sehr sinnvoll ergänzend einzusetzen, da sie auf der einen Seite die Lösungen in Frage stellen und auf der anderen Seite die technischen Inhalte von den Experten erläutert bekommen ohne dafür zusätzliche Zeit in Anspruch zu nehmen.

Auf der anderen Seite kann das stringente Vorgehen und alle dazu gehörenden Methoden, Formalitäten und soweit arbeitsrechtlich zulässig konkreten Anweisungen in einer Granularität vorgegeben werden, die den kreativen Prozess möglicherweise deutlich oder sogar zu weit einschränken. Aus diesem Grund muss entschieden werden, wie weit der kreative Freiraum bei der Umsetzung einer Produktidee oder die formale Nachweisführung im Fokus steht. Weitere Rahmenbedingen sind hier die gegebenenfalls sogar gesellschaftliche Kulturfragen des Unternehmens, die Qualifikation, persönliche Eignung und Neigung der Mitarbeiter für die Aufgaben und sogar betriebliche Rahmenbedingungen sowie gewerkschaftliche Mitbestimmung. Bei aller Technik und Wissenschaft steht hier der Mensch im Fokus – sowohl als Entwickler und Tester als auch Nutzer des Produkts.

Eine Sonderstellung hat die technische Fehlersuche bei unklaren Symptomen, die nur sehr begrenzt durch Leitfäden wie bei einem Telefonsupport unterstützt werden kann. Fehlersuche ist ein höchst kreativer und erfahrungsbasierter Prozess, bei dem auch menschliche Denkmuster im Mehraugenprinzip hinterfragt werden müssen. Da nach dem Auffinden der Fehlerursache aus dem Symptom eines Fehlers der Prozess ab der Korrektur erneut durchlaufen wird, sind hier die formalen Voraussetzungen und der weitere Ablauf der Korrektur durch die eigentliche Prozessbeschreibung gegeben. Dies wird beispielsweise auch durch das zyklische Durchlaufen des Problemlösungsmanagements in Abschn. 3.6.8 festgelegt.

Die im Folgenden gezeigten Prozessmodelle haben teilweise ihren Ursprung in einer sehr akademischen Betrachtung des strukturierten Entwicklungsvorgehens oder in Normen, gegebenenfalls sogar Gesetzen. Sie sind darum oft sehr abstrakt und formal gehalten. Es ist wiederum ein kreativer Prozess, die beschriebenen Modelle auf den eigenen Anwendungsbereich so weit anzupassen, dass die Leitplanken zur Fehlervermeidung und Einhaltung von Normen und Gesetzen sichergestellt werden und dennoch pragmatisch und kreativ entwickelt werden kann. Nach der Vorstellung des Stands der Technik zu relevanten Prozessmodellen folgt ein Beispiel für die pragmatische Umsetzung eines Leitfades normativer Anforderungen und Schlussfolgerungen für das in der Praxis gelebte operative Projektmanagement zur Steuerung der Entwicklungsaktivitäten.

5.1   Der Softwareentwicklungsprozess

In den Anfängen der Softwareentwicklung und bei individuellen Kleinprojekten im privaten oder universitären Bereich der Praktika wird oft ein intuitives Code & Fix-Modell aus Versuch und Irrtum (oder Try and Error) wie in Abb. 5.1 gezeigt angewendet. Der Vorteil ist ein geringer Management-Aufwand, die Nachteile sind jedoch offensichtlich:

- Schlechte Zuverlässigkeit, Wartbarkeit und Übersichtlichkeit des Codes
- Starke individuelle Abhängigkeit vom Programmierer
- Differenzen in der Sichtweise über Funktionsumfang zwischen Entwickler und Anwender
- Keine definierte Erstellung oder Ablage von Dokumentation und Testfällen

Damit ist dieses Vorgehen nur für kleine Projekte und den „Hausgebrauch" oder inhaltsorientierte Projekte im Rahmen von Praktika geeignet. Es dürfen nur der Entwickler und sein direktes Umfeld von den Auswirkungen der Software und der enthaltenen Fehler betroffen sein und er muss sofort sowie selbst in die Korrektur einsteigen oder den Fehler aushalten können.

Professionelle Softwareentwicklung verlangt ein Vorgehensmodell zur Softwareentwicklung. Es entsteht ein Softwareentwicklungsprozess. Dieser dient dazu, die Softwa-

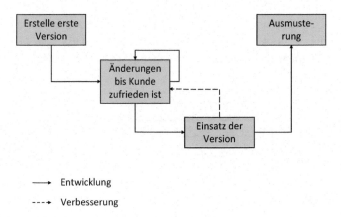

Abb. 5.1 Code & Fix Modell

reentwicklung übersichtlicher zu gestalten, planbar und in ihrer Komplexität beherrschbar zu machen.

Komplexe Software ist nur schwer ohne Leitplanken zu erstellen und zu warten, darum bedienen sich Softwareentwickler gern eines Planes oder Vorgehens zur Entwicklung von Software. Der Plan basiert auf den Erfahrungen vergangener Projekte und unterteilt den Entwicklungsprozess in überschaubare, zeitlich und inhaltlich begrenzte Phasen.

Der eigentliche technische Entwicklungsprozess wird dabei von unterstützenden Prozessen wie dem Projektmanagement und der Qualitätssicherung begleitet. Dies wurde in Kap. 3 im Detail vorgestellt. Vorgehensmodelle unterschiedlicher Detaillierungsgrade spalten einzelne Aktivitäten auf verschiedene Phasen im Entwicklungsprozess auf. Diese werden einmalig oder iterativ durchlaufen. Dabei erfolgt eine Verfeinerung der einzelnen Softwarekomponenten.

Ein Softwareentwicklungsprozess, wie in Abb. 5.2 gezeigt, bildet eine vollständig strukturierte Menge von Aktivitäten ab. Diese sind notwendig, um Benutzeranforderungen (User Requirements) in ein Softwaresystem umzuwandeln. Ein Prozessmodell beschreibt ein systematisiertes, generelles Vorgehen zum Planen und Durchführen von Projekten. Es legt die Reihenfolge des Arbeitsablaufs mit Entwicklungsstufen und Phasenkonzepten und die Strukturierung des Softwaredesigns fest.

Dabei definiert das Prozessmodell

- das Rahmenwerk und feste Meilensteine.
- die Reihenfolge und Teilprodukte der Aktivitäten.
- die Kriterien für die Abnahme der Produkte (Fertigstellungskriterien, Akzeptanzkriterien).
- die Verantwortlichkeiten und Kompetenzen.
- die notwendigen Mitarbeiterqualifikationen.
- die anzuwendenden Standards, Richtlinien und Werkzeuge.

Das Management des Softwarelebenszyklus definiert die Phasen über den gesamten Lebenszyklus einer Software. Das Vorgehensmodell beschreibt dann die Anforderungen an betriebliche Abläufe und definiert die konkreten zu realisierenden technischen und organisatorischen Prozesse, also eine Mischung aus der Analyse der Geschäftsprozesse eines Unternehmens und normativer Vorgabe. Je nach Standardisierungsgrad können

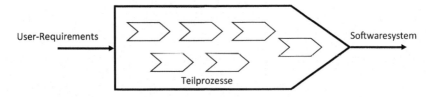

Abb. 5.2 Softwareentwicklungsprozess

verschiedene Reifegrade vergeben werden. Unternehmen können sich diese Reifegrade von externen Stellen im Rahmen von Assessments zertifizieren lassen, wie später in Abschn. 5.12.1 vorgestellt.

Im Folgenden werden klassische, normative und neuere Modelle beschrieben. Es ist zu beachten, dass die Modelle teilweise ineinandergreifen können und je nach Anwendungsfall und Unternehmensorganisation anpassbar sind. Bei den Abbildungen handelt es sich um beispielhafte oder zusammenfassende, abstrahierte Darstellungen frei verfügbarer Quellen.

5.2 Das Wasserfallmodell

Das Wasserfallmodell in Abb. 5.3 ist ein sequenzielles, lineares, nicht iteratives Top-Down Vorgehensmodell, das in aufeinander folgenden Projektphasen organisiert ist. Dabei gehen die Phasenergebnisse wie bei einem Wasserfall immer als bindende Vorgaben für die nächsttiefere Phase mit ein. Jede Aktivität wird in der richtigen Reihenfolge und in vollem Umfang mit einer abgeschlossenen Dokumentation am Ende durchgeführt.

Im Wasserfallmodell hat jede Phase vordefinierte Start- und Endpunkte mit eindeutig definierten Ergebnissen. Das Modell beschreibt einzelne Aktivitäten, die zur Herstellung der Ergebnisse durchzuführen sind. Zu bestimmten Meilensteinen und am jeweiligen Phasenende werden die vorgesehenen Entwicklungsdokumente im Rahmen des Projektmanagements verabschiedet.

Der Name „Wasserfall" stammt aus der häufig gewählten grafischen Darstellung der als Kaskade angeordneten Projektphasen, bei denen das Wasser nur bergab fließen kann. In der betrieblichen Praxis ist es traditionell ein weit verbreitetes Vorgehensmodell, von dem es viele Varianten gibt. Das Wasserfallmodell wird dort vorteilhaft angewendet, wo sich Anforderungen, Leistungen und Abläufe in der Planungsphase relativ präzise beschreiben lassen.

Abb. 5.3 Das Wasserfall-modell

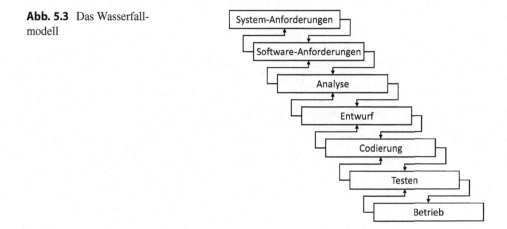

Erweiterungen dieses einfachen Modells (Wasserfallmodell mit Rücksprung) führen iterative Aspekte nur zwischen zwei aufeinanderfolgenden Stufen ein und erlauben ein schrittweises Aufwärtslaufen der Kaskade (rückwärts im Prozess). Ein Abweichen vom strengen Vorgänger-Nachfolger-Prinzip wird auch dann erforderlich, wenn in der aktuellen Phase Handlungsbedarf erkennbar wird. Dieser kann grundsätzlich einer früheren Phase zugeordnet sein. Beispiele sind Anpassungen im Systementwurf oder im Benutzerhandbuch aufgrund von Erkenntnissen beim Testen oder anderweitig gefundenen Abweichungen und Fehlern.

Die Vorteile sind ein extrem einfaches Modell, geringer Managementaufwand und ein disziplinierter, kontrollierbarer und sichtbarer Prozessablauf. Darum ist das Wasserfallmodell sehr verbreitet und im (oberen) Management sehr beliebt. Die Nachteile im Sinne einer komplexen Software- oder Systementwicklung sind die oft nicht sinnvoll machbare strenge Sequenzialität und die geringe Möglichkeit von Feedback. Das späte Erkennen von Problemen und die Benutzerbeteiligung nur bei Anforderungen und im Betrieb sowie die Gefahr einer zu starren Dokumentation passen nicht in die heutigen Anforderungen der Software- und Systementwicklung. Gerade bei der Einführung der Digitalisierung sind iterative, deutlich agilere und stärker kundenorientierte Techniken notwendig.

5.3 Das V-Modell

Das in Abb. 5.4 und 5.5 vorgestellte V-Modell (Vorgehensmodell) strukturiert den Systementwicklungsprozess (linke Seite) und den Testprozess (rechte Seite) in Phasen. Auf der linken Seite wird mit einer funktionalen Spezifikation begonnen, die immer tiefer

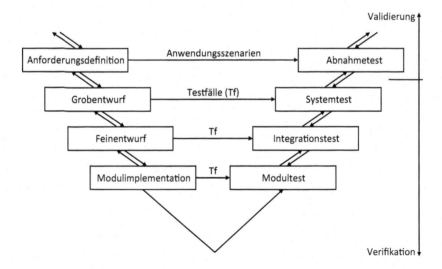

Abb. 5.4 Das V-Modell (technisch)

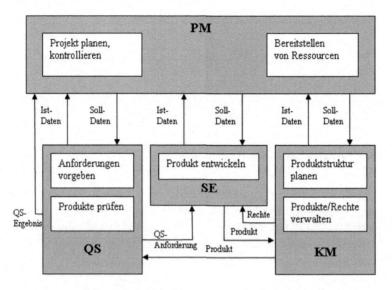

Abb. 5.5 Das V-Modell (organisatorisch)

detailliert zu einer technischen Spezifikation und Implementierungsgrundlage ausgebaut wird. In der Spitze erfolgt die Implementierung, die anschließend auf der rechten Seite gegen die entsprechenden Spezifikationen der linken Seite getestet wird.

Die Phasenergebnisse sind bindende Vorgaben für die nächsttiefere Projektphase. Der linke, nach unten führende Ast für die Spezifizierungsphasen schließt mit der Modulimplementation ab. Beim Überprüfen der Anforderungen validiert man informale Anwendungsszenarien, heute auch oft als Use-Cases oder User-Stories bezeichnet. Das Überprüfen der technischen Spezifikation durch formale Testfälle auf den Ebenen darunter wird als Verifikation bezeichnet.

Wenn im Sinne der iterativen Entwicklung im Test auf den Ebenen der Softwaremodule oder Softwareintegration Fehler gefunden werden, ist es relativ einfach, wieder von der rechten Seite des V-Modells auf die linke Seite zu springen. Die Phasen werden dann erneut durchlaufen, bevor die Integration in das mechatronische System auf höheren Ebenen geschieht.

Das V-Modell erhebt einen Anspruch auf Allgemeingültigkeit und definiert feste Rollen für Managementaufgaben. Es kann als Entwicklungsmodell für ein Gesamtsystem an konkrete Anforderungen angepasst werden und ist in der Ausprägung des V-Modell XT der Standard für Militär- und Bundesbehörden. Es wird in die Submodelle Systemerstellung (SE), Qualitätssicherung (QS), Konfigurationsmanagement (KM) und Projektmanagement (PM) aufgeteilt.

5.4   Anwendungsbezogene Prozessmodelle

Während sich das Wasserfallmodell und das V-Modell auf die gesamte System- oder Softwareentwicklung bis zum Endprodukt beziehen, gibt es etliche Modelle, die sich auf Teilaspekte, eine konkrete Anwendung oder eine Phase der Entwicklungsprozesse beziehen. Einige Beispiele dazu werden im Folgenden gezeigt:

5.4.1   Das Prototypenmodell

Das Ziel des Prototypenmodells, wie in Abb. 5.6 beispielhaft gezeigt, ist ein Ansatz zur Lösung der Probleme bei der unvollständigen Definition von Anforderungen. Es hilft bei der Auswahl alternativer Lösungsmöglichkeiten und bezieht die Anwender in die Entwicklung ein. Die Sicherstellung der Realisierbarkeit und ein frühzeitiges Marketing mit Hilfe der Prototypen werden ermöglicht. Der Ansatz dazu ist die frühzeitige Erstellung von lauffähigen Prototypen für Tests und die Klärung von Problemen. Oft erfolgt eine reine Produktdefinition und dann die Neuentwicklung unter professionellen Serienbedingungen. Frühe Produktversionen können für eine inkrementelle Weiterentwicklung verwendet werden.

Der hauptsächliche Vorteil ist die Reduzierung des Entwicklungsrisikos. Eine sinnvolle Integration in die frühen Phasen anderer Prozessmodelle ist möglich. Durch die schnelle Erstellung von Prototypen durch geeignete Werkzeuge wird eine starke Rückkopplung zwischen Endbenutzern und Herstellern geschaffen. Die dem gegenüberstehenden Nachteile sind ein hoher Entwicklungsaufwand durch die zusätzliche Herstellung von Prototypen, die Gefahr der Umwandlung eines „Wegwerf-Prototypen" zu einem Teil des Endprodukts. Weiterhin können Prototypen fälschlich verwendet werden, um fehlende Dokumentation unangemessen zu ersetzen.

Abb. 5.6 Das Prototypen-
modell

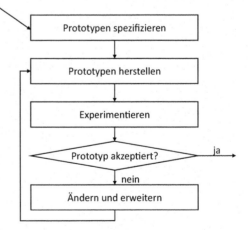

5.4.2   Das evolutionäre Modell

Das ebenfalls beispielhafte evolutionäre Modell in Abb. 5.7 stellt eine Erweiterung des Prototypenmodells dar und dient zur Vermeidung der Implementierung eines Produkts in voller Breite. Die Kernanforderungen des Auftraggebers führen direkt zur „Nullversion", die ausgeliefert wird. Neue Anforderungen an eine neue Version führen zur stufenweisen Entwicklung durch Modelle und die Steuerung durch die Erfahrung der Benutzer. Pflegeaktivitäten sind direkt in den Prozess integriert. Man konzentriert sich auf lauffähige Teilprodukte.

Die Vorteile des evolutionären Modells sind in kurzen Abständen einsatzfähige Produkte für den Auftraggeber, die Integration der Erfahrungen der Anwender in die Entwicklung, eine überschaubare Projektgröße, eine einfach korrigierbare Entwicklungsrichtung und letztendlich keine Ausrichtung auf einen einzigen Endtermin. Die Nachteile sind eventuell komplette Änderungen der Architektur in späteren Versionen und eine mangelnde Flexibilität der Nullversion zur Anpassung an unvorhersehbare Evolutionspfade des Produkts. Es scheint gut geeignet, wenn der Auftraggeber seine Anforderungen noch nicht vollständig analysiert und aufgestellt hat. Das Modell ist in den stringenten Prozessen der Automobilindustrie aktuell allerdings schwer einsetzbar.

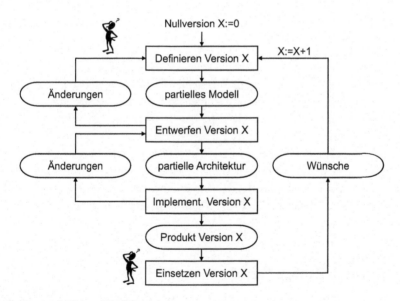

Abb. 5.7   Das evolutionäre Modell

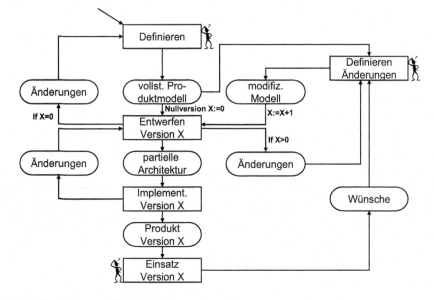

Abb. 5.8 Das inkrementelle Modell

5.4.3 Das inkrementelle Modell

Im inkrementellen Modell erfolgt eine möglichst vollständige Erfassung und Modellierung der Anforderungen an das zu entwickelnde Produkt. Es ist in Abb. 5.8 beispielhaft
gezeigt. Ein einsatzfähiges Produkt in Form eines Prototypen oder sogar Serienprodukts
für den Auftraggeber liegt schon nach kurzer Zeit vor. Die Realisierung der nächsten
Ausbaustufe erfolgt unter Berücksichtigung der Erfahrungen des Auftraggebers mit der
laufenden Version.

Die inkrementellen Erweiterungen passen zum bisherigen System und berücksichtigen
damit die Nachteile des evolutionären Modells. Eine vollständige Spezifikation ist jedoch
nicht immer möglich. Durch die starke Verknüpfung mit objektorientierten Paradigmen
ist die Übertragung auf andere Paradigmen schwierig und der Einsatz in der Automobilindustrie nicht üblich.

5.4.4 Das nebenläufige Modell

Das nebenläufige Modell wie in Abb. 5.9 abstrakt zusammengefasst ermöglicht eine Paral-
lelisierung von ursprünglich sequenziell organisierten Vorgängen. Neben dem Kernsystem
wird bereits an Erweiterungen gearbeitet. Durch eine Minimierung des Improvisierens
und des nicht gerichteten Versuchs und Irrtums wird die Zusammenarbeit der einzelnen
Personengruppen organisatorisch gefördert und damit werden Wartezeiten und Zeitverzö-
gerungen reduziert.

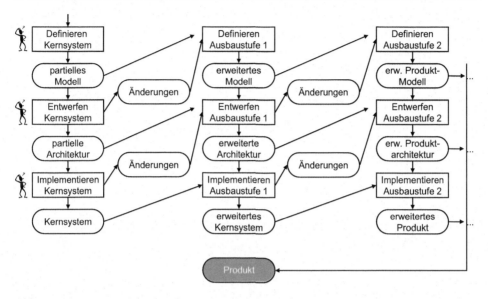

Abb. 5.9 Das nebenläufige Modell

Das Ziel ist die Auslieferung des vollständigen Produktes. Neben der optimalen Zeitausnutzung erfolgen ein frühes Erkennen und ein Vermeiden von Problemen durch Beteiligung aller betroffenen Personengruppen im Mehraugenprinzip. Dabei wird allerdings das ehrgeizige Ziel verfolgt, keine Fehler im Kernsystem zu begehen und es besteht das Risiko, grundlegende Entscheidungen zu spät zu treffen. Durch die parallelen Teams besteht ein hoher Personal- und Planungsaufwand, der die Nebenläufigkeit wirtschaftlich schwer einsetzbar macht.

5.4.5 Das Spiralmodell

Beim abstrahierten einfachen Spiralmodell in Abb. 5.10 handelt es sind um ein Metamodell, bei dem die Risikominimierung als oberstes Ziel gesetzt ist. Es wird keine Trennung von Entwicklung und Wartung vorgenommen. Charakteristisch ist das Durchlaufen von vier zyklischen Schritten für jede Verfeinerungsebene, jede Reife wie Prototyp oder Endprodukt und jedes Teilprodukt. Dabei werden die Ergebnisse des letzten Zyklus als Ziele des nächsten Zyklus verwendet. Bei Bedarf werden separate Spiralzyklen für verschiedene Komponenten aufgesetzt.

Das Modell ist durch die Betrachtung von Alternativen sehr flexibel. Es findet eine regelmäßige Risikoüberprüfung des Prozessablaufs statt, während keine Festlegung auf ein spezielles Prozessmodell erfolgt.

Die frühzeitige Eliminierung von ungeeigneten Alternativen und Fehlern ermöglicht die Bewertung einer hohen Anzahl von Lösungsmöglichkeiten, führt jedoch zu einem

Abb. 5.10 Das Spiralmodell

hohen Managementaufwand. Es ist damit für kleine und mittlere Projekte weniger gut
geeignet.

5.5 Zusammenfassung der klassischen Prozessmodelle

In der Übersicht in Abb. 5.11 ist eine Zusammenfassung der klassischen Prozessmodelle
mit ihrem jeweiligen Fokus gegeben.

In der klassischen iterativen Systementwicklung der Automobilindustrie wird im Wesentlichen eine Anpassung des V-Modells verwendet, bei der die für Behörden und
den Bund spezifischen Aspekte durch eigene Methoden ersetzt werden. Diese werden

Prozess-Modell	Primäres Ziel	Antreibendes Moment	Benutzer-beteiligung	Charakteristika
Wasserfall-Modell	minimaler Manage-mentaufwand	Dokumente	gering	sequentiell, volle Breite
V-Modell	maximale Qualität (*safe-to-market*)	Dokumente	gering	sequentiell, volle Breite, Validation, Verifikation
Prototypen-Modell	Risikominimierung	Code	hoch	nur Teilsysteme
Evolutionä-res Modell	minimale Entwicklungszeit (*fast-to-market*)	Code	mittel	nur Kernsystem
Inkrementel-les Modell	minimale Entwicklungszeit Risikomimimierung	Code	mittel	volle Definition, dann zunächst nur Kernsystem
Nebenläufi-ges Modell	minimale Entwicklungszeit	Zeit	hoch	volle Breite, nebenläufig
Spiral-Modell	Risikominimierung	Risiko	mittel	Entscheidung pro Zyklus über weiteres Vorgehen

Abb. 5.11 Übersicht der klassischen Prozessmodelle

durch Prozesse und Methoden aus dem Bereich der Reifegrade und der sicherheits-relevanten Entwicklung ergänzt. Die konkreten Schritte in der Softwareentwicklung wurden in Abschn. 3.4 beschrieben. Jedes wirtschaftliche Unternehmen wird allgemeine Prozessvorgaben an seine Rahmenbedingungen anpassen und damit ein Optimum aus Prozesskonformität, Geschäftsprozessen und Entwicklungspraxis anstreben.

5.6 Alternativen zu klassischen Prozessmodellen

Neben den bisher erläuterten klassischen Prozessmodellen, die sich in der Automobil-industrie zumindest in angepassten Varianten für spezifische Anwendungsbereiche und Projektphasen etabliert haben, werden im folgenden weitere Prozessmodelle vorgestellt. Diese können in Bereichen wie der Entwicklung von IT-Infrastruktur oder ergänzend eingesetzt werden. Sie sind oft für die reine Entwicklung von Software gut geeignet, berücksichtigen jedoch nur eingeschränkt die spezifischen Anforderungen an die Entwick-lung mechatronischer Systeme.

5.6.1 Rational Unified Process

Der Rational Unified Process (RUP) ist ein kommerzielles Produkt der Firma Rational Software, die seit den Jahr 2003 ein Teil des IBM-Konzerns ist. Es beinhaltet sowohl ein Vorgehensmodell zur Softwareentwicklung als auch die dazugehörigen Softwareentwick-lungswerkzeuge. Dieses Prozessmodell berücksichtigt statische Aspekte wie Workflows und Disziplinen sowie dynamische Aspekte wie Phasen. Es handelt sich um ein inkre-mentelles, iteratives Vorgehen, das als Notationssprache die Unified Modeling Language (UML) benutzt. Der Rational Unified Process in Abb. 5.12 umfasst sechs so genannte Best Practices:

1. Iterative Softwareentwicklung
2. Anforderungsmanagement
3. Verwendung komponentenbasierter Architekturen
4. Visuelle Softwaremodellierung
5. Überprüfung der Softwarequalität
6. Kontrolle der Softwareänderungen

Die grundlegenden Arbeitsschritte des Rational Unified Process sind die folgenden Kernarbeitsschritte:

- Geschäftsprozessmodellierung (Business Modeling)
- Anforderungsanalyse (Requirements)
- Analyse & Design (Analysis & Design)

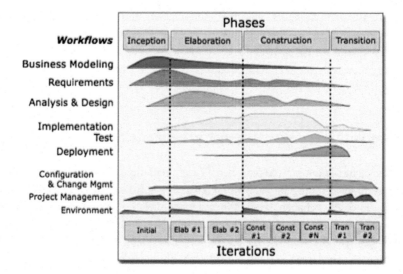

Abb. 5.12 Rational Unified Process

- Implementierung (Implementation)
- Test (Test)
- Auslieferung (Deployment)

Die Unterstützung der Kernprozesse erfolgt durch die Arbeitsschritte:

- Konfigurations- und Änderungsmanagement (Configuration & Change Management)
- Projektmanagement (Project Management)
- Infrastruktur (Environment)

Im zeitlichen Ablauf wird in der Startphase (Inception) ein Workflow initiiert und damit der Projektumfang festgelegt. In der anschließenden Ausarbeitungsphase (Elaboration) findet die Entwicklung im Workflow statt, die umsetzbare Architektur wird entwickelt. In der Konstruktionsphase (Construction) finden Ausarbeitungen im Workflow statt und die Funktionalitäten werden in der Architektur hinzugefügt. In der Überführungsphase (Transition) wird die Software in die Nutzerumgebung überführt.

Der Rational Unified Process gilt als Ausgangspunkt für die später vorgestellten agilen Modelle. Er ist sehr umfangreich aber wenig konkret. Er verursacht in der Praxis einen hohen Aufwand für die Herleitung eines individuellen, konkreten Projektleitfadens und ist dafür zu allgemein oder zu generisch: Die Modelle beschreiben jede denkbare Rolle, jedes mögliche Artefakt, jede denkbare Aufgabe, jeden denkbaren Workflow und können jedes Softwareprojekt beliebiger Größe erreichen. Damit entsteht sehr viel Aufwand in der Anwendung für kleine oder spezifische Projekte.

5.6.2 Extreme Programming

Die Methode des Extreme Programming (XP) stellt das Lösen einer Programmieraufgabe in den Vordergrund und legt dabei wenig Wert auf einen formalisierten Ablauf. Diese Vorgehensweise definiert ein Vorgehensmodell der Softwaretechnik, das sich den Anforderungen des Kunden in kleinen Schritten annähert.

Beim in Abb. 5.13 gezeigten Ablauf des Extreme Programming handelt es sich um die Darstellung eins Vorgehensmodells, das als leichtgewichtig und wenig formal gilt. Die Abgrenzung zu den heute im Fokus stehenden agilen Methoden folgt in Abschn. 5.14. Der Programmierer steht im Mittelpunkt (Zuhören, Design, Code, Test) und reagiert auf sich ändernde Anforderungen. Daher muss das Projektmanagement sehr flexibel gehalten werden. Dies geschieht durch kurze Iterationen, ständige Integration, inkrementelle Veränderung, häufige Komponenten- und Akzeptanztests sowie Kommentare im Code statt der Erstellung von Dokumenten. Damit ist es für kleine Projekte mit guter Kommunikation der Programmierer und Nutzer gut geeignet.

Der wesentliche Nachteil im Sinne der Automobilindustrie ist der Aspekt, dass die technische Dokumentation lediglich Teil des Codes ist. Das Verfahren ist teilweise nicht intuitiv. Build und Test sind nicht kurzfristig möglich, damit ist es nur für kleine, sehr ausgewählte Teamgrößen geeignet. Die Entwicklung und Freigabe eines vollständig mittels Extreme Programming erstellten komplexen Gesamtsystems erscheint im aktuellen Zusammenhang der Automobilindustrie schwierig.

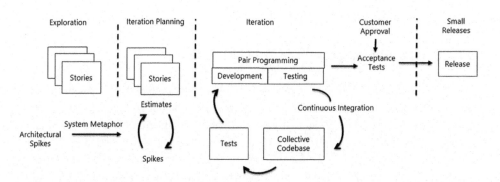

Abb. 5.13 Extreme Programming: Copyright by Don Wells

5.6.3   ROPES

Das Prozessmodell Rapid Object-Oriented Process for Embedded Systems ROPES wird für die Entwicklung allgemeiner eingebetteter Systeme verwendet und basiert auf der Notation in Real-Time UML. Es unterteilt einen iterativen Entwicklungszyklus in vier Aktivitäten:

- **Analysis**
  Diese Aktivität dient zur Identifikation wichtiger Charakteristika einer möglichen, korrekten Lösung zu den Kundenanforderungen.
- **Design**
  Hier werden die Lösungen für die Analyseartefakte bestimmt, die zu einer speziellen Lösung führen und auf Basis bestimmter Kriterien korrekt sind.
- **Translation**
  Mit Translation wird die Erzeugung eines ausführbaren Dokuments, d. h. letztendlich eines abstrakten Prototypen der Software bezeichnet.
- **Testing**
  Darunter fällt die Verifikation und Validierung des in der Translationsaktivität entstandenen Dokuments. Es wird sowohl die Korrektheit gegenüber dem Design-Object-Modell als auch die Vollständigkeit gegenüber den Anforderungen getestet.

Bei ROPES sind Use-Cases nicht immer zur Anforderungsspezifikation im Sinne eines vollständigen Produkts ausreichend. Es ist ein sehr allgemeines Entwicklungsmodell und muss für das jeweilige Projekt angepasst und verfeinert werden. Durch die Allgemeinheit sind Abschätzungen für Planungen nur schwer möglich und die Verfolgbarkeit zwischen den im Prozess entstandenen Produkten ist komplex.

5.7   Einsatz der vorgestellten Prozessmodelle

Das Wasserfallmodell ist aufgrund der klaren Dokumentation und der planbaren Arbeitsweise im Projektmanagement sehr beliebt. Es ist ein etablierter Stand der Technik in großen Unternehmen. Das V-Modell ist ein offizieller Standard sowohl im öffentlichen als auch im militärischen Bereich. Es folgen Banken, Versicherungen und auch die Automobilindustrie, die das Modell an ihre Bedürfnisse anpassen.

Mit dem nebenläufigen Modell gibt es bisher wenig Erfahrung in der Automobilindustrie. Beim Spiralmodell ist das Wissen über das Management und das Identifizieren von Risiken noch nicht weit verbreitet. Der Rational Unified Process RUP ist ein Basis-Ansatz im agilen Umfeld, während viele technisch orientierte Entwickler mit dem Extreme Programming XP sympathisieren. Hier steht das Produkt im Fokus.

Prozesse helfen bei der Softwareentwicklung und die zugehörigen Modelle können teilweise gemischt eingesetzt werden, da sie lediglich die abstrakte Darstellung eines konkreten Vorgehens oder Geschäftsprozesses sind. Die jeweilige Organisationseinheit, die Situation, das Produkt und die Problemstellung erfordern ein angepasstes Prozessmodell. Dennoch sind Prozessmodelle kein Dogma. Oft besteht eine Diskrepanz zwischen Theorie und Praxis, in der keine pauschale Lösung des Widerspruchs „Informales gegen Formales" existiert. Die Beseitigung der „essentiellen Komplexität" ist aufgrund der technisch komplexen Produkte und Unternehmensstrukturen kaum möglich. Firmen adaptieren die Modelle an ihre Bedürfnisse und Rahmenbedingungen, werden aber durch die schwer vermittelbare Akzeptanz ständig wechselnder Methoden und Mehrarbeit bei der Verwendung schlechter oder fehlender Werkzeuge herausgefordert und müssen individuelle Lösungen finden.

5.8 Verbesserung von Entwicklungsprozessen: Reifegrade

Eine Möglichkeit zur Verbesserung von Entwicklungsprozessen sind sogenannte Reifegradmodelle (Maturity Models). Reifegradmodelle sind Modelle zur Bewertung und Verbesserung von Prozessen, ermöglichen einen Vergleich mit anderen Unternehmen und erleichtern die Auswahl von Geschäftspartnern.

Reifegradmodelle erhöhen die Kundenzufriedenheit, führen zur Kostensenkung und einer Verkürzung der Entwicklungszeiten durch bessere, planbare Termintreue. Die Erfüllung der Vorgaben seitens des Kunden, des Auftraggebers und des Gesetzgebers wird sichergestellt. Die Verwendung von Reifegradmodellen ist Stand der Technik in der Automobilindustrie. Im Folgenden werden verschiedene Reifegradmodelle eingeführt.

5.9 CMMI

Das Capability Maturity Model Integration CMMI ist eine Weiterentwicklung des Qualitätsmanagementmodells Capability Maturity Model (CMM) der Carnegie Mellon University (Software Engineering Institute) [19].

Es enthält mehrere Referenzmodelle für unterschiedliche Anwendungsgebiete, nämlich die Produktentwicklung, den Produkteinkauf und die Serviceerbringung. CMMI ist eine systematische Aufbereitung bewährter Praktiken, um die Verbesserung einer gesamten Organisation zu unterstützen. Es kann genutzt werden, um einen Überblick über bewährte Praktiken (z. B. bei der Softwareentwicklung) zu bekommen, die Stärken und Schwächen einer Organisation objektiv zu analysieren oder konkrete Verbesserungsmaßnahmen zu bestimmen und in eine sinnvolle Reihenfolge zu bringen.

CMMI ist eine Methode, um die Arbeit einer Organisation zu verbessern. Offizielle Überprüfungen (Assessments) eines Reifegrades sind zusätzlich eine in der Industrie anerkannte Einstufung der geprüften Organisation. CMMI wird deshalb häufig auch als Reifegradmodell bezeichnet, obwohl die Reifegrade nur ein Aspekt unter vielen von CMMI sind.

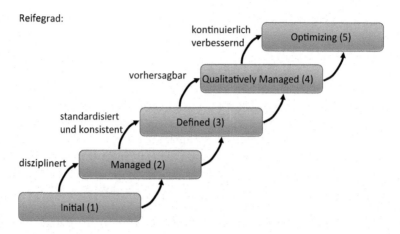

Abb. 5.14 Reifegrade der Organisation

Alle CMMI-Modelle haben die gleiche Struktur und einen gemeinsamen inhaltlichen Kern. Aktuell gibt es drei veröffentlichte CMMI-Modelle.

- **CMMI for Development**
  Aus den Spezialformen des CMM für Software, Softwareengineering und Integrated Product Development ist das CMMI for Development (CMMI-DEV) entstanden. Es unterstützt die Verbesserung von Organisationen, die Software, Systeme oder Hardware entwickeln und ist damit im Fokus für die Fahrzeuginformatik.
- **CMMI for Acquisition**
  Darüber hinaus unterstützt das CMMI for Acquisition (CMMI-ACQ) die Verbesserung von Organisationen, die Software, Systeme oder Hardware einkaufen, aber nicht selbst entwickeln. Hier steht das Lieferantenmanagement im Fokus.
- **CMMI for Services**
  Das „CMMI for Services" (CMMI-SVC) unterstützt die Verbesserung von Organisationen, die Dienstleistungen erbringen.

Aus der Ausgangsfrage nach der Reife einer gesamten Organisation oder eines Unternehmens wird auf die Reife ihrer Softwareengineering-Prozesse geschlossen. Man geht davon aus, dass alle Projekte der Organisation mit diesem Reifegrad entwickelt werden. Es erfolgt eine Definition von fünf Stufen, um die Reife einer Organisation zu bewerten. Diese sind in Abb. 5.14 gezeigt.

5.9.1 Reifegrade in CMMI

Die gezeigten Reifegrade für die Arbeitsweise des bewerteten Unternehmens sind wie folgt definiert und können konkret verwendet werden, um Rückschlüsse auf das mit diesen Prozessen erstellte Produkt, d. h. die Software zu ziehen. Darüber hinaus ergeben sich Informationen über die Eigenschaften des Produkts und der Organisation, die bei einem reinen Ersteinsatz von Prototypen nicht sichtbar sind und bei der späteren Zusammenarbeit bei der Entwicklung und Wartung des Endprodukts zum Tragen kommen können.

- **Reifegrad 5 „Optimizing"**
  Die Defektverhütung erfolgt statisch. Es liegt ein Effizienzbeweis durch Prozess-, Technologie- und Änderungsmanagement vor.
- **Reifegrad 4 „Quantitatively Managed"** (alter Name: „Managed")
  Das Software Qualitäts- und Prozessmanagement werden gelebt. Die Produktivitäts- und Qualitätsmessungen werden auf Basis von Softwaremetriken durchgeführt. Diese werden zur Prozesssteuerung verwendet.
- **Reifegrad 3 „Defined"**
  Die Definition und Dokumentation technischer Prozesse und Managementprozesse ist erfolgt und nachvollziehbar. Es gibt eine Teamkoordination und Ausbildungsprogramme.
- **Reifegrad 2 „Managed"** (alter Name: „Repeatable")
  Das Projektmanagement erfolgt durch Planen und Schätzen von Aufwänden und Ressourcen. Die Qualitätssicherung, Spezifikationen, Änderungs- und Konfigurationsmanagement sind eingeführt und werden gelebt.
- **Reifegrad 1 „Initial"**
  Die Softwareprozesse werden ad-hoc durchgeführt. Es liegt keine Planung vor. Entwicklungsergebnisse für Software oder andere Produkte sind nicht vorhersehbar.

Die Reifegrade spiegeln die aktuelle Situation der Organisation wieder. Das Ziel ist die Erhöhung der Qualität und Produktivität sowie die Reduktion des Risikos durch Planbarkeit. Das Verfahren dazu ist die sukzessive Einführung der stufenorientierten Verfahren von „Initial" bis „Optimizing" über die genannten Zwischenstufen.

5.9.2 Prozessgebiete

Die Einordnung der aktuellen Prozessreife („maturity") anhand von 18 Prozessgebieten („Key Process Areas", KPAs) in Abb. 5.15 erfolgt durch die Feststellung mittels eines fragebogenbasierten Assessments im Unternehmen, dessen konkreter Ablauf später beschrieben wird. Basierend auf dem Ergebnis des Assessments und der Zielsetzung des Unternehmens werden strukturierte Handlungsempfehlungen entsprechend der aktuellen und zu erreichenden Prozessreife gegeben. Diese gliedern sich in die Prozessgebiete zur Bestimmung der Verbesserungen, auf die sich die Organisation konzentrieren soll.

Ein Prozessgebiet ist eine Zusammenfassung von Praktiken, um bei der Implementierung eine Reihe von Zielen zu erfüllen. Für jeden Reifegrad gibt es Prozessgebiete. Diese Prozessgebiete definieren Ziele. Wenn die Ziele erreicht sind, ist das Prozessgebiet

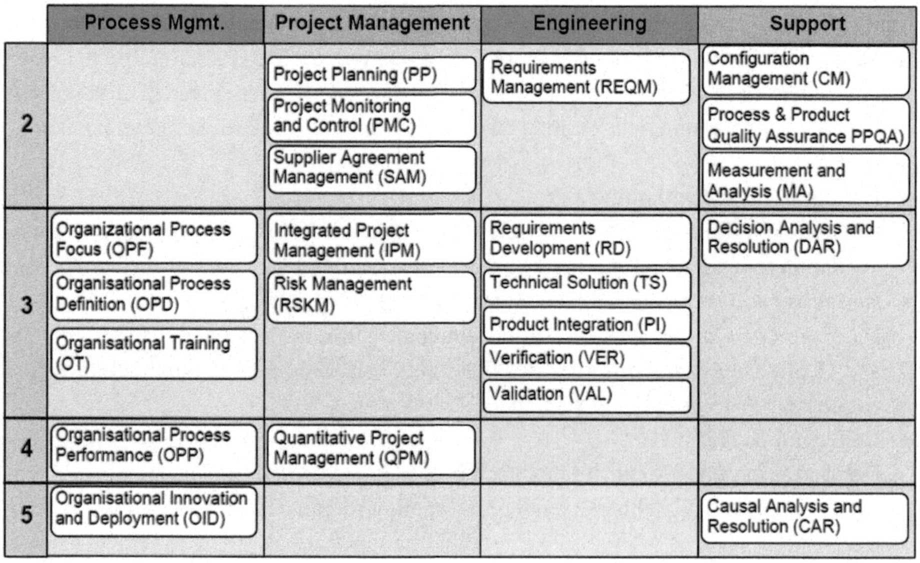

	Process Mgmt.	Project Management	Engineering	Support
2		Project Planning (PP)	Requirements Management (REQM)	Configuration Management (CM)
		Project Monitoring and Control (PMC)		Process & Product Quality Assurance PPQA)
		Supplier Agreement Management (SAM)		Measurement and Analysis (MA)
3	Organizational Process Focus (OPF)	Integrated Project Management (IPM)	Requirements Development (RD)	Decision Analysis and Resolution (DAR)
	Organisational Process Definition (OPD)	Risk Management (RSKM)	Technical Solution (TS)	
	Organisational Training (OT)		Product Integration (PI)	
			Verification (VER)	
			Validation (VAL)	
4	Organisational Process Performance (OPP)	Quantitative Project Management (QPM)		
5	Organisational Innovation and Deployment (OID)			Causal Analysis and Resolution (CAR)

Abb. 5.15 Key Process Areas im CMMI. (CMMI [19])

abgedeckt und der entsprechende Level erreicht. Die Ziele werden durch die Schlüssel-
praktiken (Key Process Areas) beschrieben.

5.9.3 Spezifische und generische Ziele

Man unterscheidet im CMMI zwischen spezifischen und generischen Zielen. Spezifische
Ziele gelten nur für ein bestimmtes Prozessgebiet in Abb. 5.16 und beschreiben eine bestimmte Charakteristik, die erfüllt werden muss. Wenn ein spezifisches Ziel nicht erreicht
wurde, ist das gesamte Prozessgebiet nicht erfüllt. Generische Ziele sind auf alle Prozessgebiete anwendbar. Sie sind Maßnahmen zur Institutionalisierung von Prozessen.

Als Beispiel für ein Prozessgebiet soll hier das Software Konfigurationsmanagement
dienen. Es ist eine Voraussetzung für den Level 2 im CMMI. Die Ziele sind im Einzelnen
aufgezeigt.

- Die Aktivitäten des Software Konfigurationsmanagements sind geplant.
- Ausgewählte Softwarearbeitsprodukte sind identifizierbar, kontrolliert und verfügbar.
- Änderungen an identifizierten Softwarearbeitsprodukten sind kontrolliert.
- Betroffene Gruppen und Individuen sind über den Status und den Inhalt der Software-
  Baseline (Grundlinie im Sinne des Konfigurationsmanagements) informiert.

Die Fähigkeitsgrade (Capability Levels) in Abb. 5.17 bewerten die Erfüllung eines Pro-
zessgebietes (PG) anhand von spezifischen und generischen Praktiken. Sie machen einen

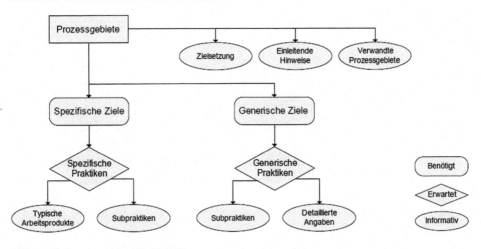

Abb. 5.16 Prozessgebiete im CMMI

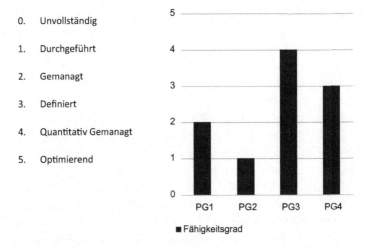

Abb. 5.17 Fähigkeitsgrade unterschiedlicher Prozessgruppen

Prozess gegenüber den Prozessgebieten messbar. Höhere Fähigkeitsgrade beinhalten immer auch die Praktiken der darunter liegenden Stufen.

5.9.4 Zertifizierung der Organisation

Einer Organisation wird im Assessment eine bestimmte Reifegradstufe nach CMM(I) attestiert, wenn alle Prozessgebiete von der Organisation beherrscht werden, die zu den Reifegradstufen 1 bis inklusive der erreichten Stufe gehören und auch einen Fähigkeitsgrad von mindestens dieser Stufe erreichen. Solche Zertifizierungen sind langwierig und teuer, und im Wesentlichen nur für große Organisationen geeignet, die eigenes Personal für diese Aktivitäten bereitstellen.

Die Zertifizierung erfolgt im Rahmen von Assessments aller Projekte der Organisation. Man rechnet ca. 2–3 Jahre, um von einer Reifegradstufe in die nächste, darüber liegende Reifegradstufe zu gelangen. Auch der Erhalt einer Stufe ist mit Aufwand durch die Pflege der Prozesse einer lebenden Organisation und deren Dokumentation verbunden.

Für die Assessments werden unabhängige, für CMMI akkreditierte Prüfer beauftragt. Da dieses Verfahren und die reine Expertise der Prüfer mit Kosten verbunden sind, sind diese durch das beauftragende Unternehmen zu tragen, das das Zertifikat braucht. Die Bezahlung des Assessments und damit der Gutachter hat keinen Einfluss auf das Ergebnis des Assessments. Dafür sorgt die regelmäßige Akkreditierung der Prüfer.

5.10   SPICE

Da der Reifegrad zur Durchführung eines einzelnen Softwareprojekts nicht von der Prozessfähigkeit der gesamten Organisation abhängen muss, gibt es Reifegradmodelle zur Bewertung einzelner Projekte der Organisation. Die Rückschlüsse auf die Prozessfähigkeit in Bezug auf ein zukünftiges Projekt erfolgen dann auf Basis eines vergleichbaren Projekts der Vergangenheit.

Ein prominentes Reifegradmodell ist das „**Software Process Improvement & Capability dEtermination**" **SPICE**. SPICE war ursprünglich eine europäische Initiative auf Basis von CMM(I) und der ISO, wird heute aber weltweit vorangetrieben und in der ISO 15504 [18] laufend aktualisiert. Die wesentlichen Grundsätze und speziell das zentrale Thema der Assessments sind in [5] erläutert.

SPICE ist seit dem Jahr 1998 als ISO 15504 verfügbar. Es ist ein Modell für das Assessment von Softwareprozessen. Die Verbesserung der Prozesse (Improvement) und Bestimmung des Prozessreifegrades (Capability Determination) stehen im Vordergrund. SPICE stellt eine Integration und Vereinheitlichung vorhandener Ansätze wie ISO 9000 und CMM(I) dar.

Es gibt eine starke Anlehnung an CMM in Inhalt, Struktur und Bezeichnung spezifischer Aspekte. Die Bewertung einzelner Prozesse ist individuell unabhängig von anderen Prozessen. Es kann zur Bewertung der eigenen Softwareentwicklung oder Bewertung anderer Unternehmen zur Auswahl geeigneter Lieferanten verwendet werden.

5.10.1   Referenz- und Assessmentmodell

Die in Abb. 5.18 gezeigten Prozess-Assessments bilden den Mittelpunkt von SPICE. Sie dienen zur Bestimmung des Reifegrades der Prozesse im Projekt und dem Aufzeigen von Prozessverbesserungen durch geeignete Modifikation der Prozesse nach Empfehlungen

Prozess - Assessments

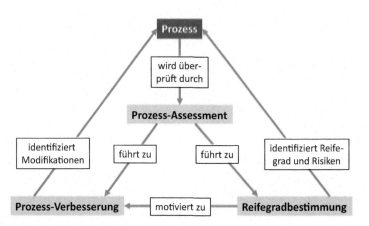

Abb. 5.18 Prozess-Assessments in SPICE

aus den Assessments. Die Assessments werden anhand des SPICE-Referenz- und Assessmentmodells in Abb. 5.19 durchgeführt.

Das Referenz- und Assessmentmodell ist ein zweidimensionales Modell zur Durchführung der Prozessassessments. In der Prozessdimension ist die Vollständigkeit von Prozessen durch grundlegende Aktivitäten (base practices) und Arbeitsprodukte (work products) gekennzeichnet. Die Reifegraddimension bestimmt die Leistungsfähigkeit von Prozessen. Sie ist in Managementaktivitäten (management practices) sowie Ressourcen- und Infrastrukturcharakteristika unterteilt.

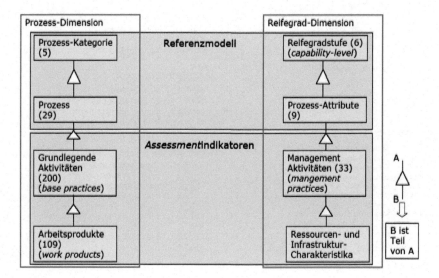

Abb. 5.19 Referenz- und Assessmentmodell in SPICE

5.10.2 Prozessdimension

In der Prozessdimension wird jeder der heute definierten 29 Prozesse einer von fünf Prozesskategorien in Abb. 5.20 zugeordnet. In den grundlegenden Aktivitäten (base practices) erfolgt die detaillierte Beschreibung der Prozesse durch aktuell 200 definierte grundlegende Aktivitäten, die die Aufgaben festlegen, um das Prozessziel zu erreichen. Die Arbeitsprodukte (work products) sind eine Beschreibung von 109 Ein- und Ausgabeprodukten mit ihren Charakteristika, die jedem Prozess zugeordnet sind. Die fünf Prozesskategorien gliedern sich wie folgt:

1. **Kunden-Lieferanden-Prozesskategorie (Customer-Supplier process category)**
   Prozesse, die unmittelbar den Kunden betreffen, wie Vertragsgestaltung, Anforderungen, Software-Akquisition, Kundenbetreuung, Software-Lieferung, Abnahme und Monitoring sowie Kundendienst.
2. **Entwicklungsprozess-Kategorie (Engineering process category)**
   Prozesse, die dazu dienen, ein Softwareprodukt zu definieren, zu entwerfen, zu implementieren und zu warten. Dazu gehören die Analyse und die Spezifikation von Anforderungen, die Implementierung, der Test und die Wartung.
3. **Unterstützende Prozesse (Support process category)**
   Prozesse, die andere Prozesse in einem Projekt unterstützen beziehungsweise ermöglichen, z. B. Dokumentation, Konfigurationsmanagement und Qualitätssicherung.

Abb. 5.20 Prozesskategorien in SPICE. (dpunkt [5])

4. Managementprozess-Kategorie (Management process category)
Prozesse, die notwendig sind, um Softwareprojekte zu planen, zu steuern und zu kontrollieren, z. B. Projektmanagement, Anforderungsmanagement, Qualitätsmanagement, Risikomanagement und Lieferantenmanagement.

5. Organisationsprozess-Kategorie (Organization process category)
Prozesse, die es ermöglichen, Unternehmensziele zu definieren und durch Bereitstellung von Ressourcen zu erreichen, z. B. Prozessdefinition, Prozessverbesserung, Personalmanagement sowie die Bereitstellung einer CASE-Umgebung mit Entwicklungsumgebung und Toolunterstützung.

5.10.3   Beispiel zur Prozessdimension:

Im Folgenden ist ein Beispiel zur Ausgestaltung der Prozessdimension für den Prozess Eng 1.7 – Integriere und teste Software – gezeigt. Dabei werden die grundlegenden Aktivitäten oder Basisaktivitäten (base practices) und Arbeitsprodukte (work products) detailliert.

- **Prozess-Kategorie**
  Entwicklungsprozess-Kategorie (Engineering).
- **Aufgabe des Prozesses**
  Integration von Softwareeinheiten mit anderer produzierter Software, um die Softwareanforderungen zu erfüllen.
- **Durchführung**
  Durchführung des Prozesses im Team oder durch Einzelne.
- **Beschreibung des Prozesses** durch sieben grundlegende Aktivitäten (base practices)
  1. Ermittle eine Regressionsteststrategie.
  2. Bilde Aggregate von Softwareeinheiten.
  3. Entwickle Tests für die Aggregate.
  4. Teste die Software-Aggregate.
  5. Integriere die Software-Aggregate.
  6. Entwickle Tests für die Software.
  7. Teste die integrierte Software.

Die zugehörigen Arbeitsprodukte (work products) werden nach Eingabeprodukten und Ausgabeprodukten strukturiert.

Eingabeprodukte

- Systemanforderungen
- Softwareanforderungen
- Wartungsanforderungen

- Änderungskontrolle
- Softwareentwurf
- Architekturentwurf
- Implementierungsentwurf
- Softwareeinheiten (Code)
- Releaseplan

Ausgabeprodukte

- Regressionsteststrategie
- Traceability-Aufzeichnung
- Integrationsteststrategie
- Integrationstestplan
- Integrationstestskript
- Softwaretestskript
- Testfälle
- Testergebnisse
- Integrierte Software

5.10.4   Reifegraddimension und Reifegradstufen

In der Reifegraddimension dienen die Reifegradstufen in Abb. 5.21 zur Beschreibung der Leistungsfähigkeit der in der Prozessdimension beschriebenen Prozesse. Es werden Hinweise für Prozessverbesserungen in den Beschreibungen des jeweils nächsthöheren Reifegrads gegeben. Der Unterschied zu CMM und CMMI besteht in der Beurteilung von einzelnen Prozessen mittels der Reifegradstufen, nicht von ganzen Unternehmen.

In SPICE erfolgt eine Unterscheidung zwischen 6 Reifegradstufen.

- **Stufe 0 „unvollständig"**
  Die Prozesse, deren base practices nicht korrekt durchgeführt werden und deren Durchführung aus Mangel an work products nicht überprüft werden kann.
- **Stufe 1 „durchgeführt"**
  Die Prozesse, deren Verlauf nicht konsequent beobachtet wird und in denen die Realisierung der base practices nicht gründlich geplant ist.
- **Stufe 2 „gesteuert"**
  Die Durchführung des Prozesses wird geplant und überprüft. Ressourcen, Verantwortlichkeiten und Werkzeuge zur Unterstützung des Prozesses werden für jedes Projekt geplant; Projektziele werden präzise definiert.
- **Stufe 3 „definiert"**
  Die Organisation verfügt über einen Standardprozess. Die Dokumentation des Prozesses enthält Aufgaben, Inputs, Outputs, Anfangs- und Beendigungskriterien sowie Kriterien für die Beurteilung des Erreichens der Prozessziele.

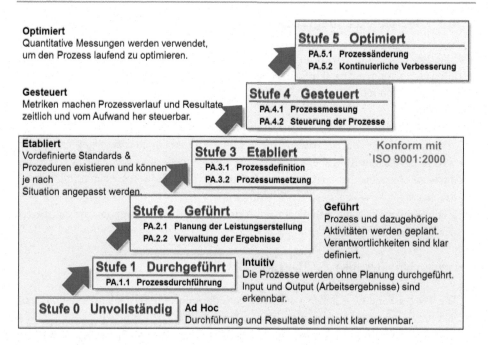

Abb. 5.21 Reifegradstufen in SPICE. (dpunkt [5])

- **Stufe 4 „vorhersagbar"**
  Die Qualitätsziele und Prioritäten des Kunden sowie Projektbedürfnisse werden an den Prozess gebunden. Es erfolgt eine Kontrolle, inwieweit die Ziele erfüllt werden.
- **Stufe 5 „optimiert"**
  Es erfolgt eine kontinuierliche Verbesserung des Standardprozesses, um die Leistungsfähigkeit und Effektivität des Prozesses zu erhöhen. Neue Prozessziele werden aus Businesszielen der Organisation hergeleitet.

Die Prozessattribute dienen zur Beurteilung der Leistungsfähigkeit der Prozesse durch neun Prozessattribute für das Beispiel ENG.1 (Requirements). Er erfolgt eine Zuordnung jedes Prozessattributes zu genau einer Reifegradstufe. Prozessattribute repräsentieren eine messbare Charakteristik jedes Prozesses. Weiterhin erfolgt eine Zuordnung von Managementaktivitäten zu jedem Prozessattribut, um zu überprüfen, inwieweit die Prozessattribute durch einen Prozess erfüllt werden. Die Bewertung jedes einzelnen Prozessattributs erfolgt anhand einer vierstufigen Skala.

1. vollständig erfüllt
2. weitgehend erfüllt
3. teilweise erfüllt
4. nicht erfüllt

5.10.5   Beispiel zu Reifegraddimensionen:

Für die Reifegradstufe 1 wird im Beispiel beschrieben, wie die Prozessattribute konkret erfüllt werden können. Der Wortlaut ist aus in der Praxis angewendeten Assessment-Leitfäden [5] übernommen.

- **Prozess-Attribut PA 1.1** „Prozessdurchführung"
  „Der Grad, in dem bei der Ausführung des Prozesses Aktivitäten durchgeführt werden, so dass festgelegte Eingabeprodukte verwendet werden, um festgelegte Ausgabeprodukte zu erzeugen, die dazu geeignet sind, den Zweck des Prozesses zu erfüllen."
- Managementaktivitäten des Prozess-Attributs
  „Sicherstellen, dass die grundlegenden Aktivitäten ausgeführt werden, um den Zweck des Prozesses zu erfüllen."

Leistungscharakteristika der Managementaktivität

- Die Prozessverantwortlichen können zeigen, dass die grundlegenden Aktivitäten für den Prozess durchgeführt werden, um den Prozesszweck zu erreichen.
- In jeder überprüften Einheit spricht vieles dafür, dass die grundlegenden Aktivitäten auch wirklich durchgeführt werden.
- Muster für die Eingabe- und Ausgabeprodukte, die für den betreffenden Prozess festgelegt sind, existieren und besitzen die geforderten Charakteristika.
- Es existiert ein Verteilungsmechanismus für die dem Prozess zugeordneten Arbeitsprodukte.
- Ressourcen, die für die Ausführung des Prozesses benötigt werden, stehen zur Verfügung.
- Die erstellten Arbeitsprodukte erfüllen den Prozesszweck.

5.11   Vorteile und Nachteile von SPICE

Die Vorteile von SPICE sind die Prozessassessments zur Reifegradbestimmung und zum Aufzeigen von Verbesserungen. Prozessassessments zeigen Stärken und Schwächen und führen damit zu Prozessprofilen. Die Orientierung an existierenden Ansätzen wie CMM(I) und der ISO 9000 stellt eine Vergleichbarkeit der Bewertung sicher.

Ein wesentlicher Vorteil ist die zusätzliche Reifegradstufe 1, die besonders für kleine Organisationen sinnvoll ist. Sie stellt die grundsätzlichen Aktivitäten einer professionellen Geschäftsorganisation sicher, ohne zu viele Strukturen außerhalb der direkten Wertschöpfung im Sinne der Produktentwicklung zu verlangen. SPICE stellt einen generellen Rahmen für die Bewertung von Entwicklungsprozessen zur Verfügung. Die Kundenorientierung wird berücksichtigt. Prozesse können sich auf unterschiedlichen Reifegradstufen befinden.

CMM	SPICE
Modell zur Prozessverbesserung	Modell zur Prozessverbesserung
Aufzeigen Stärken und Schwächen von Prozessen	Aufzeigen Stärken und Schwächen von Prozessen
	Orientierung an CMM
Festlegung der Reifegradstufen und Verbesserungsvorschläge	Reifegradbestimmung und Aufzeigen von Prozessverbesserungen durch Offenlegung von Mängeln
liefert Referenz für Aktionsplan	liefert Schema für Aktionsplan und wichtigste Aktionen
Ziel: Einstufung und Verbesserung von softwareproduzierenden Organisationen	Ziel: Einstufung und Verbesserung von Softwareentwicklungsprozessen

Abb. 5.22 Vergleich von CMM und SPICE. (dpunkt [5])

Die Nachteile bestehen im Wesentlichen darin, dass mangels Erfahrung im Bereich der Automobilindustrie die Prozesse(-Attribute) der Reifegradstufe vier und fünf nicht theoretisch fundiert oder empirisch gesichert sind. Man beschränkt sich aus wirtschaftlichen Gründen auf die Reifegradstufe drei, die sich als ausreichender Standard etabliert hat und in Abb. 5.22 eine Vergleichbarkeit mit CMMI ermöglicht.

5.12 Automotive SPICE

Die Prozessmodelle der Automotive SPICE stellen eine angepasste Methodik zur Prozessbewertung für die Softwareentwicklung im Bereich der Fahrzeugelektronik dar. Die Automotive SPICE in Abb. 5.23 basiert auf der ISO 15504 (SPICE), ist aber eine eigenständige Anpassung der zugehörigen Prozessmodelle von der Automotive Special Interest Group (AutoSIG) im Jahr 2001. Sie ist auf die Anforderungen der hardwarenahen Softwareentwicklung, beziehungsweise der Systementwicklung zugeschnitten.

Wie am Beispiel der Engineering-Prozesse in Abb. 5.23 gezeigt wird das Modell an die Praxis angepasst. Prozesskategorien werden gestrichen, aufgeteilt oder hinzugenommen.

In der Automotive SPICE erfolgt eine Neugliederung der Prozesse in drei Prozesskategorien. Das ist in Abb. 5.24 gezeigt:

- **Primäre Prozesse**
  im Lebenszyklus (Primary Life Cycle Processes) umfassen Prozesse, die vom Kunden genutzt werden können, wenn er Produkte von einem Lieferanten erwirbt. Ebenso gelten sie für den Lieferanten, wenn er darauf reagiert und Produkte an den Kunden liefert. Dazu zählen auch die für Spezifikation, Design, Entwicklung, Integration und Tests erforderlichen Engineering-Prozesse. Enthaltene Prozessgruppen: Acquisition, Supply, Engineering.

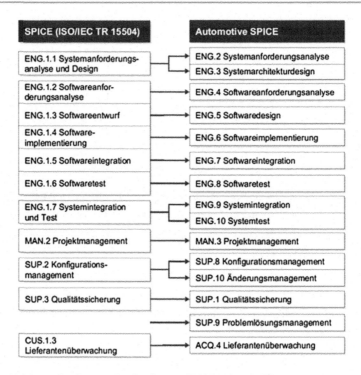

Abb. 5.23 Ableitung der Automotive SPICE aus SPICE. (dpunkt [5])

- **Organisatorische Prozesse**
  im Lebenszyklus (Organizational Life Cycle Processes) umfassen Prozesse, die die Unternehmensziele der Organisation unterstützen und Prozess-, Produkt- und Ressourcen-Assets (Erfahrungen, Dokumente, Templates, Newsletter, Datenbanken, die Prozesse, Produkte und Ressourcen beschreiben und unterstützen) entwickeln, die beim Einsatz der Organisation beim Erreichen ihrer Unternehmensziele helfen.
  Enthaltene Prozessgruppen: Management-Prozessgruppe, Prozessverbesserung, Reuse.
- **Unterstützende Prozesse**
  im Lebenszyklus (Supporting Life Cycle Processes) umfassen Prozesse, die von allen anderen Prozessen an verschiedenen Punkten im Lebenszyklus eingesetzt werden können. Das ist die Support-Prozessgruppe.

Automotive SPICE wurde durch die HIS-Group (Herstellerinitiative Software) nochmals überarbeitet. Das Ziel war die Definition eines minimalen Umfangs von zu betrachtenden Prozessen in Abb. 5.25 in einem Assessment und ist heute Stand der Technik. Oft ist es eine Basis für die Auswahl qualifizierter Entwicklungsdienstleister im Elektronik- und Softwarebereich.

Die Bewertung erfolgt analog zur ISO 15504/SPICE und wird in Form eines Assessments mit den ausgewählten Prozesskategorien und Reifegradstufen durchgeführt.

Process group		Process Category

Primary Life Cycle Processes

Acquisition process group

ACQ.3 Contract agreement	(7)
ACQ.4 Supplier monitoring	(7)
ACQ.11 Technical requirements	(10)
ACQ.12 Legal and administrative requirements	(10)
ACQ.13 Project requirements	(15)
ACQ.14 Request for proposals	(8)
ACQ.15 Supplier qualification	(5)

Supply process group

SPL.1 Supplier tendering	(8)
SPL.2 Product release	(13)

Engineering process group

ENG.1 Requirements elicitation	(6)
ENG.2 System requirements analysis	(7)
ENG.3 System architectural design	(6)
ENG.4 Software requirements analysis	(8)
ENG.5 Software design	(10)
ENG.6 Software construction	(7)
ENG.7 Software integration test	(8)
ENG.8 Software testing	(6)
ENG.9 System integration test	(8)
ENG.10 System testing	(6)

Organizational Life Cycle Processes

Management process group

MAN.3 Project management	(12)
MAN.5 Risk management	(7)
MAN.6 Measurement	(11)

Process Improvement process group

PIM.3 Process improvement	(9)

Reuse process group

REU.2 Reuse program management	(8)

Supporting Life Cycle Processes

Supporting process group

SUP.1 Quality assurance	(10)
SUP.2 Verification	(5)
SUP.4 Joint review	(8)
SUP.7 Documentation	(8)
SUP.8 Configuration management	(11)
SUP.9 Problem resolution management	(9)
SUP.10 Change request management	(12)

Process name		Base Practices (265)		Process ID

Abb. 5.24 Prozesskategorien in der Automotive SPICE. (dpunkt [5])

Primary Life Cycle Processes

Acquisition process group

ACQ.3 Contract agreement	(7)
ACQ.4 Supplier monitoring (optional)	(7)
ACQ.11 Technical requirements	(10)
ACQ.12 Legal and administrative requirements	(10)
ACQ.13 Project requirements	(15)
ACQ.14 Request for proposals	(8)
ACQ.15 Supplier qualification	(5)

Supply process group

SPL.1 Supplier tendering	(8)
SPL.2 Product release	(13)

Engineering process group

ENG.1 Requirements elicitation	(6)
ENG.2 System requirements analysis	(7)
ENG.3 System architectural design	(6)
ENG.4 Software requirements analysis	(8)
ENG.5 Software design	(10)
ENG.6 Software construction	(7)
ENG.7 Software integration test	(8)
ENG.8 Software testing	(6)
ENG.9 System integration test	(8)
ENG.10 System testing	(6)

Organizational Life Cycle Processes

Management process group

MAN.3 Project management	(12)
MAN.5 Risk management	(7)
MAN.6 Measurement	(11)

Process Improvement process group

PIM.3 Process improvement	(9)

Reuse process group

REU.2 Reuse program management	(8)

Supporting life cycle processes

Supporting process group

SUP.1 Quality assurance	(10)
SUP.2 Verification	(5)
SUP.4 Joint review	(8)
SUP.7 Documentation	(8)
SUP.8 Configuration management	(11)
SUP.9 Problem resolution management	(9)
SUP.10 Change request management	(12)

Abb. 5.25 Minimalumfang der Automotive SPICE für Assessments. (dpunkt [5])

Ein wesentlicher Bestandteil von SPICE ist das **Tailoring**. Hierbei wird bei Projektbeginn durch die Projektleitung im Mehraugenprinzip mit einer unabhängigen organisatorischen Einheit wie der Qualitätssicherung entschieden, welche der Prozesse im Projekt angewendet werden und welche Reifegrade und Level erreicht werden sollen.

5.12.1 Assessments – Prinzipien

Wie bereits in Teilaspekten beschrieben bilden Prozessassessments den Mittelpunkt von SPICE. Das in [5] vorgestellte Assessment dient zur Bestimmung des Reifegrades der Prozesse und dem Aufzeigen von Prozessverbesserungen durch geeignete Modifikationen der Prozesse. Die Assessments werden anhand des SPICE-Referenz- und Assessmentmodells in Abb. 5.26 durchgeführt. Assessments werden darum am Beispiel von SPICE erläutert, gelten allerdings ebenfalls für die Bewertung des Reifegrads nach CMM(I) oder die Einstufung der Prozessfähigkeit für die Entwicklung sicherheitsrelevanter Systeme nach der ISO 26262.

Letztendlich steht neben dem Produkt und den definierten Prozessen der Mensch im Fokus, der als Entwickler die Prozesse mit Augenmaß anwendet und als Assessor mit Augenmaß dem Sinn und Zweck gemäß bewertet, ohne gesetzliche Vorgaben oder Normen zu verletzen oder deren Sinn zu verfehlen.

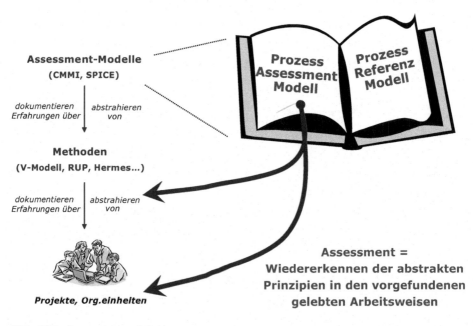

Abb. 5.26 Assessmentmodell

Zweck des Assessments ist es zu verfolgen, wie sich bereits laufende Verbesserungs-maßnahmen auf die Projektarbeit ausgewirkt haben um eine Grundlage für weitere Ver-besserungsaktivitäten zu erhalten. Damit ist es möglich, die Projekte und Prozesse zu unterstützen, zu stärken sowie dem Markt nach außen zu zeigen, mit welcher Prozess-reife in dieser Organisation gearbeitet wird.

Im folgenden Beispiel wird gezeigt, wie die Reifegradstufen in Abb. 5.27 und 5.28 im Rahmen eines Assessments abgeleitet werden können.

Die Indikatoren für Prozessfähigkeit sind generische Praktiken und Ressourcen. Diese sind spezifisch für den zu erreichenden Level und unabhängig vom betrachteten Prozess. Die generischen Praktiken für das Beispiel PA 2.1 sind in Abb. 5.29 gezeigt.

Die konkreten Base Practices zur Durchführung der Prozesse im realen Entwicklungs-alltag zeigt das Beispiel in Abb. 5.30 mit der konkreten Beschreibung der Tätigkeiten für ENG.9, den Systemintegrationstest im Rahmen der Engineering-Prozesse.

Die Indikatoren für die konkrete Prozessdurchführung im Projekt sind die projektspe-zifischen Praktiken und Ressourcen. Diese sind im Assessment nur für die Bewertung auf Level 1 relevant und abhängig vom betrachteten Prozess. Das Beispiel in Abb. 5.31 zeigt die Arbeitsergebnisse für ENG.10, den Systemtest.

Jedes Prozessattribut erhält für die Reifegradstufen im Rahmen eines Assessments eine der bereits im Beispiel gezeigten Bewertungen. Dafür werden sowohl die Arbeitsproduk-te (work products) als auch die Basisaktivitäten (base practices – nicht zu verwechseln mit best practices!) durch den Assessor gemeinsam mit dem Projektteam im Assessment

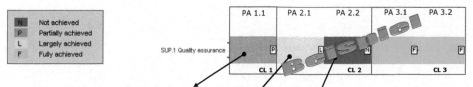

PA 1.1 – Process Performance

- Das Prozessziel wird erreicht, die Ergebnisse produziert, Vorgehen dafür nicht notwendigerweise dokumentiert

PA 2.1 – Performance Management

- Durchführung wird geplant und überwacht
- Verantwortlichkeiten & Befugnisse zugeteilt, Kompetenz und Qualifikation sichergestellt

PA 2.2 – Work Product Management

- Kriterien & Abhängigkeiten identifiziert
- Dokumente abgelegt, unter QS, unter Versionierung, unter Änderungskontrolle

Abb. 5.27 Ableitung der Reifegradstufen im SPICE-Assessment PA 1 und PA 2

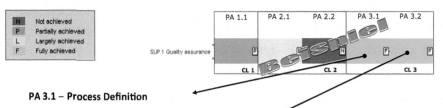

PA 3.1 – Process Definition

- Standardprozess dokumentiert, inkl. Tailoring-Anleitung
- Methoden definiert für Prüfung auf Eignung des Standardprozesses

PA 3.2 – Process Deployment*

- Durchgeführt wie definiert. Ressourcen dafür verfügbar und Qualifikation sichergestellt
- Feedback auf Eignung wird gesammelt und verwertet

* Standardprozesse können nur in dem Umfang befolgt werden, in dem sie definiert wurden
Daher kann die Bewertung von PA 3.2 nie höher sein, als die von PA 3.1.

Abb. 5.28 Ableitung der Reifegradstufen im SPICE-Assessment PA 3

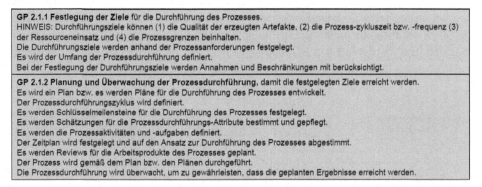

Abb. 5.29 Beispiel generischer Praktiken in SPICE. (dpunkt [5])

untersucht und diskutiert. Dabei ist oft Augenmaß gefragt, inwieweit eine gelebte Praxis gleichzeitig die Norm sowie die Gesetze erfüllt und eine pragmatische Vorgehensweise im Projekt darstellt.

- (N)ot Achieved 0–15 %
- (P)artially Achieved > 15–50 %
- (L)argely Achieved > 50–85 %
- (F)ully Achieved > 85–100 %

Prozess-ID	ENG.9
Base Practices	ENG.9.BP1: Entwicklung der Systemintegrationsstrategie. Entwicklung der Strategie für die Integration der Hardwarebausteine und der integrierten Software in Übereinstimmung mit der Freigabestrategie und der Integrations-reihenfolge. [Ergebnis 1] ENG.9.BP2: Entwicklung der Systemintegrationsteststrategie. Entwicklung der Strategie für das Testen des integrierten Systems. Ermittlung von Testschritten in Übereinstimmung mit der in der Integrationsstrategie definierten Integrationsreihenfolge. [Ergebnis 1] HINWEIS 1: Der Integrationstest konzentriert sich hauptsächlich auf Schnittstellen, Datenfluss, Funktionalität der Systemelemente etc. ... ENG.9.BP3: Entwicklung der Testspezifikation für die System-integration. Entwicklung der Testspezifikation für die Systemintegra-tion einschließlich Testfälle zur Anwendung auf jedes integrierte Systemelement. Die Testfälle sollten mit dem System-architekturdesign übereinstimmen. [Ergebnis 2] ENG.9.BP4: Integration der Systemelemente. Integration der Systemelemente zu einem integrierten System in Übereinstim-mung mit der Systemintegrationsstrategie. [Ergebnis 3] ... ENG.9.BP7: Sicherstellung von Konsistenz und Rückverfolgbar-keit in beide Richtungen. Sicherstellung der Konsistenz zwischen dem Systemarchitekturdesign und der Test-spezifikation für den Systemintegrationstest (ein-schließlich Testfälle). Konsistenz wird dadurch gefördert, dass eine Rückverfolgbarkeit in beide Richtungen zwischen dem Systemarchitekturdesign und der Test-spezifikation für den Systemintegrationstest (ein-schließlich Testfälle) erzeugt und gepflegt wird. [Ergebnisse 6].

Abb. 5.30   Beispiel für Basispraktiken in SPICE. (dpunkt [5])

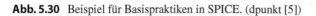

Output-Arbeitsprodukte
08-52 Testkonzept [Ergebnis 1, 2, 7]
08-50 Testspezifikation [Ergebnis 2]
13-50 Testergebnis [Ergebnis 4, 5]
13-22 Rückverfolgbarkeitsprotokoll [Ergebnis 6]
11-06 System [Ergebnis 3]

Prozess-ID	ENG.10
Prozess-Bezeichnung	Systemtest
Prozess-Zweck	Der Zweck des Systemtest-Prozesses besteht darin, zu gewährleisten, dass die Implementierung jeder Systemanforderung auf Konformität getestet wird, und dass das System zur Auslieferung bereit ist.
Prozess-Ergebnisse	Als Ergebnis einer erfolgreichen Umsetzung dieses Prozesses 1) wird eine Strategie entwickelt, um das System gemäß den Prioritäten und der Kategorisierung der Systemanforderungen zu testen; 2) wird eine Systemtest-Testspezifikation für das integrierte System entwickelt, mit dem die Übereinstimmung mit den Systemanforde-rungen nachgewiesen wird; 3) wird das integrierte System unter Anwendung der Testfälle verifiziert; 4) werden die Testergebnisse protokolliert; 5) werden Konsistenz und Rückverfolgbarkeit in beide Richtungen zwischen den Systemanforderungen und der Testspezifikation für den Systemtest einschließlich Testfälle hergestellt; und 6) wird eine Regressionsteststrategie für erneute Tests des integrierten Systems entwickelt und angewendet, wenn Änderungen an den Systemelementen vorgenommen werden; HINWEIS 1: Die Testspezifikation für den Systemtest umfasst die Testentwurfsspezifikation, die Testvorgehensspezifikation und die Testfallspezifikation. HINWEIS 2: Die Testergebnisse der Systemtests umfassen Testprotokolle, Testvorfallsberichte und Testabschlussberichte.

Abb. 5.31   Beispiel für Arbeitsprodukte und Prozessreferenz in SPICE. (dpunkt [5])

ENG.3	F	F	F	L / F	L / F	→ **Capability Level 3**
ENG.2	F	L / F	L / F			→ **Capability Level 2**
ENG.1	L / F					→ **Capability Level 1**
	PA 1.1	PA 2.1	PA 2.2	PA 3.1	PA 3.2	

Abb. 5.32 Erreichung einzelner Capability Level im SPICE Assessment

Process	Process attribute	PA 1.1	PA 2.1	PA 2.2	PA 3.1	PA 3.2	PA 4.1	PA 4.2	PA 5.1	PA 5.2	Reifegrad 1	2	3	4	5
ENG.1.1	System requirements analysis and design	F	L	L	N	N						2			
ENG.1.2	Software requirements analysis	F	F	F	L	F							3		
ENG.1.3	Software design	F	F	F	F	L							3		
ENG.1.4	Software construction	P	P	N											
ENG.1.5	Software integration	L	L	P							1				
ENG.1.6	Software testing	F	F	L	P	N						2			
ENG.1.7	System integration and testing	P	P	P											
MAN.2	Project management	L	L	L	N	P					1				
SUP.2	Configuration management	P	P	N											
SUP.3	Quality assurance	P	P	N											
CUS.1.3	Supplier monitoring	F	L	F	N	P						2			

Abb. 5.33 Übersicht über die erreichten Capability Level im Assessmentbericht

Ein Capability Level X wird erreicht, wenn alle Prozessattribute auf diesem Level mindestens „Largely achieved" und alle darunter liegenden Prozessattribute „Fully achieved" sind. Damit kann sich am Beispiel der Engineering-Prozesse das Bild in Abb. 5.32 ergeben.

Als Übersicht für den Assessmentbericht ergibt sich in Abb. 5.33 dann ein Gesamtbild über die Reifegrade der Prozessattribute. Am Beispiel von CUS1.3 „Supplier Monitoring" kann man sehen, dass ein mindestens „Largely achieved" auf Level 1 und ein „Fully achieved" auf Level 2 zu einem gesamten Level 2 für dieses Prozessattribut führen.

5.12.2 Assessments – Ablauf

Für das SPICE Assessment werden qualifizierte Assessoren unterschiedlicher Erfahrung und damit Rollen und Berechtigungen beauftragt. Da dies ebenso wie bei CMM(I) mit Aufwand verbunden ist, beauftragt das zu prüfende Unternehmen einen unabhängigen Lead-Assessor, der durch das Unternehmen mit eigenen Assessoren, beispielsweise aus einer unabhängigen organisatorischen Einheit wie der Qualitätssicherung unterstützt werden kann.

Praxis der Assessments in der Automobilindustrie

Die Bezahlung des Assessments und damit der Gutachter hat auch bei den SPICE-Assessments keinen Einfluss auf das Ergebnis. Der unabhängige Gutachter hat das letzte Wort der Bewertung gegenüber den internen beigestellten Assessoren. Dafür sorgt auch hier die regelmäßige Akkreditierung der Prüfer.

Nach der Beauftragung folgt die Bewertungsphase im Unternehmen. In der Bewertungsphase wird ein Assessment vorbereitet, durchgeführt und dokumentiert. Das Ergebnis ist eine detaillierte Bestandsaufnahme der Reife des Entwicklungsprozesses eines Projekts. Der Ablauf ist in Abb. 5.34 dargestellt.

Im Assessment werden die folgenden Rollen übernommen:

- Der **Sponsor** definiert in Absprache mit dem Lead-Assessor den Assessment-Scope und stellt die Unterstützung (Zugang zu Ressourcen, Verfügbarkeit von Ressourcen) sicher.
- Der **Lead-Assessor (Competent Assessor)** leitet das Assessment, stellt Konformität zur ISO 15504 sicher und weist Aufgaben im Assessmentteam zu.
- Die **Co-Assessoren** unterstützen den Lead-Assessor bei der Durchführung des Assessments. Sie erstellen zusammen mit dem Lead-Assessor die Prozessbewertung.
- Die Interview-Partner und **Teilnehmer** stellen die notwendigen Informationen bereit.

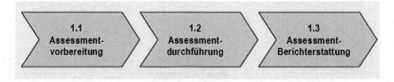

Abb. 5.34 Ablauf der Bewertungsphase während des SPICE-Assessments

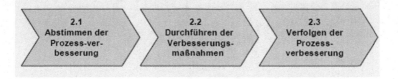

Abb. 5.35 Ablauf der Verbesserungsphase nach dem SPICE-Assessment

Auf die Bewertungsphase erfolgt nach dem Bericht die Verbesserungsphase in Abb. 5.35. In der Verbesserungsphase werden auf Basis der Assessmentergebnisse aus der Bewertungsphase Prozessverbesserungsmaßnahmen geplant, durchgeführt und verfolgt.

5.13   Funktionale Sicherheit

Neben den technischen Anforderungen zu Realisierung sicherheitsrelevanter elektronischer Systeme werden ebenfalls formale Anforderungen an die anzuwendenden Entwicklungsprozesse gestellt. Diese haben über die durch CMMI und SPICE verfolgten Reifegrade im Sinne der Qualität hinaus einen normativen Charakter und werden „Funktionale Sicherheit" genannt. Die Prozesse sind teilweise für eine Zulassung des Systems zum Verkauf an Endkunden gesetzlich vorgeschrieben und können zu einer persönlichen Haftung der Entwickler bei Nichtbeachtung führen.

Hierbei haben sich verschiedene Normen in den unterschiedlichen Bereichen der sicherheitsrelevanten Systeme etabliert, die im Wesentlichen auf der ursprünglichen Version der IEC 61508 [20] in Abb. 5.36 beruhen und daraus abgeleitet sind.

5.13.1   IEC 61508

Die IEC 61508 wurde 1998 durch die „International Electrotechnical Commission" (IEC) als internationaler Standard für die „Funktionale Sicherheit sicherheitsbezogener elektri-

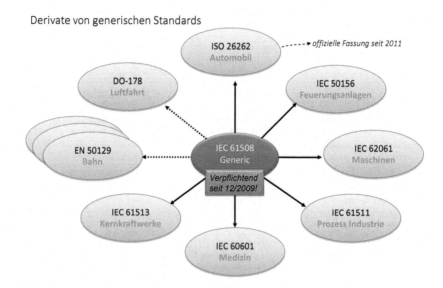

Abb. 5.36 Standards und Normen für die funktionale Sicherheit

scher/elektronischer/programmierbar elektronischer Systeme" (E/E/PES) veröffentlicht. Sie ist in sieben Teile untergliedert:

1. Allgemeine Anforderungen
2. Hardwareanforderungen
3. Softwareanforderungen
4. Begriffe und Abkürzungen
5. Beispiele zur Ermittlung der Stufe der Sicherheitsintegrität
6. Anwendungsrichtlinien der IEC 61508-2 und 61508-3
7. Anwendungshinweise über Verfahren und Maßnahmen

Das Anliegen der IEC 61508 ist es:

- Fehler im Design und Development zu vermeiden (Engineering, insbesondere Softwareengineering).
- Trotzdem aufgetretene Fehler zu entdecken (Verifikation und Validierung, Assessment).
- Gefährliche Defekte von Bauelementen in Grenzen zu halten (Bauelemente-Auswahl, Selbstüberwachung, Redundanz).
- Darüber hinaus sollen Vorkehrungen getroffen werden, um im Design und Development gemachte Fehler, die nicht entdeckt wurden, zu bemerken (Selbstüberwachung, Diversität).
- Es sollen geeignete Prozesse bei Produzenten und Benutzern (Managementprozesse) etabliert werden.

Die allgemeinen Anforderungen an die Entwicklungsprozesse werden auf Basis des Gesamtlebenszyklus für sichere Software in aufeinanderfolgende Phasen aufgeteilt. Wie im V-Modell gezeigt, werden alle Phasen zwingend mit einer Verifikation abgeschlossen, die zeigt, dass die Anforderungen soweit erfüllt sind, bevor Übergang in eine neue Phase beginnt. Dieses starre Vorgehen verlangt sehr genaue Vordefinitionen für Arbeitsprodukte und die zugehörige Nachweisführung gegen die Anforderungen. Es werden ein Review-Protokoll und eine Ablagestruktur benötigt, die den Prozess lückenlos dokumentieren.

Im Sicherheitslebenszyklus wird für die Systementwicklung im Sinne der Fahrzeuginformatik der Fokus auf Teil 9 der Norm, die Systemrealisierung und damit die Produktentwicklung gelegt. Basis sind die mittels der Gefährdungs- und Risikoanalyse in Teil 3 abgeleiteten gesamten Sicherheitsanforderungen in Teil 4. Der allgemeine Teil 9 der Norm zur Realisierung wird für softwarebasierte Systeme verfeinert. Es entsteht der Sicherheitslebenszyklus für Software.

In der IEC 61508 gilt das als sehr formal vorgestellte V-Modell als Basis, da es sehr stringent gelebt werden kann. Die Validierung auf der Ebene der Sicherheitsanforderungen ist genauso wie die Verifikation auf den Ebenen darunter zwingend erforderlich. Da die kundenorientierte Validierung wesentlich vom Endprodukt (Herzschrittmacher, Auto oder Kraftwerk) abhängt, sind hier angepasste Verfahren, insbesondere für die Fehlersimulation oder die Auswirkungen bei der gezielten Einstreuung von Fehlern zu Testzwecken nötig. Für die Verifikation werden etablierte Verfahren eingesetzt, die im Bereich des Software-tests in Kap. 4 detailliert sind.

5.13.2 Safety Integrity Level

Der Safety Integrity Level (SIL) SIL 1, 2, 3 oder 4 (4 = höchster Level) entspricht einem Wertebereich für die Sicherheitsintegrität eines elektrischen/elektronischen/programmier-bar elektronischen Systems in Sinne der IEC 61508.

Ein entsprechender Level ergibt sich entweder aus der mittleren Ausfallwahrschein-lichkeit einer Sicherheitsfunktion im Anforderungsfall oder als Wahrscheinlichkeit eines gefährlichen Ausfalls der Sicherheitsfunktion pro Stunde. Für sicherheitsrelevante Kom-ponenten im Fahrzeug, wie die elektrische Lenkung, müssen Sicherheitsanforderungen nach SIL 3 umgesetzt werden.

Die Ausfallwahrscheinlichkeit im Anforderungsfall setzt sich aus den Teilsystemen Eingang, Logik und Ausgang zusammen.

- $PFD_{SYS} = PFD_S + PFD_L + PFD_{FE}$
- PFD_{SYS} = mittlere Wahrscheinlichkeit eines Ausfalls einer Sicherheitsfunktion
- PFD_S = mittlere Wahrscheinlichkeit eines Ausfalls für das Eingangs-Teilsystem
- PFD_L = mittlere Wahrscheinlichkeit eines Ausfalls für das Logik-Teilsystem
- PFD_{FE} = mittlere Wahrscheinlichkeit eines Ausfalls für das Ausgangs-Teilsystem

Die Ausfallwahrscheinlichkeiten der Teilsysteme werden mit Hilfe von Tabellen be-stimmt, die Erfahrungswerte beinhalten. Die gilt nur für Bauteile, nicht für Software, da diese deterministisch ist und nicht in dem Sinne durch Verschleiß über die Zeit ausfallen oder „durchbrechen" kann. Hier werden andere Verfahren eingesetzt.

5.13.3 Failure in Time

Die FIT-Rate (Failure in Time) beschreibt die Ausfallraten von technischen Komponenten, z. B. elektronischen Bauteilen. Sie gibt die Anzahl der Ausfälle an, die in 10^9 h auftreten. Die Ausfallrate bei 1 FIT bedeutet damit einmal in 114.000 Jahren. Hohe FIT-Werte ste-hen für statistisch häufigere Ausfälle.

Dieser Wert gilt in der Automobilindustrie für jedes einzelne Bauteil und Fahrzeug in Betrieb. Bei einer Betriebsdauer des Fahrzeugs von 5000 h tritt der Ausfall zum Beispiel eines Relais mit 200 FIT dann mit einer Wahrscheinlichkeit von 10^{-3}, also einem Promille auf. Bei nur 10 Relais im Fahrzeug ist das dann ein Prozent. Bei einer Million verkauften

Fahrzeugen im Jahr ohne weitere Maßnahmen wie Redundanz sind das dann 100 Ausfälle im Jahr aufgrund von Relais, die alle in der Werkstatt repariert werden müssten. Das ist weder wirtschaftlich durch den Hersteller noch vom Kunden zu akzeptieren. Darum werden hier zusätzliche Maßnahmen ergriffen.

Der Safety-Integrity-Level wird aus den Risikoparametern und der Wahrscheinlichkeit des Eintritts des unerwünschten Ereignisses wie ein Ausfall oder eine Fehlfunktion zusammengesetzt.

- Risikoparameter der Auswirkung (C)
- Risikoparameter der Häufigkeit und Aufenthaltsdauer (F)
- Risikoparameter der Möglichkeit zur Vermeidung des Ereignisses (P)
- Wahrscheinlichkeit des unerwünschten Ereignisses (W)

Das Ergebnis ist ein Risikograph, der den notwendigen Safety-Integrity-Level für die Systementwicklung und die dafür notwendigen Maßnahmen aufzeigt. Durch Verbesserung der Eingangsparameter mittels sicherer Bauteile, weniger Betriebsdauer oder zusätzliche Vermeidungsmaßnahmen kann der Level also herabgesetzt werden.

5.13.4 Gefahren- und Risikoanalyse: Gefahrenanalyse

Die Gefahren- und Risikoanalyse (G&R) oder Hazard and Risk Analysis (HARA) dient dazu, Gefährdungen und gefährliche Vorfälle für alle vernünftigerweise vorhersehbaren Umstände, einschließlich Fehlerbedingungen und Fehleranwendung, zu bestimmen. Sie analysiert und dokumentiert Abläufe von Ereignissen, die zu gefährlichen Vorfällen führen können und bestimmt die Risiken der gefährlichen Vorfälle.

Die Gefahr ist eine Situation, in der eine gegebene oder mögliche Bedrohung für Menschen oder die Umwelt besteht. Die Analysetechniken dazu sind die Folgenden:

- Fehlermöglichkeits- und Einflussanalyse (FMEA)
- Fehlermöglichkeits-, Einfluss- und Kritikalitätsanalyse (FMECA)
- Hazard and operation studies (HAZOP)
- Ergebnisbaumanalyse (ETA)
- Fehlerbaumanalyse (FTA)

Bei der **Fehlermöglichkeits- und Einflussanalyse FMEA** (Failure Mode and Effects Analysis) in Abb. 5.37 werden einzelne Komponenten und deren Versagen im Gesamtsystem untersucht. Dieses Verfahren ist sehr aufwändig bei großen Systemen. Darum gibt es oft Anwendungen bei Teilsystemen in verschieden Stufen der Realisierung.

Bei der FMEA handelt es sich um eine systematische Vorgehensweise zum Aufzeigen von potenziellen Fehlermöglichkeiten mit einer Bewertung des sich daraus ergebenden

Komponente	Fehler-modus	Auswirkungen auf Subsysteme	Auswirkungen auf das Fahrzeug	Gefähr-lich-keit	Fehler-häufig-keit [1/h]	Kommentare
Sensor für die Geschwin-digkeit des Fahrzeugs	Kein Signal	Die Geschwindig-keit des Fahrzeugs wird immer als Null berechnet	1) Keine Anzeige der Geschwindig-keit 2) Der Kilometerzähler wird nicht erhöht 3) Die Automatikschaltung könnte einen zu niedrigen Gang wählen, was die Räder blockieren oder die Kupplung beschädigen könnte	Min Min Maj	5E-5	Auswirkung 3) erfor-dert den gleichzeitigen Ausfall der Berechnung für die Motorbelastung und der mechanischen Sicherheitssperre der Schaltung
Sensor für die Geschwin-digkeit des Fahrzeugs	Rauschen (zu vie-le Flan-ken)	Die Geschwindig-keit des Fahrzeugs wird zu hoch berechnet. Wenn Flanken mit grö-ßerer Frequenz auftreten als vor-gesehen, gehen sie verloren	4) Die angezeigte Geschwindigkeit ist größer als die tatsächliche 5) Der Kilometerzähler wird zu stark erhöht 6) Die Automatikschaltung könn-te einen zu hohen Gang wählen, wodurch das Fahrzeug abgewürgt werden könnte	Min Min Min	3E-5	Auswirkung 6) ist über die Berechnung der Mo-torbelastung schwer zu erkennen, solange das Rauschen nicht extrem ist
Sensor für die Geschwin-digkeit des Fahrzeugs	Unter-brechung	Die Geschwindig-keit des Fahrzeugs wird zu niedrig be-rechnet	7) Die angezeigte Geschwindigkeit ist niedriger als die tatsächliche 8) Der Kilometerzähler wird zu gering erhöht 9) wie 3)	Min Min Maj	4E-5	siehe oben

Abb. 5.37 Beispiel zur Failure Mode and Effects Analysis. (Fay [22])

Risikos. Sie ist in der ersten Planungsphase eines neuen Produkts, in einem neuen Ver-fahren oder einer Organisationsveränderung bis zur laufenden Produktion einsetzbar. Die Durchführung erfolgt durch ein fachübergreifendes Team mittels Analyse jedes Bauteils des Systems. Im Mittelpunkt steht die Ermittlung der Ausfallarten, sowie deren Ursachen und Auswirkungen. Abschließend werden vorbeugende Maßnahmen definiert, dokumen-tiert und im Projektverlauf verfolgt.

Es werden die folgenden Arten der FMEA unterschieden:

- **System-FMEA**
  Betrachtung des Zusammenwirkens einzelner Komponenten eines Systems (System: Fahrzeug, Komponenten: Motorbremssystem, Generator, etc.).
- **Konstruktions-FMEA**
  Betrachtung von Teilen oder Baugruppen des Systems (Komponente: Bremssystem, Teile: Bremsleitung, Drosselventil).
- **Prozess-FMEA**
  Betrachtung des Fertigungs- und Montageprozesses. Hier steht die Industrialisierung im Vordergrund, also die Phase nach der Entwicklung und dem Aufbau der Produkti-onsanlagen mit der Möglichkeit zum Flashen von Software.

Das Vorgehen gliedert sich in die organisatorische Vorbereitung, die inhaltliche Vorbe-reitung, die Durchführung der Analyse, die Auswertung der Analyseergebnisse sowie die Terminverfolgung und Erfolgskontrolle. Die Durchführung gliedert sich dabei in die fol-genden detaillierten Schritte zur Ermittlung der Risikoprioritätszahl (RPZ) in Abb. 5.38:

Legende:

Auftrittswahrscheinlichkeit (A):	Bedeutung (B):	Entdeckung (E):
unwahrscheinlich =1	kaum wahrnehmbare	Hoch =1
Sehr gering = 2-3	Auswirkungen =1	Mäßig = 2-3
Gering = 4-6	Geringe Belästigung des	Gering = 4-6
Mäßig = 7-8	Kunden = 2-3	Sehr gering = 7-8
Hoch = 9-10	Mäßig schwerer Fehler = 4-6	unwahrscheinlich = 9-10
	Schwerer Fehler,	
	Kundenverärgerung = 7-8	
	Äußerst schwerwiegender	
	Fehler = 9-10	

Risikoprioritätszahl (RPZ): höchste Priorität = 1000, keine Priorität = 1

Abb. 5.38   Ermittlung der Risikoprioritätszahl

1. Erhebung der Stammdaten des Produktes auf einem Formblatt.
2. Beschreibung des Produktes bzw. Betrachtungsobjekts.
3. Sammlung aller möglichen Fehler unabhängig von deren Auftrittswahrscheinlichkeit.
4. Zuordnung von allen möglichen Fehlerfolgen zu jedem gefundenen Fehler.
5. Zuordnung von allen möglichen Ursachen zu jedem gefundenen Fehler.
6. Prüfung, ob bereits Korrekturmaßnahmen festgelegt oder geplant sind.
7. Bewertung der Auftrittswahrscheinlichkeit (A) zu jedem gefundenen Fehler.
8. Bedeutung (B) der Fehlerfolgen für den Kunden zu jedem gefundenen Fehler ermitteln.
9. Ermittlung der Wahrscheinlichkeit, den Fehler vor Auslieferung zu entdecken (E).
10. Risikoprioritätszahl ermitteln (RPZ) = A × B × E (maximal 1000).
11. Korrekturmaßnahmen zu jedem gefundenen Fehler erarbeiten.
12. Verantwortung für die Korrekturmaßnahme verteilen.
13. Ständige Dokumentation der durchgeführten Korrekturen.
14. Nochmalige Bewertung (Punkt 7 bis 10) mit verbessertem Zustand.

Bei der **Fehlermöglichkeits-, Einfluss- und Kritikalitätsanalyse FMECA** (Failure Modes, Effects and Criticality Analysis) wird die FMEA um die „Kritikalität" erweitert. Fehlermodi mit schwerwiegenden Auswirkungen dürfen keine zu hohe Eintrittswahrscheinlichkeit besitzen. Je höher die Wahrscheinlichkeit und je schwerwiegender die Auswirkungen, desto kritischer der Fehlermodus.

Bei der **HAZard and OPerability studies HAZOP** genannten Analyse in Abb. 5.39 werden Gefahren im Team „vorhergesehen". Es erfolgt die Vervollständigung einer Tabelle entsprechend einiger „Leitwörter", z. B. „kein, mehr, weniger, mehr als, teilweise, … ". Daraus werden Fehlerursachen und deren Auswirkungen abgeleitet.

Bei der **Ereignisbaumanalyse ETA** (Event Tree Analysis) in Abb. 5.40 werden im Team die möglichen Folgen eines auslösenden Ereignisses analysiert und entwickelt (prognostiziert). Die Folgen werden von technischen Systemkomponenten weiterverarbeitet.

Bei der **Fehlerbaumanalyse FTA** (Fault Tree Analysis) in Abb. 5.41 werden Kombinationen von Ursachen gesucht, die zu unerwünschten Ereignissen führen (Top Level Events, kurz TLE). Es gibt mehrere Ebenen von Events, die über Folgebeziehungen direkt

Leitwort	Abweichung	Mögliche Ursachen	Folgen	Notwendige Maßnahmen
KEIN	Kein Durchfluss	Kein Kohlenwasserstoff mehr im Vorratstank	Der Reaktor erhält keinen Nachschub	1) Sicherstellen, dass die Kommunikation zwischen Reaktor und Vorratstank funktioniert. 2) Einrichtung eines Alarms bei niedrigem Tankfüllstand.
		Die Treibstoffpumpe fällt aus (Motorschaden, Stromausfall, Korrosionsschäden etc.)	wie oben	abgedeckt von 2)
MEHR	Mehr Durchfluss	Kontrollventil für den Füllstand versagt und bleibt dauerhaft offen oder das Kontrollventil für den Füllstand wird fälschlich überbrückt	Der Zwischentank läuft über.	3) Einrichtung eines Alarms bei hohem Tankfüllstand. 4) Überprüfung der Größe des Überlaufs 5) Einrichtung eines automatischen Schließmechanismus für die ungenutzte Überbrückung des Kontrollventils für den Füllstand
	Mehr Druck	Das Trennventil oder das Kontrollventil für den Füllstand ist geschlossen, während die Pumpe aktiviert ist	Die Leitung wird dem vollen Druck der Pumpe ausgesetzt	6) Einrichtung einer Rückschlagsicherung an der Pumpe
	Mehr Hitze	Die Temperatur des Zwischentanks ist hoch	Der Druck in der Übertragungsleitung und dem Zieltank erhöht sich	7) Einrichtung eines Alarms bei hoher Temperatur im Zwischentank
...	...	...	...	...

Abb. 5.39 Beispiel zu HAZOP. (Fay [22])

verknüpft sind. Basic Events können über Intermediate Events und deren Verknüpfung zu den Top Level Events führen. In der Antriebselektronik ist dies ein „Selbstbeschleuniger" des Fahrzeugs.

Die Fehlerbaumanalyse wurde zur Untersuchung eines Raketenabschusssystems entwickelt und standardisiert (DIN und IEC). Sie dient der Ursachenermittlung von Systemversagen und ermöglicht qualitative und quantitative Analysen. Es handelt sich um eine deduktive Top-Down-Methode mit einer grafischen Repräsentation kausaler Abläufe. Die Fehlerbaumanalyse besteht aus folgenden Schritten:

- **Systemdefinition**: (TOP Ereignis, Systemgrenzen, „Auflösung", ...).
- **Fehlerbaum-Konstruktion**: Zurückführen der Ursache des TOP Ereignisses auf Kombinationen von Komponentenversagen mittels logischer Verknüpfungen.
- **Qualitative und quantitative Analyse**
- **Dokumentation der Ergebnisse**

Der Fehlerbaum entspricht einer logischen Gleichung und ermöglicht die Bestimmung von

- **Minimal Cut Sets** (MCS) {A}, {B}, {C,E}, {D,E}
- **Single Point Failures** {A}, {B}
- Anfälligkeiten für **Common Mode Fehler**

Die Fehlerbaumanalyse wird bereits in der **Designphase** eingesetzt. Sie identifiziert potenziell gefährliche Module oder Schnittstellen und risikobehaftete Programmausga-

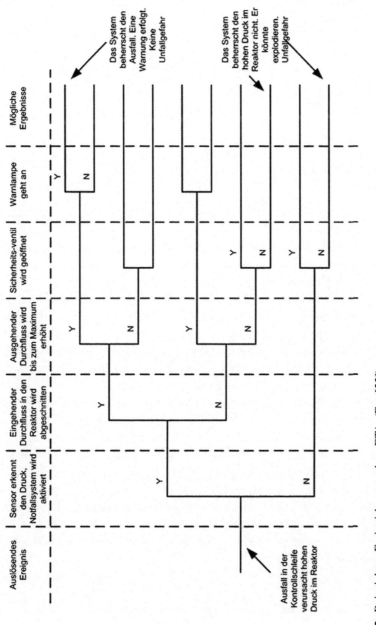

Abb. 5.40 Beispiel zur Ereignisbaumanalyse ETA. (Fay [22])

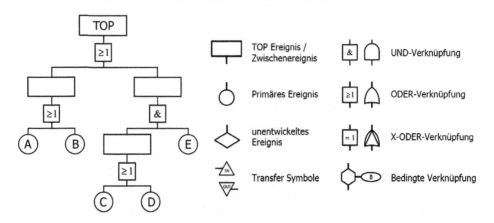

Abb. 5.41 Fehlerbaumanalyse FTA. (Fay [22])

ben. Sie liefert Anforderungsdefinitionen für Software und bietet Ansätze für präventive oder protektive Maßnahmen.

Fehlerbäume allein sind unzureichend zur Modellierung komplexer Systeme. Die Fehlerbaumanalyse erfordert genaue Kenntnisse des Systems, die in der Designphase in der Regel nicht vorhanden sind.

Auf der **Quellcodeebene** werden unerwünschte Programmausgaben als TOP Ereignis (TOP Event) definiert. Die Umwandlung von Statements in Fehlerbaumausdrücke geschieht mittels Templates. Das Ergebnis ist eine grafische Repräsentation einer „umgekehrten" Verifikation. Die Fehlerbaumanalyse ist ebenso wie für die Verifikation in der Designphase nur für kurze Programme praktikabel, da das Problem sonst algorithmisch zu komplex und nicht mehr analytisch darstellbar wird.

Das Verfahren erfordert eine intensive Untersuchung des Systems und des Zusammenwirkens der Komponenten. Im Idealfall liefert es nachprüfbare qualitative und quantitative Aussagen über die Zuverlässigkeit des Systems und die Bedeutung von Komponenten. Sie bietet eine Einschätzung der Anfälligkeit für Common Causes und ihr modularer Aufbau ermöglicht eine Bearbeitung im Team. Das TOP Ereignis muss vorher bekannt sein, neue Gefahren werden nicht entdeckt. Je TOP Ereignis wird ein Baum aufgestellt. Umfangreiche Fehlerbäume entstehen jedoch schon aus kleinen Systemen. Es ist eine genaue Kenntnis des Systems erforderlich. Die Möglichkeiten zur Modellierung dynamischer Prozesse sind eingeschränkt und die quantitativen Daten sind oft nicht für alle Komponenten vorhanden.

5.13.5 Gefahren- und Risikoanalyse: Risikoanalyse

Nach der **Gefahrenanalyse** mit einem der gezeigten Verfahren erfolgt wie bereits beschrieben die **Risikoanalyse**. Sie untersucht die Auswirkungen von Ausfällen, die

Wahrscheinlichkeit von Ausfällen, die Risiko-Klassifizierung und die Akzeptanz von Risiken. Ausfälle werden in Härtekategorien eingeteilt. In der zivilen Luftfahrt (RTCA/EUROCAE) sind dies „Katastrophal, gefährlich, bedeutend, gering, keine Auswirkung". Dies ist eine ähnliche Einteilung wie beim Militär sowie bei internationalen Standardisierungen, der IEC 61508.

Die **Wahrscheinlichkeit** beziehungsweise die Frequenz gefährlicher Ereignisse oder Ausfälle wird entweder pro Zeiteinheit oder pro Einsatz des Systems angegeben. Die Wahrscheinlichkeitsklassen in der zivilen Luftfahrt sind zum Beispiel „häufig (10^{-0}–10^{-2}), halbwegs wahrscheinlich (10^{-3}–10^{-5}), ... ".

Bei der **Risikoklassifizierung** ergeben die Häufigkeit und Auswirkungen oder Härte die daraus folgenden Risikoklassen, zum Beispiel A für „untragbar", B für „unerwünscht und nur akzeptiert, wenn Risiko-Verminderung nicht zu verwirklichen ist", ...

Häufigkeit/Folgen	Katastrophal	Kritisch	Gering	Unbedeutend
Häufig	A	A	A	B
Wahrscheinlich	A	A	B	C
Gelegentlich	A	B	C	C
Gering	B	C	C	D
Unwahrscheinlich	C	C	D	D
Nicht vorstellbar	D	D	D	D

Für die bewusste Akzeptanz von Risiken gilt, dass die Risiken so weit wie möglich und wirtschaftlich vertretbar gesenkt werden. Die Entwicklung sicherheitsrelevanter Systeme wird damit als Verminderung des Risikos verstanden und praktiziert. Je nach Anwendungsgebiet müssen alle sinnvollen Maßnahmen getroffen werden, die für einen sicheren Betrieb der Systeme nötig und angemessen sind. Überprüfungen müssen zu jeder Zeit der Planungsphase mit den geeigneten Ansätzen durchgeführt werden.

5.13.6 IEC 61508 Assessment

Das Ziel der Beurteilung ist eine unabhängige Untersuchung und Bewertung, ob die funktionale Sicherheit durch ihre sicherheitsbezogenen Geräte/Systeme/Teilsysteme erreicht worden ist und die Anforderungen an das Safety Management sowie die jeweiligen Phasen des Sicherheitslebenszyklus normgerecht umgesetzt sind. Je nach Struktur eines Unternehmens muss die Beurteilung von einer unabhängigen Person, unabhängigen Abteilung oder unabhängigen Organisation durchgeführt werden.

Für das Assessment und den Nachweis der Konformität zur IEC 61508 gelten ähnliche Ansätze wie für CMMI oder SPICE. Da die IEC 61508 als Basis für die Zulassung des Produkts normativen Charakter hat und auf Gesetzesanforderungen beruht, gibt es weniger Spielraum bei der Anpassung der Vorgaben für das tägliche Entwicklungsgeschäft sowie dessen Beurteilung durch den Assessor. Für Audits zur Systemzulassung werden unabhängige, akkreditierte Prüfer beauftragt.

Obwohl der Gesetzgeber die Assessments für die Zulassung fordert und diese mit Kosten verbunden sind, sind diese durch das beauftragende Unternehmen zu tragen, das die Zulassung des Produkts braucht. Die Bezahlung des Assessments und damit der Gutachter hat speziell hier keinen Einfluss auf das Ergebnis des Assessments oder Audits. Dafür sorgt die regelmäßige Akkreditierung der Prüfer durch die Beauftragten der gesetzgebenden Stellen wie das Kraftfahrtbundesamt.

▶   Die Aussage „Das Unternehmen hat für das Gutachten bezahlt" ist in diesem Zu-
        sammenhang moralisch und rechtlich der korrekte Weg, wird aber gern bewusst
        aus dem Zusammenhang gebracht.

Vorgehensweise:

- **Planung**
  Erstellung eins Plans für Audit und Beurteilung der funktionalen Sicherheit bzw. Abstimmung mit bereits vorhandenen Planungen.
- **Durchführung**
  Nachweisgestützte Untersuchung und Beurteilung des Safety Managements und der funktionalen Sicherheit. Betrachtung aller Tätigkeiten und Ergebnisse des gesamten Sicherheitslebenszyklus.
- **Abschluss und Beurteilung**
  Audit-Bericht mit Angaben betreffs Erfüllung und Umsetzung der Anforderungen der Norm.

Der Audit-Bericht mit den Arbeitspunkten zur Erfüllung der Anforderungen der Norm kann mit der Verbesserungsliste aus den SPICE-Assessments verglichen werden. Sie hat jedoch bindenden Charakter für die Zulassung des Produkts.

Einsatzbereiche und Adaptionen der IEC 61508

- Prozessindustrie: IEC 61511
- Kernkraftwerke: IEC 61513
- Bahnanwendungen: DIN EN 50129
- Sicherheit von Maschinen: DIN EN 62061
- Automobilbereich: ISO 26262

5.13.7   ISO 26262

Bei der ISO 26262 handelt es sich um die Adaption der IEC 61508 speziell für den Automobilbereich. Es wurden einige Anforderungen anpasst bzw. entfernt, die für den Automobilbereich nicht zutreffend sind. Im Wesentlichen stellt die ISO 26262 einen gleichwertigen Entwicklungsprozess dar. Der Begriff des Safety Integrity Levels SIL wurde zum ASIL (Automotive SIL) erweitert. Das impliziert den Wegfall von SIL 4. Dieser kann im Automobilbereich nicht auftreten, da die für diese Einstufung „notwendige" Anzahl von Todesopfern nicht erreicht werden kann.

Resultierende Anforderungen

Die Anforderungen an die konkreten Entwicklungsprozesse sind in der Norm und dem V-Modell beschrieben. Ein wesentlicher Aspekt für die Entwicklungsprozesse ist, dass Software, die der Überwachung der Funktionssoftware oder der Sicherheit dient, im Sinne der Redundanz durch unterschiedliche Entwickler mittels unterschiedlicher Compiler mit einer anderen Programmiersprache oder mit einer anderen grafischen Programmiersprache (modellbasiert) umgesetzt werden.

Praktische Anwendung der ISO 26262 in der Automobilindustrie

Die technischen Vorrausetzungen zur Erfüllung der ISO 26262 werden im Abschn. 2.2 zur Architektur, die Softwareentwicklung in Abschn. 3.4 und der Test in Kap. 4 in den jeweiligen Kapiteln erläutert.

5.14 Agile Methoden

Die Entwicklungsprozesse für Software und Elektronik im Automobilbereich werden wie bis hier gezeigt gemäß der ISO Standards 15504 (ASPICE) und ISO 26262 (Funktionale Sicherheit) durchgeführt. Für dieses Vorgehen sind Prozessmodelle erstellt und Reifegrade ermittelt worden. Diese Methodik ist gemessen am Stand der Technik für Softwareentwicklung im IT- und Consumer-Bereich für solche Systeme teilweise nicht angemessen. Die Automobilindustrie kann mit den Vorgaben aus den aktuell bindenden Prozessen die Produkte oft erst in Serie bringen, wenn diese gemessen am Consumer-Bereich bereits veraltet sind.

Agile Entwicklungsmethoden, insbesondere Scrum, werden zum Status Quo, wenn es um die Entwicklung neuer Softwareprodukte im Consumer Market oder bei IT-Systemen geht (Stand der allgemeinen Agilen Software-Entwicklung: Scrum-Guide, „Agiles Manifest"). Scrum stellt Nutzeranforderungen informal dar (Epics – umfassende, riesige Anforderungen – werden zerteilt und zu User-Stories verfeinert), deren Umsetzung dennoch einen definierten Prozess verlangt. Die Umsetzung einer einzelnen User-Story erfolgt innerhalb eines sogenannten Sprints. Die Epic wird demnach durch Umsetzung vieler einzelner, sehr feiner und kundennah formulierter User Stories inkrementell über mehrere Sprints hinweg umgesetzt und führt zur Erfüllung der Kundenanforderung.

Im Gegensatz zur Unschärfe der Anforderungen und deren Erfüllung verlangt Scrum einen stringenten Ablauf der Entwicklung in Tages- und Wochenstruktur und stellt hohe Anforderungen an die Verantwortung und Disziplin der Mitarbeiter und Führung. Oft wird der Begriff Agilität mit Flexibilität verwechselt und das Weglassen von Dokumentation wie beim Extreme Programmierung XP gefordert. Dies entspricht jedoch nicht den agilen Werten, auf die hier nicht gesondert eingegangen werden soll. Diese sind im agilen Manifest zu finden und werden üblicherweise von einer entsprechenden Community im Unternehmen spezifisch interpretiert, gepflegt und verfeinert.

In den indirekten Bereichen der Softwareentwicklung der Automobilindustrie (IT-Systeme) haben sich die agilen Entwicklungsmethoden wie Scrum etabliert, die allerdings noch einige Widersprüche zum Stand der Technik in den Bereichen für eingebettete, sicherheitsrelevante Produktsoftware der Automobilindustrie haben. Dies gilt vor allem im Rahmen von Werkverträgen und vor dem Hintergrund des Produkthaftungsgesetzes. Es besteht eine stärkere Unschärfe über die zu erbringende Leistung, die Dokumentation im Hinblick auf die Produktzulassung und deren Abnahmekriterien als bei traditionellen Vorgehensweisen.

Bei Streitigkeiten oder der Produktzulassung kann dies dazu führen, dass keine eindeutige Aussage zur Vertragserfüllung und der Konformität zu normativen Anforderungen getroffen werden kann. Weiterhin kann die in Scrum enthaltene Unschärfe der Prozessbeschreibung bisher nicht dem Qualitätsanspruch an die Prozesse der Entwicklung sicherheitsrelevanter Systeme genügen.

Das Ziel ist eine Anwendung und Erweiterung der agilen Methoden, um Produktprototypen in den neuen Ausrichtungen Elektromobilität und autonomes Fahren agil zu entwickeln. Hier sind Phasen im Fokus, in denen der Standard zur Stringenz bei agilen Methoden ausreichend ist. Nur so kann die klassische Automobilindustrie mit den innovativen Konzepten des weniger normativ orientierten Wettbewerbs standhalten.

Das agile Vorgehen wird aktuell speziell auf eingebettete Prototypensoftware und eventuell begleitend auf die Entwicklung unterstützender IT-Systeme beschränkt. Der Nutzen für den Kunden und das jeweilige Produkt ist die im Prototypen-Entwicklungsprozess gesammelte Erfahrung mit dem Produkt. Diese kann dann im weiterhin als normativ seitens des Gesetzgebers geforderten Entwicklungsprozess, zum Beispiel zur Klärung von funktionalen Anforderungen mittels Prototypen, verwendet werden.

Adaption agiler Methoden in der Automobilindustrie

5.15   Reifegrade und Prozessmodellierung in der Praxis

Wie bereits von der theoretischen Seite her vorgestellt sollen Entwicklungsprozesse für Software im Automobilbereich nach ISO 15504 (Automotive SPICE) entwickelt werden. Dies ist eine Basis für die normative Voraussetzung der Entwicklung sicherheitsrelevanter Systeme nach ISO 26262 und damit bindend zur Abnahme der Systeme durch den Beauftragten des Gesetzgebers wie dem TÜV. Dazu hat jedes Unternehmen eine konkrete Zuordnung seiner spezifischen Geschäftsprozesse, Aktivitäten, technischen Verfahren und Artefakte zu den in den Reifegradmodellen oder der Norm geforderten Prozesskategorien entwickelt, um im Assessment die Aktivitäten zu erläutern.

Die meisten Entwicklungsabteilungen der Automobilhersteller stellen wenig formalisierte oder einheitliche Infrastruktur zur Vorgabe von Teilprozessen und Dokumentenvorlagen zur Verfügung. Die Ablage der Vorlagen und bestehenden Dokumentationen ist oft sehr heterogen. Oft fehlt eine konkrete Ableitung der Beschreibung von Arbeitsprozessen aus der ISO 15504 sowie eine Übertragbarkeit auf Projekte der Elektronikentwicklung im industriellen Umfeld. Wenn einzelne Lösungen vorliegen, fehlt oft die Möglichkeit zur Anpassung (Tailoring) auf spezifische Anforderungen der Projekte.

Ansätze wie ISO 15504 stellen nur die Norm, allerdings keine konkrete Anleitung zur Umsetzung dar. Das V-Modell XT stellt ebenfalls nur die Norm, keine konkrete Anleitung zum Tailoring und den konkreten Einsatz in den Projekten zur Verfügung. Im Projekt Hermes5 wurde ein Standard zur Umsetzung von IT-Projekten der Bundesbehörden der Schweiz beschrieben. Dieser ist für Automotive Elektronik jedoch schwer anwendbar.

Sämtliche Ansätze stellen wenig konkrete Anleitungen zur Umsetzung im täglichen Arbeitsgeschäft der Elektronikentwicklung bei Automobilherstellern und Zulieferern zur Verfügung. Es erfolgt keine konkrete Unterstützung der Entwickler, zum Beispiel durch eine Bibliothek von Dokumentenvorlagen. Wenn einzelne Lösungen vorliegen, fehlt oft die Möglichkeit zur Anpassung (Tailoring) auf spezifische Anforderungen der Projekte. Der Entwickler wird mit nicht relevanten Prozessschritten und Dokumenten sowie dem Problem der Auffindbarkeit der für ihn relevanten Stellen der umfangreichen Norm belastet.

Als Lösung des Problems kann beispielsweise in einer Intranet-basierten Prozessmodellierung eine formalisierte Infrastruktur zur Vorgabe von Teilprozessen und Dokumentenvorlagen bereitgestellt werden. Diese enthält dann eine homogene, strukturierte Ablage der Vorlagen und bestehenden Dokumentationen. Das bereitgestellte System muss eine konkrete Ableitung der Beschreibung von Arbeitsprozessen aus der ISO 15504 und der ISO 26262 [18] auf die aktuellen Geschäftsprozesse sowie eine Übertragbarkeit auf Projekte der Entwicklung elektromechanischer Systeme modellieren.

Der Beitrag gegenüber dem Stand der Technik in diesem Zusammenhang ist die Schaffung eines für die Serienentwicklung elektromechanischer Systeme spezifischen Metamodells zur Formalisierung der Prozessbeschreibung. Ein Metamodell ist in diesem Zusammenhang eine Zuordnung von Rollen, Aktivitäten, Arbeitsanweisungen, Meilensteinen und Dokumenten zu einer Datenstruktur des Systems, das den Entwickler im täglichen

Geschäft unterstützt. Eine konkrete Ausprägung ist die Möglichkeit, spezifische Dokumentenvorlagen und Projektpläne aus dem Metamodell automatisch zu erstellen.

Eine weitere mögliche Alleinstellung ist die Bereitstellung einer Möglichkeit zur Anpassung (Tailoring) auf spezifische Anforderungen der Projekte: Allein durch die formalisierte Basis ist es möglich, mit geringstem Aufwand projekt- und nutzerspezifische Anpassungen vorzunehmen. Der Nutzer wird dadurch bei allen relevanten Tätigkeiten unterstützt, jedoch nicht mit für ihn irrelevanten Aktivitäten belastet. Es werden spezifische Vorlagen wie beispielsweise Codierungs-Templates oder Checklisten für Reviews automatisch erstellt.

Zusätzlich wird der Entwickler im Abnahmeverfahren des TÜV-Beauftragten (Assessment) durch konkrete Zuordnung der durchgeführten Entwicklungs-, Test- und Dokumentationsaktivitäten zu Forderungen der Norm unterstützt. Zur einfachen Handhabung kann das System als web-basierte Lösung umgesetzt werden.

Ein solches Prozessportal ist dann die konkrete Unterstützung des Entwicklungsprozesses zur Erreichung der Ziele der ISO 15504 (SPICE Level3) und der ISO 26262 sowie eine konkrete Hilfe zum schnellen Start der Entwicklung (Arbeitsanweisungen, Vorlagen, ...). Ein solches Metamodell kann als Prozessportal zur täglichen Unterstützung der Entwickler umgesetzt und ausgerollt werden. Es trägt deutlich zur Effektivität und Effizienz bei und ist in der Lage, jegliche Prozessvorgaben zu modellieren und dem Nutzer zur Verfügung zu stellen.

5.16 Zusammenfassung

- In diesem Kapitel wurden grundsätzliche Modelle wie das Wasserfallmodell und das Vorgehensmodell eingeführt.
- Die Reifegradmodelle CMMI und SPICE sowie normative Entwicklungsprozesse aus dem Bereich der funktionalen Sicherheit und die zugehörigen Assessments wurden im Detail vorgestellt.
- Der Stand zu agilen Methoden wurde bewertet.
- Es wurde die konkrete Umsetzung einer Prozessmodellierung als Arbeitshilfe für Entwickler gezeigt.

5.17 Lernkontrollen

5.17.1 Prozessmodelle

- Warum werden Prozessmodelle verwendet?
- Welche klassischen Prozessmodelle gibt es?
- Wie sieht die Struktur des V-Modells aus?

5.17.2 Reifegradmodelle

- Was für Reifegrade hat das CMMI und wofür stehen diese?
- Wie viele Reifegradstufen gibt es im SPICE, wie sind sie gegliedert und was sind ihre grundlegenden Charakteristika?
- Was ist der Zweck eines Assessments?

5.17.3 Funktionale Sicherheit

- Welche Einsatzbereiche gibt es für die IEC 61508?
- Was versteht man unter „Fehlererkennung und -diagnose"?
- Wozu dient eine Gefahren- und Risikoanalyse?

Software-Variabilität in der Automobilindustrie   6

Gastbeitrag von Christoph Seidl

Konstruktion von Software-Produktlinien für den Umgang mit Chancen und Herausforderungen durch Variabilität

Variabilität im allgemeinen Sinne bezeichnet die Veränderlichkeit von Merkmalen. Variabilität ist in der Automobilindustrie allgegenwärtig: Kunden können die Ausstattung ihres Fahrzeuges selbst konfigurieren und Entwickler nehmen Anpassungen an Fahrzeugen vor, z. B. um sie an den internationalen Markt und dessen rechtliche Anforderungen anzupassen. Die Konfigurationsmöglichkeiten und die dadurch zu Stande kommenden unterschiedlichen Konfigurationen repräsentieren zusammen die Variabilität eines Typs von Fahrzeug. Selbstverständlich findet sich diese Variabilität in der Automobilindustrie in physischen Elementen, wenn z. B. das serienmäßige Lenkrad gegen ein Sportlenkrad getauscht werden kann. Aus Sicht der Softwaretechnik wird dies gemeinhin als Variabilität in der Hardware bezeichnet. Darüber hinaus findet sich aber zunehmend mehr Software-Variabilität in Fahrzeugen, was interne Steuerfunktionalität aber auch Endanwenderfunktionen betreffen kann, z. B. also eine nur durch Fahrzeugentwickler konfigurierbare Steuerung des Scheibenwischers aber auch unterschiedliche Infotainment Systeme.

Durch die Vielzahl zur Verfügung stehender Konfigurationsoptionen und deren spezifischer Konfigurationsregeln entsteht signifikante Komplexität im Umgang mit Software-Variabilität. Ohne geeignete Methoden für die Planung und Entwicklung von Software-Systemen wird Variabilität schnell zu einem unlösbar scheinenden Problem. Jedoch ist es in der Automobilindustrie in vielen Bereichen für Entwickler unausweichlich, sich mit Variabilität befassen zu müssen, z. B. um verschiedene Modelle der gleichen Baureihe zu unterstützen. Des Weiteren birgt die Möglichkeit der individuellen Konfiguration eines Fahrzeugs durch Kunden ein enormes Potential für den Fahrzeughersteller, sich von der Konkurrenz abzusetzen.

Dr.-Ing. Christoph Seidl
Institut für Softwaretechnik und Fahrzeuginformatik, Technische Universität Braunschweig, Braunschweig, Deutschland

© Springer Fachmedien Wiesbaden GmbH, ein Teil von Springer Nature 2018   261
F. Wolf, *Fahrzeuginformatik*, ATZ/MTZ-Fachbuch,
https://doi.org/10.1007/978-3-658-21224-7_6

Darüber hinaus liegen in der strukturierten Handhabung von Variabilität große Chancen: Das Wissen über Konfigurationsoptionen und deren Konfigurationsregeln erlaubt gezielte Weiterentwicklung, Wiederverwendung über die Grenzen einzelner Systeme hinweg kann den Entwicklungsaufwand reduzieren, die Qualität der einzelnen Software-Systeme kann verbessert werden und die Zeit zur Marktreife neuer Konfigurationen der Software-Systeme kann reduziert werden. Um diese Chancen voll nutzen zu können ist jedoch Expertenwissen im Umgang mit Variabilität gefordert.

Dieses Kapitel behandelt Konzepte und Techniken für den strukturierten Umgang mit Variabilität in Software-Systemen der Automobilindustrie durch die Konstruktion einer *Software-Produktlinie (SPL)*, sodass die entstehenden Herausforderungen gemeistert und die in Aussicht gestellten Chancen realisiert werden können. Dabei werden die einzelnen Konzepte und Techniken soweit vertieft, dass der Leser sie sinnvoll in die praktische Anwendung übertragen kann. Der Fokus liegt aber auch darauf, den Zusammenhang der Konzepte und Techniken holistisch zu vermitteln, um so den Leser in die Lage zu versetzen, an geeigneten Stellen informierte Entscheidungen zu treffen und Vorgehensweisen so anzupassen, dass sie den individuellen Anforderungen der Software-Entwicklung im eigenen Unternehmen gerecht werden.

Im Detail ist das Kapitel folgendermaßen aufgebaut: Abschn. 6.1 führt das Fenstersystem eines elektronischen Komfortsystems eines Fahrzeugs als fortlaufendes Beispiel eines variablen Software-Systems ein, an dem die Herausforderungen sowie die Techniken und Konzepte zur Handhabung von Variabilität exemplarisch erläutert werden. Abschn. 6.2 gibt einen Überblick über Software-Produktlinien (SPLs), sowie die grundsätzlich relevanten Artefakte und Prozesse für deren Konstruktion und Nutzung. Abschn. 6.3 stellt Notationen zur konzeptionellen Repräsentation von Variabilität in SPLs und Abschn. 6.4 zur konkreten Umsetzung von Variabilität in Realisierungsartefakten im Detail vor. Abschn. 6.5 gibt konkrete Hinweise für den praktischen Einsatz von SPL Technologien in der Automobilindustrie. Abschn. 6.6 führt speziell für die Automobilindustrie potentiell relevante weiterführende SPL Konzepte und Techniken ein, um einen grundsätzlichen Eindruck zu vermitteln und das potentielle weitere Selbststudium zu lenken. Letztlich schließt das Kapitel mit einer Zusammenfassung.

Das Kapitel behandelt das komplexe Themengebiet der Software-Variabilität in der Automobilindustrie sowohl in der Breite wie auch in einer Tiefe, wie sie für den praktischen Einsatz angemessen ist. Je nach Ziel des Lesers können die Inhalte unterschiedlich erschlossen werden: Für einen Gesamteindruck bietet sich die vollständige und sequentielle Lektüre an. Für reines Praxiswissen kann zuerst Abschn. 6.2 und dann Abschn. 6.5 gelesen werden, wobei nach Bedarf auf die einzelnen Sektionen aus Abschn. 6.3 und 6.4 zurückgegriffen wird. Für einen reinen Überblick über die SPLs zu Grunde liegenden Konzepte und Techniken kann zuerst Abschn. 6.2 und dann Abschn. 6.6 gelesen werden.

6.1 Das Body Comfort System mit variabler Fenstersteuerung als laufendes Beispiel

In der Automobilindustrie findet sich Variabilität in vielen Bereichen wie z. B. im elektronischen Komfortsystem eines Fahrzeugs (engl.: *Body Comfort System*). Das hier vorgestellte System besteht u. a. aus einem Fenstersystem mit optionalem Fingerschutz, einer Zentralverriegelung mit optionaler Fernbedienung und einem Alarmsystem sowie verschiedenen LEDs, die z. B. den Status des Fenster- und Alarmsystems kommunizieren. Teile dieser Funktionen können in ihrer Ausprägung konfigurierbar sein (z. B. welche Art von Fenstersteuerung verwendet wird), wieder andere können ganzheitlich an- oder abgewählt werden (z. B. ob das Fahrzeug über ein Alarmsystem verfügen soll). Ein großer Teil der entsprechenden logischen Funktionalität wird über Software implementiert. Aus diesen Gründen beinhalten derartige Systeme Variabilität, die sich nicht nur in der Hardware niederschlägt, sondern oftmals auch in der Software. Im weiteren Verlauf dieses Kapitels soll speziell das Fenstersystem des elektrischen Komfortsystems als fortlaufendes Beispiel genutzt werden, um Herausforderungen sowie Techniken und Methoden im Umgang mit der Software-Variabilität dieser Konfigurationsoptionen zu verdeutlichen.

Das Fenstersystem bietet die Möglichkeit, unterschiedliche Arten zur Steuerung der Position der Seitenfenster auszuwählen. Dabei stehen drei Optionen zur Wahl: Die *manuelle Fenstersteuerung* verzichtet auf jegliche Elektronik und erlaubt es nur durch Betätigung einer Kurbel, die Position der Fensterscheibe zu verändern. Die *elektrische Standard-Fenstersteuerung* erlaubt es, per Betätigung eines Wippschalters die Fensterposition zu ändern, was durch einen Elektromotor ausgeführt wird. Die *automatische elektrische Fenstersteuerung* wird analog zur standard elektrischen Fenstersteuerung bedient, hat aber einen konkreten Unterschied: Wenn das Fahrzeug verschlossen wird und das Fenster noch geöffnet ist, schließt das automatische elektrische Fenstersystem die Seitenfenster selbstständig und erlaubt in dieser Zeit keine manuelle Interaktion mehr. Die standard elektrische Fenstersteuerung benötigt beim Abschließen des Fahrzeugs hingegen, dass die Seitenfenster durch die Passagiere geschlossen werden und erlaubt es daher noch für eine bestimmte Zeit nach dem Abschließen, die Fenster per Wippschalter zu betätigen.

Zusätzlich zu den unterschiedlichen Fenstersteuerungen steht noch ein Fingerschutzsystem zur Wahl, das den Elektromotor der elektrischen Fenstersteuerungen stoppt, sobald ein physisches Hindernis im Fenster erkannt wird. Dieses System ist prinzipbedingt für die rein manuelle Fenstersteuerung nicht verfügbar. Für die standard elektrische Fenstersteuerung kann das System optional hinzugewählt werden. Für die automatische elektrische Fenstersteuerung ist das Fingerschutzsystem hingegen verpflichtend, um eine sichere Ausführung des automatischen Schließverfahrens zu gewährleisten.

Alle diese angesprochenen Systeme benötigen unterschiedliche Hardware, wie z. B. Elektromotoren und Sensoren zur Erkennung von Hindernissen. Auf die daraus resultierende Hardware-Variabilität soll aber an dieser Stelle nicht weiter eingegangen werden. Jedoch werden die logische Funktionalität der unterschiedlichen elektrischen Fenstersysteme und die des Fingerschutzsystems durch Software realisiert. Die Entscheidung, welches der Systeme in einer konkreten Konfiguration an- oder abgewählt sein soll, beeinflusst daher auch maßgeblich, wie die logische Funktion der Software aussieht. Hierbei handelt es sich also um Software-Variabilität, die gehandhabt werden muss.

Konkret wird die logische Funktion der Systeme in Artefakten von zwei unterschiedlichen Typen realisiert: Zustandsdiagramme der SysML bzw. UML sowie C Code. Zustandsdiagramme beschreiben den grundsätzlichen Ablauf der Steuerlogik durch Zustände, die durch Transitionen verbunden sind, welche durch eintretende Ereignisse aktiviert werden, sofern optional anzugebende Randbedingungen erfüllt sind. Die Transitionen können dabei mit einer Aktion versehen sein, die den Aufruf einer Funktion darstellt. Aus den Zustandsdiagrammen wird C Code generiert, der den zuvor im Diagramm beschriebenen Ablauf als Programm realisiert, was auch den Aufruf der an Transitionen annotierten Funktionen beinhaltet. Für die entsprechenden Funktionen werden die jeweiligen Signaturen im C Code mitgeneriert. Jedoch muss die Implementierung der Funktionen einmalig manuell vorgenommen werden. Eine wiederholte Generierung überschreibt die manuelle Implementierung nicht, sondern die bestehenden Code-Dateien werden abermals verwendet. Durch diese Umsetzung werden sowohl Zustandsdiagramme als auch C Code benötigt, um die Logik der Systeme zu beschreiben.

Der Unterschied zwischen der manuellen und den elektrischen Fenstersteuerungen wird speziell bei der Reaktion der elektrischen Fenstersteuerungen auf das Absperren des Fahrzeugs per Zentralverriegelung deutlich. Daher zeigt Abb. 6.1 exemplarisch die Zustandsdiagramme für die Zentralverriegelung in Kombination mit a) der manuellen Fenstersteuerung und b) der standard elektrischen Fenstersteuerung. Des Weiteren zeigt Abb. 6.2 die relevanten Ausschnitte des C Codes, der die an den Transitionen annotierten Funktionen für a) die manuelle Fenstersteuerung und b) die standard elektrische Fenstersteuerung implementiert.

Sowohl die Zustandsdiagramme als auch der C Code variieren für die manuelle und die standard elektrische Fenstersteuerung: Beim Abschließen für die manuelle Fenstersteuerung wird lediglich das Fahrzeug abgeschlossen. Beim Abschließen für die standard elektrische Fenstersteuerung wird hingegen an Hand zweier Transitionen unterschieden, wie vorgegangen werden soll: Ist das Fenster bereits geschlossen (Bedingung pwPos == 1), so soll die Funktion lockAndDisablePW() neben dem reinen Abschließen des Fahrzeugs auch die Möglichkeit zur Kontrolle der Fensterposition durch Passagiere ausschalten. Ist

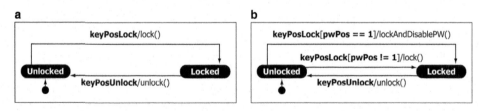

Abb. 6.1 Zustandsdiagramme der Logik der Zentralverriegelung mit **a** der manuellen Fenstersteuerung und **b** der standard elektrischen Fenstersteuerung

a

```
bool clsLocked = false;

void unlock() {
  clsLocked = false;
}

void lock() {
  clsLocked = true;
}
```

b

```
bool clsLocked = false;
bool pwEnabled = true;

void unlock() {
  clsLocked = false;
  pwEnabled = true;
}

void lock() {
  clsLocked = true;
}

void lockAndDisablePW() {
  lock();
  pwEnabled = false;
}
```

Abb. 6.2 C Quellcode der Funktionen der Zentralverriegelung mit **a** der manuellen Fenstersteuerung und **b** der standard elektrischen Fenstersteuerung

das Fenster dagegen noch nicht vollkommen geschlossen (Bedingung pwPos != 1), so soll nur das Fahrzeug abgeschlossen werden, die Möglichkeit zur Kontrolle der Fensterposition durch Passagiere aber weiterhin aktiviert bleiben.

Beim Aufschließen des Fahrzeugs ist die Logik der beiden Fenstersteuerungen identisch, sodass bei Auftreten des Ereignisses keyPosUnlock die Funktion unlock() mit ihrer entsprechenden Implementierung aufgerufen wird. Insgesamt verfügen die Realisierungen also über weitgehend gleiche Funktionalität, die aber in Abhängigkeit davon, welche der Fenstersteuerungen gewählt wird, auch deutliche Unterschiede aufweisen kann.

Würde über die manuelle und standard elektrische Fenstersteuerung hinaus jedoch auch noch die automatische elektrische Fenstersteuerung betrachtet, so wären ein abermals geändertes Zustandsdiagramm und entsprechender C Code notwendig, um die abweichende Logik des Systems zu realisieren.

Dieser Umstand verdeutlicht ein großes Problem, das mit Variabilität in Software-Systemen einhergeht: Mit der Zunahme von Konfigurationsoptionen müssen auch zunehmend viele unterschiedliche Realisierungsartefakte entwickelt und gewartet werden. Selbst wenn ein bereits bestehendes Realisierungsartefakt als Vorlage dient und nach Kopie modifiziert wird, um die geänderte Funktionalität zu realisieren, wird der Entwicklungsaufwand deutlich erhöht. Viel problematischer ist jedoch die Wartung der einzelnen Realisierungsartefakte in unterschiedlichen Ausprägungen: Sollte z. B. ein Fehler in der Logik festgestellt werden, die den Systemen gemein ist, so muss jedes einzelne der Realisierungsartefakte analog angepasst werden. Problematischer kann es dann noch sein, wenn der Fehler nur einen Teil der unterschiedlichen Realisierungsartefakte betrifft, aber nicht ohne weiteres klar ist, welche Auswahl der Realisierungsartefakte angepasst werden muss, um den Fehler in allen möglichen Konfigurationen zu beseitigen. Allein durch diese Gegebenheit ist es nicht ratsam, komplett separate Realisierungsartefakte für unterschiedliche Konfigurationsoptionen zu entwickeln. Darüber hinaus kommt es noch schnell zur kombinatorischen Explosion der Konfigurationsoptionen, die die Entwicklung gesonderter Realisierungsartefakte schlichtweg unmöglich macht.

Im genannten Beispiel aller drei Fenstersteuerungen müssten insgesamt drei Zustandsdiagramme und drei C Code Dateien entwickelt und gewartet werden. Diese handhabbare Zahl ist zum einen der überschaubaren Größe des Beispiels geschuldet, liegt aber zum anderen auch darin begründet, dass die drei Konfigurationsoptionen nur unter wechselseitigem Ausschluss ausgewählt werden dürfen. Können dagegen Konfigurationsoptionen frei miteinander kombiniert werden, so ist die Anzahl der daraus resultierenden möglichen Kombinationen weitaus größer. Sollten z. B. 33 frei kombinierbare Konfigurationsoptionen zur Verfügung stehen, so würden $2^{33} = 8.589.934.592$ mögliche Kombinationen resultieren, was bedeutet, dass für mehr als jeden einzelnen Menschen auf der Welt eine individuelle Konfiguration zur Verfügung stehen würde. In der Praxis von Automobilherstellern finden sich oftmals mehrere Hundert Konfigurationsoptionen, die zwar nicht vollkommen unabhängig voneinander sind, bei denen es aber auf Grund der Größenordnung nicht mehr möglich ist, separate Realisierungsartefakte für alle potentiellen Ausprägungen zu implementieren. Offensichtlich ist die Entwicklung und Wartung für Einzelsysteme in diesen Größenordnungen nicht mehr möglich.

Um dieser Komplexität trotzdem Herr zu werden bedarf es speziell geeigneter Methoden für die Handhabung von Variabilität in Software. Um eben diese Methoden zu vermitteln, beschreiben die folgenden Abschnitte an Hand des eingeführten Beispiels fundamentale Konzepte und Techniken aus dem Bereich der Software-Produktlinien (SPLs) – einer etablierten Methode zur Entwicklung und Konfiguration hochvariabler Software-Systeme.

6.2 Grundlagen der Software-Produktlinien

Wie durch das fortlaufende Beispiel der Fenstersteuerung dargestellt resultiert Variabilität in signifikanter Komplexität, was die Entwicklung und Wartung von Software-Systemen betrifft. Dies liegt darin begründet, dass nicht ein einzelnes Software-System betrachtet wird, sondern in der Tat eine gesamte Software-Familie: Die Konfigurationsoptionen der Anwendung führen dazu, dass sich die einzelnen konkreten Ausprägungen der Software-Familie sehr unterschiedlich voneinander verhalten können. Zugrunde liegt ihnen aber, dass es sich um sehr ähnliche Anwendungen handelt, die in der gleichen Domäne operieren und ähnliche Funktionalität besitzen. Anstatt die Systeme isoliert voneinander zu betrachten und zu entwickeln, wäre es also denkbar und wünschenswert, ihre Gemeinsamkeiten auch gemeinsam zu entwickeln und möglichst nur bei ihren Unterschieden individuell zu entwickeln. Dies ist der Grundgedanke einer Software-Produktlinie.

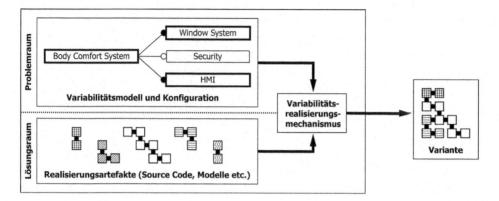

Abb. 6.3 Überblick über Kernelemente und fundamentale Prozesse einer Software-Produktlinie (SPL)

Eine Software-Produktlinie (SPL) stellt einen Ansatz zur Wiederverwendung im großen Stile dar, dessen fundamentaler Gedanke ist, eine Software-Familie zu zerlegen in solche Elemente, die den Systemen gemein sind einerseits und solche die variabel sind andererseits. Die zu Grunde liegende Annahme ist, dass die betrachtete Software-Familie insgesamt über weitaus mehr Gemeinsamkeiten verfügt als Unterschiede, sodass es lohnenswert ist, die Entwicklung der Gemeinsamkeiten für alle Systeme zu harmonisieren. Trotzdem handelt es sich bei den Unterschieden teils um signifikant unterschiedliche Funktionalität. Daher ist es nicht ohne weiteres möglich, ein System nur durch unterschiedliche Werte zu parametrieren. Vielmehr müssen u. U. ganze Abschnitte der Implementierung ausgetauscht werden, um die variierende Funktionalität umzusetzen, d. h., es könnte z. B. notwendig sein, Teile des Quellcodes zu verändern oder zu entfernen, wie bereits im Beispiel der Fenstersteuerung verdeutlicht wurde. Durch diese weitreichenden Eingriffe in die Implementierung sind geeignete Methoden notwendig, um die einzelnen Software-Systeme der Software-Familie zu realisieren. Das SPL Engineering ist daher eine Methodologie bestehend aus verschiedenen Konzepten und Techniken für die Handhabung von Variabilität in Entwicklung, Wartung, Analyse und Qualitätssicherung von Software-Familien.

Eine SPL besteht aus einer Reihe von Elementen, die für die Handhabung von Variabilität eingesetzt werden, wie es in Abb. 6.3 verdeutlicht wird. Im Folgenden werden die Erstellung einer SPL und deren Verwendung mit den jeweils relevanten Artefakten und Prozessen überblicksartig erklärt.

6.2.1   Erstellung einer Software-Produktlinie

Grundsätzlich werden in der Terminologie der SPLs zwei Räume von verschiedenem Abstraktionsgrad unterschieden: Der *Problemraum* (engl. *Problem Space*) stellt Informationen auf konzeptioneller Ebene lösungs- und technologieneutral dar, wohingegen der *Lösungsraum* (engl.: *Solution Space*) konkrete Umsetzungen auf Realisierungsebene beinhaltet.

Diese Unterscheidung ist dahingehend sinnvoll, dass bei einer Software-Familie der Größenordnung einer SPL mehrere Stakeholder unterschiedlicher technischer Versiertheit beteiligt sind, die einen unterschiedlichen Blick auf die potentiell realisierten Software-Systeme benötigen. Beispielsweise müssen im Vertrieb tätige Personen sehr wohl an Kunden kommunizieren können, welche Konfigurationsoptionen zur Verfügung stehen, sie müssen aber nicht wissen, wie die realisierende Software aus technischer Sicht aussieht. Im Gegensatz dazu können an der Software tätige Entwickler nicht ohne derartige technische Details arbeiten. Dementsprechend enthalten der Problem- und der Lösungsraum unterschiedliche zentrale Artefakte, die zwar jeweils die Variabilität der Software-Familie repräsentieren, dies aber auf sehr unterschiedliche Art und Weise tun.

Der Problemraum mit dem Variabilitätsmodell

Der Problemraum beschreibt Variabilität auf konzeptioneller Ebene und beinhaltet als zentrales Artefakt das sog. *Variabilitätsmodell*. Die Hauptaufgabe des Variabilitätsmodells ist es, die zur Verfügung stehenden Konfigurationsoptionen darzustellen ohne dabei auf deren technische Umsetzung eingehen zu müssen. Das heißt im Variabilitätsmodell handelt es sich bei Konfigurationsoptionen um reine Konzepte, die voneinander unterscheidbar und möglichst eindeutig identifizierbar sind. In der Regel erfolgt dies durch die Vergabe ausdrucksstarker Namen für eine gewisse Funktionalität. Zum Beispiel könnte im Rahmen des Fenstersystems das *Fingerschutzsystem* als eine Option angeboten werden. Neben dem Namen ist an diesem Punkt nichts über die technische Umsetzung dieser Konfigurationsoption bekannt. Diese starke Abstraktion ist sinnvoll, sodass auch nicht-technische Stakeholder den grundsätzlichen Konfigurationsumfang erfassen können, wie z. B. Manager. Insgesamt kann so also durch das Variabilitätsmodell ein Gesamtüberblick über die zur Verfügung stehenden Konfigurationsoptionen gewonnen werden.

Im Allgemeinen sind die Konfigurationsoptionen jedoch nicht vollkommen frei miteinander kombinierbar. Daher hat das Variabilitätsmodell noch die weitaus wichtigere Funktion, zu definieren, welche Konstellation von Konfigurationsoptionen zulässig ist und welche nicht. Beispielsweise kann im Fenstersystem nur genau eine der drei Optionen für die Fenstersteuerung gewählt werden, aber keine Kombination aus zwei oder mehr Optionen.

Bei der Kombination aus angebotenen Konfigurationsoptionen und Regeln, wie diese miteinander kombiniert werden dürfen spricht man in der Fachterminologie von *Konfigurationswissen* (welches sich teilweise auch im Lösungsraum wiederfinden kann, siehe weiter unten). Durch das Konfigurationswissen des Variabilitätsmodells werden also prinzipiell alle jemals zu konfigurierenden Software-Systeme der Software-Familie auf konzeptueller Ebene beschrieben, weshalb man bei SPLs in der Fachterminologie auch von einem *abgeschlossenen Variantenraum* spricht. Der Funktionsumfang eines einzelnen Software-Systems der Software-Familie wird dabei auf konzeptioneller Ebene durch eine konkrete Auswahl der Konfigurationsoptionen beschrieben. In der Fachterminologie spricht man bei einer solchen konkreten Auswahl von Konfigurationsoptionen von einer *Konfiguration*, wenn die Auswahl alle Konfigurationsregeln des Variabilitätsmodells erfüllt.

Der Ausdruck Variabilitätsmodell ist als Überbegriff über verschiedene konkrete Notationen zu verstehen. So existieren beispielsweise Feature Models, Decision Models oder Orthogonal Variability Models (OVMs), um nur einige zu nennen. Gemein ist diesen Notationen, dass sie Konfigurationswissen auf konzeptioneller Ebene beschreiben. Sie unterscheiden sich aber darin, dass sie dies auf durchaus unterschiedliche Art und Weise tun. Um die Unterschiede zu verdeutlichen, werden die genannten Notationen im folgenden Abschn. 6.3 detailliert erklärt.

Neben dem Variabilitätsmodell kann der Problemraum noch weitere Artefakte enthalten. Beispielsweise sind die Anforderungen an die Software-Familie oder einzelne Software-Systeme daraus ebenfalls als lösungs- und technologieneutrale Artefakte der Software-Entwicklung zu verstehen.

Der Lösungsraum mit Realisierungsartefakten
Der Lösungsraum beschreibt Variabilität auf Realisierungsebene und beinhaltet alle Elemente, die für die konkrete Umsetzung eines Software-Systems notwendig sind. Vorrangig beinhaltet dies die Artefakte zur Implementierung des Software-Systems, wie im Beispiel des Fenstersystems die Zustandsdiagramme und den dazugehörigen C Code. Jedoch können darüber hinaus noch weitere Artefakte relevant sein, die mit dem Software-System ausgeliefert werden sollten. Denkbar ist zum Beispiel ein Handbuch, das die Funktion des Software-Systems beschreibt, oder die Definition einzelner Datenformate, die im Software-System verwendet werden. Als Überbegriff für alle diese Elemente wird in diesem Kapitel der Ausdruck *Realisierungsartefakte* genutzt.

Da alle Realisierungsartefakte der Variabilität der Software-Familie unterworfen sein können und eben keine Duplikate entwickelt werden sollen, müssen sich die entsprechenden Artefakte „anpassen können" je nachdem, welche Konfigurationsoption gewählt wurde. Beispielsweise soll bei einer abgewählten Konfigurationsoption sowohl das Zustandsdiagramm wie auch der Quellcode die entsprechende Funktionalität nicht mehr realisieren, aber auch das Handbuch soll diese Funktionalität nicht mehr beschreiben.

In Abhängigkeit der Notation für das konkrete Realisierungsartefakt können Vorschriften für derartige Änderungen einfacher oder weniger einfach ausgedrückt werden, beispielsweise bietet C Code durch seinen Präprozessor andere Möglichkeiten als Zustandsdiagramme. Da Variabilität nicht nur die konkrete Implementierung betrifft, sondern u. U. auch weitere Artefakte, wie das oben genannte Handbuch oder die Beschreibungen von Datenformaten, müssen die entsprechenden Notationen ebenso in die Lage versetzt werden, Änderungen an den Artefakten zu vollziehen. Je nach Wahl des konkret verwendeten Mechanismus werden mehr oder weniger große Anteile des Konfigurationswissens auf Realisierungsebene innerhalb oder außerhalb der Realisierungsartefakte des Lösungsraums dargestellt, siehe Abschn. 6.4. Diejenigen Stellen in Realisierungsartefakten, die von Variabilität betroffen sind und daher, je nach gewählter Konfigurationsoption, angepasst werden müssen, werden in der Fachterminologie als *Variationspunkte* bezeichnet.

Werden alle Realisierungsartefakte in die Form gebracht, die der Funktion einer validen Auswahl von Konfigurationsoptionen entspricht, so spricht man von einer *Variante* der Software-Familie. Wichtig ist hier zu verstehen, dass die Begriffe Konfiguration und Variante beide ein konkretes Software-System aus der Software-Familie beschreiben jedoch auf unterschiedlichen Abstraktionsebenen: Eine Konfiguration ist eine Auswahl konzeptioneller Elemente des Variabilitätsmodells aus dem Problemraum, d. h. in der Regel eine Sammlung aussagekräftiger Namen. Eine Variante ist dagegen die Sammlung der entsprechenden Realisierungsartefakte in der Form, in der sie eine Konfiguration realisieren, und stellt somit die Umsetzung einer Konfiguration auf der Realisierungsebene des Lösungsraumes dar.

In der einschlägigen Literatur wird manchmal synonym zu dem Begriff *Variante* auch der Begriff *Produkt* verwendet. In diesem Kapitel wird ausschließlich der Begriff *Variante* genutzt, um den Software-Anteil eines konkreten Software-Systems aus einer Software-Familie zu adressieren und nicht durch den Begriff *Produkt* fälschlicherweise den Eindruck zu erwecken, über das zu verkaufende Endprodukt insgesamt, inklusive Hardware, zu sprechen.

6.2.2 Verwendung einer Software-Produktlinie

Neben den Aktivitäten zur Konstruktion einer SPL, die in diesem Kapitel ausführlich beschrieben werden, stehen Prozesse zur Nutzung der SPL in der Praxis. Ein Hauptziel des SPL Engineerings ist es, möglichst einfach zu erlauben, die einzelnen Software-Systeme der Software-Familie zu instanziieren, d. h. die entsprechenden lauffähigen Software-Systeme zusammenzustellen und für den Einsatz in der Praxis vorzubereiten. In der Fachterminologie spricht man bei diesem Prozess von *Variantengenerierung*.

Erstellung einer Konfiguration

Im Rahmen der Variantengenerierung muss zuerst entschieden werden, was der konkrete Funktionsumfang des avisierten Software-Systems der Software-Familie sein soll. Zu diesem Zweck wird im *Konfigurationsprozess* aus dem Variabilitätsmodell eine Konfiguration definiert, d. h. eine Auswahl aller zur Verfügung stehenden Konfigurationsoptionen getroffen, die in ihrer Gesamtheit alle definierten Konfigurationsregeln erfüllt. Die Definition der Konfiguration kann durch unterschiedliche Stakeholder erfolgen, je nachdem wer die Zielgruppe des entsprechenden Produkts ist. Beispielsweise würde bei einer SPL zur Motorsteuerung aller Wahrscheinlichkeit nach ein technisch versierter Ingenieur die entsprechende Konfiguration definieren. Dagegen könnte bei einer SPL für ein Infotainment System eine technisch deutlich weniger versierte Person die Konfiguration definieren, wie z. B. ein Mitarbeiter des Vertriebs oder sogar der Kunde des Fahrzeugs selbst.

Unterstützt wird dieser Prozess durch Konfigurationsanwendungen, die z. B. zwangsläufig benötigte Konfigurationsoptionen automatisch anwählt oder, bei Wahl einer konkreten Konfigurationsoption, angibt, welche anderen Konfigurationsoptionen nicht mehr
anwählbar sind. Die konkrete Darstellung des Konfigurationswissens kann dabei unterschiedliche Formen annehmen. Für technischere Stakeholder ist sie oftmals an die
Darstellung des jeweiligen zu Grunde liegenden Variabilitätsmodells angelehnt, siehe
Abschn. 6.3. Für weniger technische Stakeholder kann aber auch ein dedizierter Konfigurator zur Verfügung gestellt werden, z. B. in Form einer interaktiven Checkliste oder eines
Wizards. Die Konfigurationslogik stammt jedoch abermals aus dem zu Grunde liegenden
Variabilitätsmodell.

Im Allgemeinen wird der Konfigurationsprozess im SPL Engineering als nahezu zeit-
los gesehen und es wird davon ausgegangen, dass er von einer einzelnen Person ausgeführt
wird. Es existieren aber auch Techniken, die es erlauben, komplexe Konfigurationsprozesse mehrerer beteiligter Personen mit unterschiedlichen Kompetenzen und Abhängigkeiten
abzubilden, siehe dazu Abschn. 6.6.3. In jedem Fall ist das Resultat des Konfigurations-
prozesses eine konkrete Konfiguration der SPL.

Erstellung einer Variante

Mit der Auswahl einer Konfiguration ist auf konzeptioneller Ebene festgelegt, welche
Funktion die entsprechende Variante enthalten soll. In der Fachterminologie spricht man
davon, dass die Variabilität an diesem Punkt *vollständig gebunden* ist. Jedoch ist durch die
Konfiguration alleine noch nicht klar, wie die ausgewählte Funktionalität konkret umgesetzt werden soll. Zu diesem Zweck ist es notwendig, die Realisierungsartefakte der SPL
zu betrachten, in denen sich die Variabilität ebenfalls wiederspiegelt: Je nachdem ob eine
Konfigurationsoption angewählt ist oder nicht kann Funktionalität in den Realisierungsartefakten an- oder abwesend bzw. anders parametriert sein. Im Rahmen des laufenden
Beispiels der Fenstersteuerung existieren Realisierungsartefakte als Zustandsdiagramme
und C Quellcode. Sollte eine gewisse Konfigurationsoption nicht angewählt sein, wäre es
denkbar, dass in dem entsprechenden Zustandsdiagramm eine Transition und im zugehörigen Quellcode die entsprechende Funktion nicht benötigt werden.

Die entsprechende Umsetzung dieser Änderungen innerhalb einer SPL erfolgt dabei
durch einen sog. *Variabilitätsrealisierungsmechanismus*. Es existieren mehrere unterschiedliche grundsätzliche Ansätze für Variabilitätsrealisierungsmechanismen, die wiederum durch mehrere konkrete Techniken umgesetzt werden können, siehe Abschn. 6.4.
Gemein ist diesen Techniken, dass sie mit der Eingabe einer konzeptionellen Konfiguration ein konkretes Software-System als Variante der SPL zusammenstellen, das in seinem
Funktionsumfang den gewählten Konfigurationsoptionen aus dem Variabilitätsmodell
entspricht.

Um den Variabilitätsrealisierungsmechanismus in diese Lage zu versetzen muss also
eine Verbindung zwischen den Konfigurationsoptionen des Variabilitätsmodells im Problemraum und den Variationspunkten in den Realisierungsartefakten im Lösungsraum
hergestellt werden. Im Beispiel der Fenstersteuerung muss also beispielsweise geklärt

sein, dass bei Auswahl der Konfigurationsoption *Standard Power Window* im C Code das Präprozessor Makro *STANDARD_PW* auf den Wert *true* gesetzt werden muss. Trotz der für den Menschen ähnlichen Namen handelt es sich für ein Computersystem hierbei um gänzlich unterschiedliche Benennungen. Das heißt also selbst im einfachsten Fall ist es notwendig, eine Abbildung zwischen den unterschiedlichen Benennungen in Problem- und Lösungsraum herzustellen. Dies kann beispielsweise explizit erfolgen durch eine Auflistung der einzelnen Verbindungen von Namen oder auch implizit durch strikte Namenskonventionen, z. B. dass aus den Namen der Konfigurationsoptionen im Problemraum die der Variationspunkte im Lösungsraum abgeleitet werden können, indem alle Buchstaben großgeschrieben und Leerzeichen durch Unterstriche ersetzt werden.

Jedoch ist der Bezug zwischen Konfigurationsoptionen im Problemraum und Variationspunkten im Lösungsraum in der Regel nicht derart einfach abzubilden: Konfigurationsoptionen auf der konzeptionellen Ebene des Variabilitätsmodells stellen oftmals komplexere Funktionen des Systems dar. Die Umsetzung der entsprechenden Funktionalität erfolgt daher durch mehrere Anpassungen unterschiedlicher Realisierungsartefakte. In der Konsequenz kann eine Konfigurationsoption des Problemraums mehrere Variationspunkte in mehreren Realisierungsartefakten des Lösungsraums beeinflussen. Man spricht in diesem Fall davon, dass Variabilität *querschneidend* zu den Realisierungsartefakten ist. Beispielsweise wird die automatische elektrische Fenstersteuerung durch Anpassungen an mehreren Abschnitten im Quellcode umgesetzt und es finden sich auch Anpassungen im entsprechenden Zustandsdiagramm.

Des Weiteren kann auch ein Variationspunkt durch die Kombination mehrerer Konfigurationsoptionen beeinflusst werden. Beispielsweise werden bei der Fenstersteuerung manche Abschnitte des Quellcodes benötigt wenn eine beliebige der beiden elektrischen Fenstersteuerungen gewählt wird, sodass die entsprechenden Variationspunkte für beide diese Konfigurationsoptionen relevant sind. Darüber hinaus ist es denkbar, dass manche Funktionalität nur dann in einem Realisierungsartefakt vorhanden sein soll, wenn zwei Konfigurationsoptionen gleichzeitig gewählt sind, z. B. dann wenn eine Kommunikation zwischen den entsprechenden Komponenten notwendig ist.

Es ist daher im allgemeinen Fall nicht trivial, die Verbindung zwischen den Konfigurationsoptionen im Problemraum und den Variationspunkten im Lösungsraum herzustellen. Konkrete Verfahren hierzu werden maßgeblich durch den eingesetzten Variabilitätsrealisierungsmechanismus bestimmt, sodass sie in Abschn. 6.4 ausführlicher besprochen werden.

Mit dem Wissen um die Verbindung des Problem- und Lösungsraums ist es für den Variabilitätsrealisierungsmechanismus grundsätzlich möglich, die durch eine Konfiguration betroffene Realisierungsartefakte in eine Form zu bringen, die die gewählte Funktionalität realisiert. Im Beispiel des Quellcodes der Fenstersteuerung würde dies bedeuten, dass alle Präprozessormakros für Konfigurationsoptionen auf die entsprechenden Werte der Konfiguration gesetzt werden und, beim Kompilierprozess, die entsprechend nicht benötigten Teile des Quellcodes nicht mit kompiliert werden[1]. Im Allgemeinen wird das konkrete Vorgehen für die Variantenableitung maßgeblich durch den gewählten Variabilitätsrealisierungsmechanismus bestimmt, sodass die Details dazu in Abschn. 6.4 zu finden sind.

6.3 Variabilitätsmodelle

Ein Variabilitätsmodell dient dazu, alle Konfigurationsoptionen einer SPL explizit zu machen und Regeln für deren zulässige Kombinationen festzulegen. Es existieren unterschiedliche Notationen für Variabilitätsmodelle, die, gemäß ihres jeweiligen Verwendungszwecks, das Konfigurationswissen unterschiedlich darstellen. Im Folgenden werden drei der wichtigsten Notationen für Variabilitätsmodelle vorgestellt: Feature Models, Decision Models und Orthogonal Variability Models (OVMs). Feature Models sind dabei die weitaus üblichste Notation, sodass ihrer Erläuterung auch der weitaus größte Detailgrad beigemessen wird.

6.3.1 Feature Models mit Cross-Tree Constraints

Ein Feature Model repräsentiert eine Software-Familie auf konzeptioneller Ebene durch deren Gemeinsamkeiten und konfigurierbare Unterschiede. Ein Feature Model ist dabei eine hierarchische Zerlegung der Software-Familie in sog. *Features*.

Ein Feature ist gemeinhin definiert als eine durch den Benutzer wahrnehmbare Funktion, die konfigurierbar ist. Der Benutzer kann dabei der Endanwender sein (z. B. wenn es sich um Funktionalität im Infotainment handelt) oder aber auch ein anderer Entwickler (z. B. wenn es sich um interne Funktionalität wie die Motorsteuerung handelt). In einem Feature Model bildet ein Feature die kleinste Einheit konfigurierbarer Funktionalität, die an- oder abgewählt werden kann.

Feature Model
Die Grundstruktur eines Feature Models ist baumförmig, d. h., jedes Feature besitzt beliebig viele Kind-Features, die aber je nur genau ein Eltern-Feature besitzen – mit der einzigen Ausnahme des Wurzel-Features, welches selbst kein Eltern-Feature besitzt. Bei der Erstellung eines Feature Models wird davon ausgegangen, dass das Wurzel-Feature den Namen der gesamten Produkt-Familie trägt, welche dann durch die Kind-Features weiter zerlegt wird in die einzelnen Konfigurationsoptionen. Im laufenden Beispiel wäre

---

[1] Werden darüber hinaus auch noch die Zustandsdiagramme der Fenstersteuerung betrachtet wird dieser Prozess komplexer, da vor der Kompilierung des Quellcodes noch die nicht benötigten Teile der Zustandsdiagramme entfernt werden und die Code-Generierung der Ablauflogik angestoßen werden müssen.

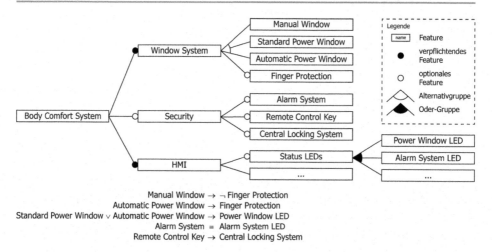

Abb. 6.4 Feature Model und Cross-Tree Constraints des laufenden Beispiels des Body Comfort Systems

ein geeigneter Name für das Wurzel-Feature daher z. B. *Body Comfort System*. Die direkten Kind-Features beschreiben die konfigurierbare Funktionalität auf der nächst feineren Modellierungsebene indem sie eine weitere Unterteilung vornehmen in Features wie z. B. das Mensch-Maschine-Interface *HMI* oder das zuvor besprochene Fenstersystem *Window System*. Der obere Teil von Abb. 6.4 zeigt das Feature Model für das laufende Beispiel des Body Comfort Systems in einer grafischen Darstellung.

Die Hierarchie des Feature Models legt bereits einen weiten Teil des Konfigurationswissens fest: Für jedes gewählte Feature muss dessen Eltern-Feature ebenfalls angewählt werden. Würde also im Beispiel das Feature *Alarm System* angewählt werden, so müsste auch dessen Eltern-Feature *Security* und wiederum dessen Eltern-Feature *Body Comfort System* gewählt werden. Des Weiteren gilt, dass für jedes gewählte Feature die Konfigurationsregeln bzgl. seiner Kind-Features erfüllt sein müssen. Für diesen Zweck bieten Feature Models unterschiedliche Notationskonzepte, um Konfigurationsregeln für einzelne Features bzw. Gruppen von Features auszudrücken.

Für einzelne Features kann der *Variationstyp* festgelegt werden: Zum einen können Features *verpflichtend* (engl.: *mandatory*) sein, sodass sie immer angewählt werden müssen sofern ihr Eltern-Feature gewählt ist, was Gemeinsamkeiten in Teilen der SPL darstellt. In der gängigen grafischen Darstellung von Feature Models wird ein verpflichtendes Feature durch einen gefüllten Kreis über dem Feature dargestellt. Des Weiteren können Features *optional* (engl.: *optional*) sein, sodass sie abgewählt werden dürfen, was Unterschiede in Teilen der SPL darstellt. In der gängigen grafischen Darstellung von Feature Models wird ein optionales Feature durch einen ungefüllten Kreis über dem Feature dargestellt. Im Beispiel aus Abb. 6.4 ist das Feature *Window System* verpflichtend, dessen Kind-Feature *Finger Protection* jedoch optional. Das Wurzel-Feature des Feature Models ist nach Definition immer implizit verpflichtend, sodass es in jedem Fall angewählt werden muss, besitzt aber nicht die übliche grafische Darstellung.

Für Gruppen von Features kann der *Gruppentyp* festgelegt werden, der bestimmt, nach welchem Modus Features aus der Gruppe ausgewählt werden dürfen: Zum einen schreibt eine *Alternativgruppe* (engl. *Alternative-Group*)vor, dass exakt eines der Features aus der Gruppe ausgewählt werden muss, d. h. die Features der Gruppe schließen sich wechselseitig aus. In der gängigen grafischen Darstellung von Feature Models wird eine Alternativgruppe durch einen ungefüllten Bogen zwischen den in der Gruppe enthaltenen Features dargestellt. Des Weiteren legt eine *Oder-Gruppe*[2] (engl.: *Or-Group*) fest, dass mindestens eines der enthaltenen Features gewählt werden muss aber auch jede Kombination von Features aus der Gruppe zulässig ist, d. h. die Features der Gruppe sind frei kombinierbar. In der gängigen grafischen Darstellung von Feature Models wird eine Oder-Gruppe durch einen gefüllten Bogen zwischen den in der Gruppe enthaltenen Features dargestellt. Features die in eine Gruppe zusammengefasst sind besitzen selbst keinen expliziten Variationstyp sondern sind den Konfigurationsregeln der Gruppe unterworfen. Im Beispiel sind die unterschiedlichen Fenstersteuerungen unterhalb des Features *Window System* in einer Alternativgruppe zusammengefasst, wohingegen die einzelnen Features unterhalb des Features *Status LEDs* in einer Oder-Gruppe sind. Grundsätzlich kann ein Feature mehrere unterschiedliche Gruppen für Kind-Features definieren, jedoch unterstützen dies nicht alle Werkzeuge.

Cross-Tree Constraints

Durch die Notationskonzepte zur Darstellung von Variabilität innerhalb der Baumstruktur eines Feature Models können bereits große Teile des Konfigurationswissens dargestellt werden. Jedoch kann es darüber hinaus noch notwendig sein, Regeln zu verfassen, die Features aus verschiedenen Teilbäumen des Feature Models beinhalten. Beispielsweise sollen die Features *Alarm System* und *Alarm System LED* nur gemeinsam an- oder abgewählt werden können. Da dies über die Struktur des dem Feature Model zugrunde liegenden Baumes hinweg geht spricht man hier von *Cross-Tree Constraints* oder auch kurz *Constraints*.

Die üblichste Form von Constraints sind *Requires* und *Excludes Constraints*. Ein Requires Constraint sagt aus, dass ein Feature ein gewisses anderes Feature benötigt, um selbst voll funktionsfähig zu sein. Beispielsweise kann das Feature *Remote Control Key* nur dann sinnvoll funktionieren, wenn auch das Feature *Central Locking System* gewählt wird, sodass ein Requires Constraint von *Remote Control Key* zu *Central Locking System* besteht. Ein Excludes Constraint legt dagegen fest, dass zwei Features niemals gleichzeitig ausgewählt werden dürfen. Beispielsweise ist die Wahl des Features *Finger Protection* nicht sinnvoll, wenn als Fenstersteuerung das Feature *Manual Window* ohne elektrischen Motor gewählt wird, sodass ein Excludes Constraint zwischen diesen beiden Features

---

[2] Der Name Oder-Gruppe ist angelehnt an das logische Oder, das, entgegen des üblichen Sprachgebrauchs, auch erfüllt ist, wenn mehrere der Bedingungen gleichzeitig eintreten.

besteht. Requires- und Excludes Constraints können grundsätzlich grafisch dargestellt werden wobei in der Regel ein einseitiger gestrichelter Pfeil für ein Requires Constraint und ein beidseitiger gestrichelter Pfeil für ein Excludes Constraint verwendet werden. Jedoch führt die grafische Darstellung dieser Constraints sehr schnell zur visuellen Überladung und komplexere Constraints (siehe unten) können damit nicht dargestellt werden. Aus diesem Grund ist von einer grafischen Darstellung der Constraints im Allgemeinen abzuraten.

Über die einfachen Requires- und Excludes Constraints hinaus existieren noch komplexere Constraints. Beispielsweise soll für das Fenstersystem gelten, dass das Feature *Finger Protection* gewählt werden muss, wenn eine der beiden elektrischen Fenstersteuerungen in Form der Features *Standard Power Window* oder *Automatic Power Window* gewählt wird. Durch aussagenlogische Ausdrücke über Features ist es möglich, derartige Constraints mit Hilfe von Konjunktionen ($\wedge$), Disjunktionen ($\vee$), Negationen ($\neg$), Implikationen ($\rightarrow$) und Äquivalenzen ($\equiv$) auszudrücken. Der Ausdruck eines einzelnen Features ist genau dann wahr, wenn das Feature in der Konfiguration angewählt ist. Die restlichen Konstrukte erhalten ihren Wahrheitswert durch die in der Aussagenlogik gängige Semantik. Das für automatische Fenstersteuerung verpflichtende Fingerschutzsystem könnte daher mit Aussagenlogik ausgedrückt werden als *Standard Power Window* $\vee$ *Automatic Power Window* $\rightarrow$ *Finger Protection*. Die zuvor genannten Requires- und Excludes Constraints können ebenfalls durch aussagenlogische Formulierung ausgedrückt werden: Das Requires Constraint wird formuliert als *Remote Control Key* $\rightarrow$ *Central Locking System* und das Excludes Constraint als *Manual Window* $\rightarrow$ $\neg$ *Finger Protection*. Letztlich kann auch das eingangs geforderte Constraint, dass *Alarm System* und *Alarm System LED* nur gemeinsam an- oder abgewählt werden können abgebildet werden als *Alarm System* $\equiv$ *Alarm System LED*. Die komplette Liste der für das laufende Beispiel geltenden Constraints ist im unteren Teil von Abb. 6.4 dargestellt. Die Darstellung von Constraints durch aussagenlogische Formeln über Features subsumiert also die Darstellung als einfache Requires- und Excludes-Constraints und ist daher zu bevorzugen.

Durch die im Feature Model ausgedrückten Konfigurationsregeln und die zugehörigen Cross-Tree Constraints wird das Konfigurationswissen des Variabilitätsmodells in seiner Komplettheit dargestellt. Der Konfigurationsprozess besteht daraus, eine gewünschte Auswahl der zur Verfügung stehenden Features zu treffen. In einem Feature Model besteht eine Konfiguration daher aus einer Untermenge der angegebenen Features, die in ihrer Gesamtheit alle Konfigurationsregeln des Feature Models und der zugehörigen Cross-Tree Constraints erfüllt.

6.3.2 Decision Models mit Resolution-Constraints

Ein Decision Model repräsentiert eine Software-Familie auf konzeptioneller Ebene durch eine Reihe von Fragen, deren Antworten es erlauben, die Variabilität an allen relevanten Variationspunkten zu binden. Decision Models legen damit einen besonderen Fokus auf

ID	Frage	Typ	Resolution-Constraints
1	Welche Fenstersteuerung soll verwendet werden?	**Alternative:** "manuell", "standard elektrisch", "automatisch elektrisch"	**"manuell"**: resolve 2 to false **"automatisch elektrisch"**: resolve 2 to true
2	Soll ein Fingerschutzsystem für das Fenstersystem verwendet werden?	**Option**	**true**: partially resolve 1 to remove "manuell" **false**: partially resolve 1 to remove "automatisch elektrisch"
3	Soll ein Alarmsystem verwendet werden?	**Option**	**true**: resolve 7 to true **false**: resolve 7 to false
4	Soll eine Fernbedienung verwendet werden?	**Option**	**true**: resolve 5 to true
5	Soll eine Zentralverriegelung verwendet werden?	**Option**	**false**: resolve 4 to false
6	Soll eine LED für das automatische Fenstersystem verwendet werden?	**Option**	**true**: partially resolve 1 to remove "manuell" **false**: partially resolve 1 to remove "standard elektrisch" and "automatisch elektrisch"
7	Soll eine LED für das Alarmsystem verwendet werden?	**Option**	**true**: resolve 3 to true **false**: resolve 4 to false

Abb. 6.5 Decision Model und Resolution-Constraints für das laufende Beispiel des Body Comfort Systems

den Konfigurationsprozess und nicht so sehr auf die strukturelle Zerlegung der logischen Funktionalität, wie dies bei Feature Models der Fall ist.

Ein Decision Model besteht aus einer Reihe von Decisions. Eine Decision ist dabei eine Entscheidung über die konkrete Ausgestaltung eines Variationspunktes in Realisierungsartefakten, die auf weitere Variationspunkte Einfluss hat. Decisions dokumentieren und strukturieren Variationspunkte und die konkreten Konfigurationsoptionen mit einem besonderen Fokus auf deren wechselseitige Abhängigkeiten und Einflüsse. Für jede Decision wird eine prägnante Frage formuliert, die die zur Verfügung stehenden Konfigurationsoptionen zur Wahl stellt und deren Antwort das Binden der Variabilität am entsprechenden Variationspunkt nach sich zieht. Abb. 6.5 zeigt das Decision Model mit den zugehörigen Resolution-Constraints für das laufende Beispiel des Body Comfort Systems.

Decision Model

Grundsätzlich werden drei Arten von Decisions bzw. ihrer zugehörigen Fragen unterschieden: *Optionen*, *Alternativen* und *Wertebereiche*. *Optionen* (engl. *options*) bestimmen ob eine gewisse Funktionalität Teil der resultierenden Konfiguration sein soll oder nicht. Die entsprechenden Fragen sind als Entscheidungsfragen zu formulieren, z. B. „Soll ein Alarmsystem verwendet werden?". *Alternativen* (engl. *alternatives*) erlauben es, aus einer konkreten Liste von Möglichkeiten zu wählen. Die entsprechenden Fragen sind so formuliert, dass eine der verfügbaren Optionen gewählt werden muss, z. B. „Welche Fenstersteuerung soll verwendet werden?" zu deren Beantwortung eine Entscheidung über die zur Verfügung stehenden Optionen *manuell*, *standard elektrisch* und *automatisch elektrisch* getroffen wird. *Wertebereiche* (engl. *ranges*) erlauben das Festlegen eines konkreten Zahlenwertes. Die entsprechenden Fragen sind so formuliert, dass sie als Antwort eine Zahl erwarten, z. B. „Wie viele Sekunden soll die LED des Alarmsystems blinken?", wobei für die Antwort eine Zahl aus dem Wertebereich zwischen 30 und 120 gewählt werden kann. Die gesamte Menge der gestellten Fragen muss so zusammengestellt werden, dass durch die Decisions in den Antworten die Variabilität an allen relevanten Variationspunkten gebunden werden kann.

Resolution-Constraints

Nicht jede Frage benötigt eine explizite Antwort um die Variabilität an dem entsprechenden Variationspunkt in der SPL zu binden, da sich die Decision u. U. automatisch ergibt: Wird auf die Frage nach der Fenstersteuerung geantwortet, dass die automatische elektrische Fenstersteuerung verwendet werden soll, so muss das Fingerschutzsystem zwangsläufig ausgewählt werden. Wird die manuelle Fenstersteuerung gewählt, kann das Fingerschutzsystem nicht angewählt werden. In diesen beiden Fällen erübrigt sich also die Frage nach dem Fingerschutzsystem und einzig bei gewählter standard elektrischer Fenstersteuerung muss eine explizite Wahl getroffen werden.

Wird des Weiteren die Frage „Soll eine Zentralverriegelung verwendet werden?" positiv beantwortet ist eine sinnvolle Folgefrage „Soll eine Fernbedienung verwendet werden?". Wird die ursprüngliche Frage jedoch negativ beantwortet so kann die Frage nach der Fernbedienung übersprungen werden, da deren Wahl ohne Zentralverriegelung nicht möglich ist und somit die Decision automatisch negativ ausfällt.

Um derartige Abhängigkeiten zwischen getroffenen Decisions und anderen Fragen bzw. Antwortmöglichkeiten auszudrücken bieten Decision Models drei Arten von Resolution-Constraints an: *Resolution*, *Partial Resolution* und *Exclusion*. Die *Resolution* besagt, dass ein getroffene Decision die Decision für eine andere Frage vollständig festlegt, wie z. B. im oben genannten Fall des Fingerschutzsystems und der zuvor getroffenen Decision über die zu verwendende Fenstersteuerung. Die *Partial Resolution* besagt, dass durch eine getroffene Decision auf eine Frage, die Antwortmöglichkeiten für eine andere Frage eingeschränkt werden, aber noch eine konkrete Entscheidung getroffen werden muss. Wäre beispielsweise zuerst nach dem Fingerschutzsystem gefragt worden und wäre die Frage positiv beantwortet worden, so würde die manuelle Fenstersteuerung nicht mehr zur Wahl stehen aber es müsste immer noch aus den beiden elektrischen Fenstersteuerungen gewählt werden. Letztlich sagt die *Exclusion* aus, dass die Antwort auf eine Frage zur Konsequenz hat, dass eine andere Frage nicht mehr gestellt werden kann, da sie bereits implizit negativ beantwortet wurde wie z. B. im zuvor genannten Fall die nicht gewählte Zentralverriegelung die Frage nach der Fernbedienung hinfällig wird.

Die Menge aller Fragen, die jeweils potentiell zulässigen Antworten sowie die Resolution-Constraints bzgl. der (teil-)automatischen Auflösung der einzelnen Fragen bilden zusammen das Konfigurationswissen in Decision Models ab. Der Konfigurationsprozess besteht daraus, dass die Menge aller relevanten Fragen beantwortet wird. In einem Decision Model besteht eine Konfiguration daher aus einer Reihe von Antworten auf Fragen, durch deren Decisions die Variabilität an allen relevanten Variationspunkten gebunden werden kann.

Decision Models und Feature Models besitzen die gleiche Ausdrucksstärke, sodass gleiches Konfigurationswissen ausgedrückt werden kann. Jedoch unterscheiden sich die Notationen durch ihren primären Fokus dadurch, dass Feature Models die hierarchische Zerteilung der logischen Funktionen in den Vordergrund rücken und Decision Models den Konfigurationsprozess durch eine Reihe von zu beantwortenden Fragen in den Fokus setzen.

6.3.3   Orthogonal Variability Models (OVMs) mit Constraints

Ein Orthogonal Variability Model (OVM) repräsentiert die Variabilität einer SPL durch eine Reihe von prinzipiell unabhängigen Variationspunkten sowie deren möglicher Ausprägungen in Realisierungsartefakten. Ein OVM hat damit einen Fokus auf die Unterschiede in der Struktur der einzelnen Realisierungsartefakte, aber weniger stark auf die Gesamtstruktur der SPL als dies bei Feature Models der Fall ist. Abb. 6.6 zeigt das OVM mit den zugehörigen Constraints für das laufende Beispiel des Body Comfort Systems.

Ein OVM besteht im Wesentlichen aus zwei Arten von Elementen: Variationspunkten und den zur Verfügung stehenden Konfigurationsoptionen an diesen Variationspunkten.

Ein *Variationspunkt* definiert eine Stelle in einem Realisierungsartefakt, die je nach konkret gewählter Konfigurationsoption unterschiedlich ausgeprägt vorliegt, also z. B. eine Stelle im Quellcode, die je nach Konfiguration unterschiedlich implementiert sein kann. In einem OVM trägt jeder Variationspunkt einen eindeutigen Namen. In der grafischen Notation wird ein Variationspunkt durch ein Dreieck dargestellt. Im Standardfall ist ein Variationspunkt verpflichtend, sodass an ihm eine Konfigurationsentscheidung getroffen werden muss. Ein Variationspunkt kann allerdings auch als optional deklariert werden, sodass er u. U. nicht konfiguriert wird. In der grafischen Notation wird dies durch eine

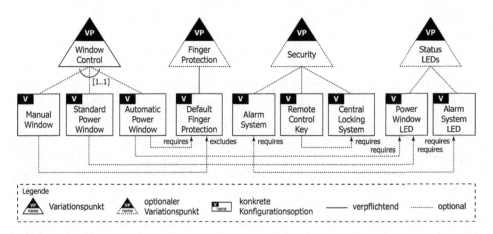

Abb. 6.6 Orthogonal Variability Model (OVM) für das laufende Beispiel des Body Comfort Systems

gestrichelte Linie des Dreiecks für den Variationspunkt verdeutlicht. Des Weiteren kann ein Variationspunkt eines OVMs als *intern* oder *extern* deklariert werden. Ein interner Variationspunkt ist nur für den Betreiber der SPL sichtbar, ein externer auch für weitere Personen, die die Konfiguration an Hand des OVMs vornehmen, wie z. B. Kunden. Jeder Variationspunkt muss mindestens eine konkrete Konfigurationsoption anbieten, um konfigurierbar zu sein.

Eine *konkrete Konfigurationsoption* stellt eine potentielle Ausprägung eines Variationspunktes dar, also z. B. einen konkreten Abschnitt des Quellcodes, der nur bei einer bestimmten Konfiguration verfügbar ist. Die Notation der OVMs nennt diese konkreten Konfigurationsoptionen *Varianten*. In diesem Kapitel wird jedoch von dieser Nomenklatur Abstand genommen, um die Mehrdeutigkeit des Begriffs Variante zu vermeiden, der in diesem Kapitel für eine konkrete Ausprägung des gesamten Software-Systems steht. In der grafischen Notation von OVMs wird eine konkrete Konfigurationsoption durch ein Viereck dargestellt. Eine Konfigurationsoption kann dabei *optional* oder *verpflichtend* sein. Eine optionale Konfigurationsoption darf abgewählt werden und wird in der grafischen Notation durch eine gestrichelte Linie zu ihrem Variationspunkt dargestellt. Eine verpflichtende Konfigurationsoption muss dagegen angewählt werden, wenn der Konfigurationspunkt verwendet wird und wird in der grafischen Notation durch eine durchgezogene Linie zu ihrem Variationspunkt dargestellt. Gesondert ist zu erwähnen, dass in einem OVM eine konkrete Konfigurationsoption auch mehr als einem Variationspunkt zugeordnet werden kann. Mit Features in einem Feature-Model ist dies nicht möglich.

Um mehrere konkrete Konfigurationsoptionen zusammenzufassen, erlauben OVMs die Definition von Gruppen. Die zulässige Auswahl von Elementen aus einer Gruppe wird durch Kardinalitäten geregelt: Die Minimumkardinalität einer Gruppe gibt die Untergrenze, die Maximumkardinalität die Obergrenze für die Anzahl der zu wählenden Konfigurationsoptionen an.

Darüber hinaus erlauben es OVMs, Constraints zu definieren. Die Notation beschränkt sich dabei auf *Requires-* und *Excludes-Constraints*. So kann eine konkrete Konfigurationsoption also die Wahl einer anderen notwendigerweise bedingen oder auch grundsätzlich ausschließen. Gesondert zu erwähnen ist, dass OVMs auch erlauben, Constraints zwischen konkreten Konfigurationsoptionen und Variationspunkten zu definieren. So kann eine konkrete Konfigurationsoption also bedingen, dass ein anderer Variationspunkt konfiguriert werden muss oder nicht konfiguriert werden darf. Diese Form der Constraints ist in Feature Models so nicht möglich, ist dort aber auch nicht notwendig, da keine explizite Unterscheidung zwischen Variationspunkten und deren Ausprägungen gemacht wird. Bei Decision Models können ähnliche Abhängigkeiten spezifiziert werden, da Decisions grundsätzlich als verpflichtend gelten, ihre Antworten aber auch per Resolution- und Exclusion-Constraints definiert werden können.

Im Konfigurationsprozess mit OVMs werden für alle relevanten Variationspunkte konkrete Konfigurationsoptionen gewählt, sodass sie in der Summe die Anforderungen des OVMs und dessen Constraints erfüllen. Eine Konfiguration eines OVMs besteht also aus einer Menge von konkreten Konfigurationsoptionen.

OVMs, Decision Models und Feature Models haben prinzipiell die gleiche Ausdrucks-stärke. Decision Models haben einen speziellen Fokus auf den Konfigurationsprozess, wohingegen sowohl Feature Models als auch OVMs die logische Zerteilung der Soft-ware-Familie in ihre Funktionen im Fokus haben. Feature Models repräsentieren dabei die gesamte Software-Familie mit ihrem potentiellen Funktionsumfang, wohingegen OVMs eine Sammlung von Variationsmöglichkeiten darstellen. Dies äußert sich darin, dass ein Feature Model Unterschiede und Gemeinsamkeiten einer SPL erfasst wohingegen ein OVM nur die Unterschiede modelliert. Grundsätzlich können Feature Models und OVMs eine Modellierung auf der gleichen Abstraktionsebene vornehmen. Durch den expliziten Fokus auf Variationspunkte sind OVMs jedoch meistens implementierungsnäher formu-liert als Feature Models.

6.4 Variabilitätsrealisierungsmechanismen

Ein Variabilitätsrealisierungsmechanismus ist dafür verantwortlich, eine Konfiguration des konzeptionellen Problemraums in eine konkrete Variante auf Realisierungsebene des Lösungsraumes zu überführen, d. h. ein lauffähiges Software-System mit der konfigurier-ten Funktionalität zusammenzustellen. Zu diesem Zweck werden alle relevante Realisie-rungsartefakte derart angepasst, dass sie die entsprechende Funktionalität beinhalten, die gemäß der Auswahl aus dem Variabilitätsmodell benötigt wird. Es existieren drei prinzi-pielle Arten von Variabilitätsrealisierungsmechanismen, die daran unterschieden werden, wie sie beim Zusammenbauen der Variante vorgehen: annotative, kompositionale und transformative. Abb. 6.7 zeigt die grundsätzlichen Vorgehensweisen der unterschiedlichen Variabilitätsrealisierungsmechanismen. Die folgenden Abschnitte erklären die fundamen-talen Eigenschaften und Unterschiede zwischen diesen Variabilitätsrealisierungsmecha-nismen und erläutern konkrete Techniken für deren Verwendung.

6.4.1 Annotativer Variabilitätsrealisierungsmechanismus

Ein annotativer Variabilitätsrealisierungsmechanismus[3] repräsentiert Variabilität indem er alle jemals prinzipiell möglichen Ausprägungen eines Realisierungsartefakts innerhalb ei-nes einzigen Artefakts sammelt, z. B. alle jemals potentiell benötigten Funktionen eines C Moduls innerhalb einer Quellcode Datei, selbst wenn keine Variante alle diese Funktio-nen benötigt. Nachdem ein solches Artefakt in der Regel mehr Funktionalität beinhaltet als von irgendeiner einzelnen Variante benötigt wird spricht man hier auch von einem *150 % Modell*.

---

[3] Auf Grund seiner Vorgehensweise bei der Variantenerzeugung wird ein annotativer Variabili-tätsrealisierungsmechanismus manchmal auch als *subtraktiver* oder *negativer* Variabilitätsrealisie-rungsmechanismus bezeichnet.

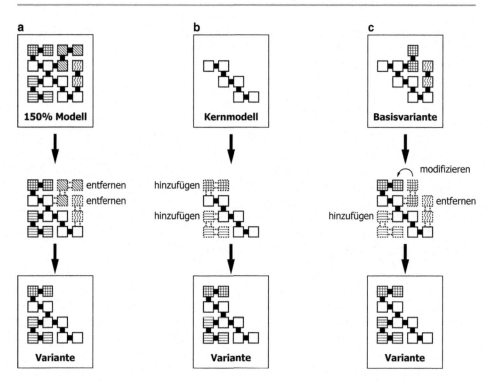

Abb. 6.7 Grundsätzliche Vorgehensweisen zur Variantenerzeugung der unterschiedlichen Variabilitätsrealisierungsmechanismen

Die Verbindung zwischen dem Variabilitätsmodell aus dem konzeptionellen Problemraum und den entsprechenden Stellen des 150 % Modells eines Realisierungsartefakts wird durch Annotationen hergestellt, d. h. einer Markierung von Teilen des Realisierungsartefakts, die einzelnen Konfigurationsoptionen oder Kombinationen von ihnen zugeordnet werden. Annotationen können mit Bezug auf das betroffene Realisierungsartefakt entweder *intern* oder *extern* sein.

Interne Annotationen werden innerhalb des betroffenen Realisierungsartefakts verfasst, z. B. indem Notationskonzepte der Sprache des Realisierungsartefakts oder einer zusätzlichen integrierten Sprache verwendet werden. Beispielsweise können bedingte Kontrollflussverzweigungen (z. B. „if..then"-Statements in Quellcode) verwendet werden, um Abschnitte von Quellcode zu annotieren und einer bestimmten Konfigurationsoption zuzuordnen. In der Programmiersprache C ist es üblich, den Präprozessor mit seiner bedingten Kompilierung einzusetzen, um mit Hilfe von #ifdef Direktiven und je Feature definierten Makros einzelne Sektionen des Quellcodes zu annotieren. Abb. 6.8b zeigt als Beispiel einen Teil der Implementierung der Funktionalität der Zentralverriegelung mit Annotationen aus Präprozessordirektiven für die unterschiedlichen Fenstersteuerungen. Auch Sprachen ohne Präprozessor können interne Annotationen verwenden, z. B. können in Ja-

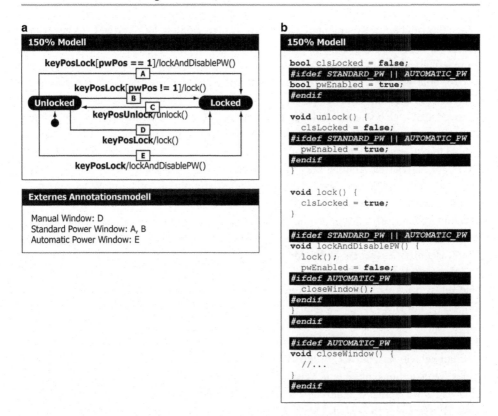

a

150% Modell

keyPosLock[pwPos == 1]/lockAndDisablePW()
A

keyPosLock[pwPos != 1]/lock()
B

Unlocked   C   Locked
keyPosUnlock/unlock()
D
keyPosLock/lock()
E
keyPosLock/lockAndDisablePW()

Externes Annotationsmodell

Manual Window: D
Standard Power Window: A, B
Automatic Power Window: E

b

150% Modell

```
bool clsLocked = false;
#ifdef STANDARD_PW || AUTOMATIC_PW
bool pwEnabled = true;
#endif

void unlock() {
  clsLocked = false;
#ifdef STANDARD_PW || AUTOMATIC_PW
  pwEnabled = true;
#endif
}

void lock() {
  clsLocked = true;
}

#ifdef STANDARD_PW || AUTOMATIC_PW
void lockAndDisablePW() {
  lock();
  pwEnabled = false;
#ifdef AUTOMATIC_PW
  closeWindow();
#endif
}
#endif

#ifdef AUTOMATIC_PW
void closeWindow() {
  //...
}
#endif
```

Abb. 6.8 Annotativer Variabilitätsrealisierungsmechanismus **a** extern in Mapping Modell für Zustandsdiagramme und **b** intern per Präprozessordirektiven für C Quellcode

va Kommentare eines speziellen Formats oder der spracheigene Annotationsmechanismus verwendet werden.

Externe Annotationen werden außerhalb des betroffenen Realisierungsartefakts verfasst, z. B. in einem expliziten Mapping Modell. Im einfachsten Fall wird darin eine einzelne Konfigurationsoption mit Teilen des Realisierungsartefakts in Verbindung gesetzt. In komplexeren Fällen können auch logische Ausdrücke über Konfigurationsoptionen verfasst werden. In jedem Fall muss jedoch der betroffene Teil des Realisierungsartefakts eindeutig adressiert werden können. Dies kann entweder über eine direkte ID geschehen, wie bei den Zustandsdiagrammen des laufenden Beispiels, oder durch eine zusammengesetzte ID, wie z. B. bei objektorientiertem Quellcode, wo IDs aus den Namen für die Klasse und deren Methode zusammengesetzt werden können. Abb. 6.8a zeigt als Beispiel ein Zustandsdiagramm für die Logik der Zentralverriegelung mit externen Annotationen für die unterschiedlichen Fenstersteuerungen in einem Mapping Modell, wobei die IDs der einzelnen Transitionen explizit angegeben wurden. Die Variabilität im Zustandsdiagramm könnte ebenso intern annotiert werden, wenn z. B. die betroffenen Elemente mit speziell formatierten Kommentaren versehen werden würden. Der Vorteil externer Annotation ist, dass das Realisierungsartefakt selbst sich dessen nicht bewusst sein muss, dass es innerhalb einer SPL eingesetzt wird.

Um eine konkrete Variante zusammenzustellen müssen die Elemente einer konzeptionellen Konfiguration derart aufgelöst werden, dass klar ist, welche der Annotationen aktiviert und welche deaktiviert werden müssen. Die entsprechende Variante wird dann derart zusammengestellt, dass alle nicht benötigten annotierten Teile der Realisierungsartefakte entfernt werden und nur die gemeinsame (nicht annotierte) Funktionalität und Teile mit aktivierten Annotationen übrig bleiben. Abb. 6.7a zeigt dieses grundsätzliche Vorgehen im Vergleich zu den anderen Arten von Variabilitätsrealisierungsmechanismen.

Bei annotativen Variabilitätsrealisierungsmechanismen befinden sich durch die Verwendung eines 150 % Modells alle potentiellen Ausprägungen eines Realisierungsartefakts an einer einzigen Stelle, was einer Streuung und evtl. unterschiedlichen Definitionen von Variabilität entgegen wirkt. Jedoch führt speziell die interne Annotation leicht zu Problemen mit der Übersichtlichkeit und Verständlichkeit von Realisierungsartefakten, wie selbst das kurze Beispiel in Abb. 6.8b schon deutlich zeigt. Des Weiteren kann die Formulierung eines 150 % Modells auch Probleme verursachen: Sollte z. B. in einer Java-Klasse je nach Konfiguration eine unterschiedliche Basisklasse verwendet werden, so ist dies auf Grund der Einfachvererbung und des mangelnden Präprozessors der Sprache nur schwer auszudrücken. In der Konsequenz kann das resultierende 150 % Modell eines Realisierungsartefakts u. U. selbst syntaktisch oder sogar semantisch als nicht valide bzgl. der Sprache angesehen werden, z. B. wenn darin zwei Basisklassen für die Java-Klasse angegeben sind. Dieser Umstand stellt viele Werkzeuge für Probleme. Insgesamt hängt die Sinnhaftigkeit, einen annotativen Variabilitätsrealisierungsmechanismus einzusetzen, stark davon ab, welche Eigenschaften die unterliegende Sprache besitzt: Für interne Annotation wird ein geeignetes Sprachkonstrukt zur Auszeichnung von unterschiedlichen Ausprägungen an Variationspunkten benötigt, wozu im Zweifel aber auch Kommentare genügen. Für externe Annotation müssen die zu verändernden Elemente eines Realisierungsartefakts eindeutig adressiert werden können, z. B. durch IDs oder zusammengesetzte Namen.

6.4.2 Kompositionaler Variabilitätsrealisierungsmechanismus

Ein kompositionaler Variabilitätsrealisierungsmechanismus[4] repräsentiert Variabilität indem er für jede mögliche Ausprägung an einem Variationspunkt eine eigene *Kompositionseinheit* verfasst. Der gemeinsame Teil der Realisierung einer SPL wird im sog. *Kernmodell* verfasst. Am Beispiel von C Quellcode könnte das Kernmodell z. B. aus der

---

[4] Auf Grund seiner Vorgehensweise bei der Variantenerzeugung wird ein kompositionaler Variabilitätsrealisierungsmechanismus manchmal auch als *additiver* oder *positiver* Variabilitätsrealisierungsmechanismus bezeichnet.

geteilten Gesamtlogik bestehen, wobei auch einzelne Funktionen aufgerufen werden, die im Kernmodell selbst nicht deklariert wurden. Die Kompositionseinheiten würden dann die Implementierung der aufgerufenen Funktionen enthalten, sich aber in der konkreten Realisierung derart unterscheiden, dass sie verschiedene Konfigurationsoptionen aus dem Variabilitätsmodell realisieren.

Um eine konkrete Variante zusammenzustellen müssen die Elemente einer konzeptionellen Konfiguration derart aufgelöst werden, dass alle relevanten Kompositionseinheiten feststehen. Die entsprechende Variante wird dann derart zusammengestellt, dass das Kernmodell zuerst kopiert wird und dann durch sukzessives Überlagern der einzelnen Kompositionseinheiten Elemente zu Realisierungsartefakten hinzugefügt werden. In diesem Prozess können in Realisierungsartefakten neue Teile erzeugt oder bestehende ersetzt werden. Abb. 6.7b zeigt dieses grundsätzliche Vorgehen im Vergleich zu den anderen Arten von Variabilitätsrealisierungsmechanismen. Des Weiteren zeigt Abb. 6.9a einen kompositionalen Variabilitätsrealisierungsmechanismus für Zustandsdiagramme, der unabhängig von einer konkreten Technik ist.

Eine konkrete Umsetzung eines kompositionalen Variabilitätsrealisierungsmechanismus ist das sog. *Feature-Oriented Programming (FOP)*. In FOP werden Änderungen an Realisierungsartefakten, die die Variabilität eines einzelnen Features darstellen, in *Feature-Modulen* zusammengefasst, d. h., es besteht eine 1-zu-1 Beziehung zwischen Features und Feature-Modulen. Ein Feature-Modul beinhaltet ausschließlich die Teile eines Realisierungsartefakts, die für die Umsetzung des jeweiligen Features notwendig sind. Das Feature-Modul selbst ist sich jedoch nicht dessen bewusst, welchem Feature es zugeordnet ist. Die Verbindung zwischen den Features des konzeptionellen Problemraums und den Feature-Modulen von FOP wird in der Regel durch eine direkte Namensabbildung realisiert. Im einfachsten Fall sind dabei Feature-Module identisch benannt wie die entsprechenden Features, z. B. dass die Anpassungen für ein Feature *Automatic Power Window* in einem Feature-Modul AutomaticPowerWindow.c vorgenommen werden. Abb. 6.9b zeigt als Beispiel einen Teil der Funktionalität der Zentralverriegelung mit Feature-Modulen für die unterschiedlichen Fenstersteuerungen.

In vielen Fällen ist die Reihenfolge, in der die Komposition vorgenommen wird, nicht von Relevanz, z. B. ist es für C Quellcode nicht entscheidend, in welcher Reihenfolge Funktionsdeklarationen in eine Quellcodedatei hinzugefügt werden. In diesem Fall können Feature-Module also in beliebiger Reihenfolge angewendet werden. In einigen Fällen ist die Reihenfolge der Komposition jedoch von Relevanz, z. B. wenn mehrere Feature-Module zu einer Sequenz von Funktionsaufrufen beitragen. Für diesen Fall erlauben es Feature-Module, sog. *Application-Order Constraints* zu spezifizieren, die angeben, welches von zwei Feature-Modulen zuerst angewendet werden soll, sofern beide gleichzeitig für eine Variante benötigt werden. Bei der Erzeugung einer Variante werden diese Application-Order Constraints dann ausgewertet, um eine sinnvolle Reihenfolge zur Anwendung der Feature-Module sicherzustellen.

Im Vergleich zu annotativen Variabilitätsrealisierungsmechanismen führen kompositionale Variabilitätsrealisierungsmechanismen zu einer deutlich höheren Streuung der Va-

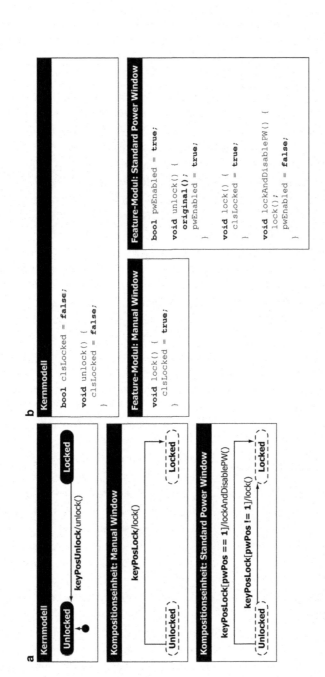

Abb. 6.9 Kompositionaler Variabilitätsrealisierungsmechanismus als **a** technologie-unabhängige Komposition für Zustandsdiagramme und **b** Feature-Oriented Programming (FOP) für C Quellcode

riabilität über mehrere Artefakte hinweg. An Stelle des 150 % Modells des annotativen
Ansatzes steht ein Kernmodell mit einer potentiell sehr großen Zahl einzelner Kompositionseinheiten. Obwohl dadurch die Separation of Concerns erhöht wird, wird der War-
tungsaufwand u. U. ebenso vergrößert. Des Weiteren kann es vorkommen, dass weder das
Kernmodell noch die einzelnen Kompositionseinheiten in Isolation vollständige Artefakte
darstellen, beispielsweise wenn das Kernmodell noch nicht deklarierte Funktionen aufruft und die Kompositionseinheiten nur diese Funktionen beitragen. In diesem Fall sind
die Artefakte somit einzeln betrachtet nicht nur semantisch sondern u. U. auch syntaktisch invalide. Dieser Umstand stellt viele Werkzeuge vor Probleme und stellt damit eine
Adaptionshürde für kompositionale Variabilitätsrealisierungsmechanismen in der Praxis
dar. Durch sorgfältige Wahl der Gesamtarchitektur eines Systems kann diesem Effek-
ten aber entgegen gewirkt werden. Beispielsweise kann eine Plug-In-Architektur auch als
kompositionaler Variabilitätsrealisierungsmechanismus betrachtet werden und somit bei
entsprechender Strukturierung der Gesamtarchitektur dazu verwendet werden, die Variabilität einzelner Konfigurationseinheiten zu realisieren.

6.4.3 Transformativer Variabilitätsrealisierungsmechanismus

Ein transformativer Variabilitätsrealisierungsmechanismus repräsentiert Variabilität durch
eine Sequenz von Transformationen eines Realisierungsartefakts. Auf der niedrigsten Abstraktionsebene bestehen diese Transformationen aus dem Hinzufügen, Entfernen und
Modifizieren einzelner Elemente eines Realisierungsartefakts. Auf höherer Abstraktionsebene können komplexere Operationen aus anderen zusammengesetzt werden. Beispielsweise könnte für C Quellcode das Hinzufügen einer Funktion eine Operation niedriger
Abstraktion darstellen, das Extrahieren bestehender Statements in eine neue Funktion mit
entsprechendem Funktionsaufruf dagegen eine Operation höherer Abstraktion. Eine Sequenz von Transformationen wird in einem *Transformationsmodul* zusammengefasst. Im
Maximalfall enthält ein Transformationsmodul alle Änderungen, die für die Umsetzung
einer einzelnen Konfigurationsoption aus dem Problemraum notwendig sind. Jedoch ist es
auch möglich, dass ein Transformationsmodul nur einen Teil dieser Änderungen vornimmt
und mehrere Transformationsmodule für die Realisierung einer Konfigurationsoption notwendig sind, z. B. dann, wenn ein Teil der Transformationen für die Realisierung einer
andere Konfigurationsoption wiederverwendet werden kann und dafür in ein eigenes Modul ausgelagert wird.

Die Verbindung zwischen dem Variabilitätsmodell des konzeptionellen Problemraums
und den Transformationen wird durch eine explizite Abbildung hergestellt. Beispielsweise werden logische Ausdrücke über Features in Verbindung gesetzt zu den jeweiligen
Transformationsmodulen. Wichtig ist dabei, dass einem Ausdruck mehr als ein Transformationsmodul zugeordnet werden kann.

Als Ausgangspunkt für die Transformationen dient die sog. *Basisvariante* der SPL, d. h.
ein konkretes Software-System aus der Software-Familie. Die Basisvariante wird manu-

ell durch Entwickler bestimmt und prinzipiell ist jede valide Variante denkbar, jedoch hat die Wahl Konsequenzen für die Formulierung der Transformationen: Ist in der Basisvariante eine bestimmte Konfigurationsoption bereits realisiert, so muss für die Abwahl eine Transformation zum Entfernen bereitgestellt werden. Ist die Konfigurationsoption dagegen nicht in der Basisvariante vorhanden, so muss für die Anwahl eine Transformation zum Hinzufügen bereitgestellt werden. Dementsprechend bieten sich einige Varianten besonders als Basisvariante an: Die Variante mit dem größten Funktionsumfang benötigt in weiten Teilen nur das meist leichter umzusetzende Entfernen von Funktionalität. Dagegen erlaubt es die chronologisch gesehen zuerst entwickelte Variante, den natürlichen Weiterentwicklungsprozess des Software-Systems durch Transformationen nachzuahmen und trotzdem die Vorteile einer SPL zu nutzen. Sollte des Weiteren eine Art Standardkonfiguration existieren, bietet es sich an, die entsprechende Variante als Basisvariante zu nutzen und die Transformationen als Abweichungen vom Standard zu betrachten. Diese Option bietet sich speziell in der Automobilindustrie an, um sich an der sonstigen Entwicklung des Fahrzeugs gemäß eines Standardmodells und dessen Abwandlungen auszurichten.

Um eine konkrete Variante zusammenzustellen müssen die Elemente einer konzeptionellen Konfiguration derart aufgelöst werden, dass alle anzuwendenden Transformationsmodule eindeutig feststehen. Die Basisvariante wird zuerst kopiert und dann durch sequenzielles Anwenden der Transformationsmodule derart modifiziert, dass die Realisierungsartefakte die Funktionalität beinhalten, die durch die Konfigurationsoptionen gewählt wurde. Im Gegensatz zum Verfahren eines kompositionalen Variabilitätsrealisierungsmechanismus können in diesem Prozess nicht nur Elemente hinzugefügt oder ersetzt werden, sondern auch in ihrer Form modifiziert oder gänzlich entfernt werden. Abb. 6.7c zeigt dieses grundsätzliche Vorgehen im Vergleich zu den anderen Arten von Variabilitätsrealisierungsmechanismen. Des Weiteren zeigt Abb. 6.10a eine technologie-neutrale Darstellung von Transformationen für Zustandsdiagramme.

Eine konkrete Umsetzung des transformativen Variabilitätsrealisierungsmechanismus ist das Delta-Oriented Programming (DOP) für Programmiersprachen bzw. die Delta-Modellierung für Realisierungsartefakte allgemein. In der Delta-Modellierung werden die Transformationsmodule *Delta-Module* und die Transformationsoperationen *Delta-Operationen* genannt. Ein Delta-Modul besteht also aus einer Reihe von Aufrufen von Delta-Operationen, die Änderungen an Realisierungsartefakten vornehmen.

Eine Besonderheit der Delta-Modellierung ist, dass die Delta-Operationen in Syntax und Semantik an die Sprache der zu verändernden Realisierungsartefakte angelehnt sind: Delta-Operationen werden definiert in einer Delta-Sprache, welche sich die zu verändernde Sprache zum Vorbild nimmt, sodass z. B. für die Programmiersprache C die Delta-Operationen ähnlich zu den Konstrukten der Sprache C aussehen.Abb. 6.10b zeigt ein Beispiel von DOP für C Quellcode.

Analog zu den Feature-Modulen aus FOP ist auch für Delta-Module in der Delta-Modellierung die Anwendungsreihenfolge nicht immer frei zu wählen, z. B. muss ein Element zuerst erzeugt werden, bevor es verändert werden kann. Zu diesem Zweck erlaubt die Delta-Modellierung ebenfalls die Definition von *Application-Order Constraints*, die Aus-

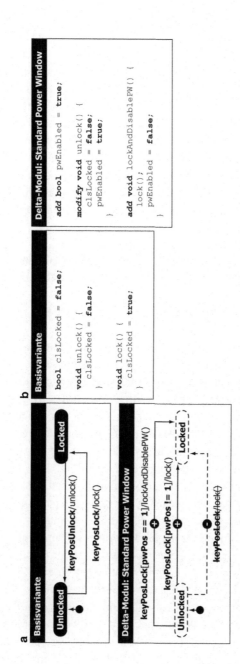

a

Basisvariante

Delta-Modul: Standard Power Window

b

Basisvariante

```
bool clsLocked = false;

void unlock() {
    clsLocked = false;
}

void lock() {
    clsLocked = true;
}
```

Delta-Modul: Standard Power Window

```
add bool pwEnabled = true;

modify void unlock() {
    clsLocked = false;
    pwEnabled = true;
}

add void lockAndDisablePW() {
    lock();
    pwEnabled = false;
}
```

Abb. 6.10 Transformativer Variabilitätsrealisierungsmechanismus als **a** grafisch dargestellte Transformationen für Zustandsdiagramme und **b** Delta-Module der Delta-Orientierten Programmierung (DOP) für C Quellcode

sagen können, welches von zwei Delta-Modulen zuerst angewendet werden soll, sofern beide für die Variantenableitung relevant sind.

Ein transformativer Variabilitätsrealisierungsmechanismus nutzt eine konkrete Variante der SPL als Ausgangspunkt. Im Gegensatz dazu nutzen annotative und kompositionale Variabilitätsrealisierungsmechanismen ein gesondertes Familienmodell als Ausgangspunkt durch ihr 150 % Modell aller Ausprägungen bzw. Kernmodell der Gemeinsamkeiten. Daher bedarf es nur für transformative Variabilitätsrealisierungsmechanismen keiner Restrukturierung der bestehenden Realisierungsartefakte eines einzelnen Software-Systems, was den Übergang zwischen Einzelsystem und SPL erleichtert. Jedoch birgt die Verwendung von Transformationsmodulen das gleiche Risiko der Streuung der Variabilität über mehrere Artefakte hinweg, wie dies bei kompositionalen Variabilitätsrealisierungsmechanismen der Fall ist. Darüber hinaus erfordert das Formulieren von Transformationen im Gegensatz zu dem direkten Umsetzen von Änderungen an Realisierungsartefakten ein Umdenken bei Entwicklern, was eine Adaptionshürde für die Praxis darstellt.

6.5 Wahl und Verwendung geeigneter Technologien für den Praxiseinsatz von Software-Produktlinien

6.5.1 Wahl und Verwendung des Variabilitätsmodells

Wie in Abschn. 6.3 erklärt haben die unterschiedlichen Notationen für Variabilitätsmodelle verschiedene Vor- und Nachteile z. B. durch ihre unterschiedlich hohe Abstraktion und ihren jeweiligen Fokus auf den Konfigurationsraum bzw. den Konfigurationsprozess. Daher sollten die Anforderungen der konkret zu erstellenden SPL bzgl. dieser Aspekte in die Entscheidung über die geeignete Notation für ein Variabilitätsmodell einbezogen werden. Sollte z. B. eines der fundamentalen für die Anwender der SPL zu entwickelnden Werkzeuge ein Konfigurator im Sinne eines schrittweisen Wizards sein, so kann sich ein Decision Model als Variabilitätsmodell anbieten.

Jedoch ist in der industriellen Praxis die Notation der Feature Models die am weitaus verbreitetste, sodass auch die entsprechende Werkzeugunterstützung am weitesten fortgeschritten ist. Sollten also keine zwingenden Anforderungen für eine andere Notation bestehen, sollten Feature Models für die Modellierung der Variabilität auf der konzeptionellen Ebene des Problemraums eingesetzt werden. Über die zuvor eingeführte Notation für Feature Models hinaus bestehen noch Erweiterungen für eine Vielzahl spezialisierter Einsatzszenarien, welche in Abschn. 6.6.1 beschrieben werden.

Durch die Wahl von Feature Models als Notation für das Variabilitätsmodell ist jedoch noch nicht festgelegt, wie genau damit modelliert wird, denn die Modellierungsgranularität einzelner Features wird durch Feature Models nicht vorgeschrieben. In der Konsequenz kann sowohl sehr grobgranulare Funktionalität ein Feature bilden, wie auch sehr feingranulare Funktionalität, die dadurch nahe an die Implementierung angelehnt ist. Im Vergleich zu OVMs ist der Abstraktionsgrad von der Implementierung in Feature Models im Allgemeinen allerdings als relativ hoch zu sehen. Die konkrete Umsetzung liegt jedoch in der Hand des jeweiligen SPL Betreibers und muss an die konkret gegebene Problemstellung angepasst werden. Sind die Anwender des Variabilitätsmodells z. B. Kunden, die nicht technisch versieht sind, so bietet es sich an, bei der Formulierung einzelner Features auf Jargon zu verzichten und die Realisierung eines Features eher so anzulegen, dass sie dem Funktionsumfang einer einzelnen Kundenentscheidung entspricht. So könnte also z. B. ein Feature *Sportpaket* eine sinnvollere Granularität repräsentieren, als wenn die für die technische Realisierung notwendigen Komponenten einzeln als Features aufgelistet würden. Sind die Anwender des Variabilitätsmodells hingegen z. B. technisch versierte Entwickler, so kann eine aus technischer Sicht weitaus feingranularere Modellierung der Features sinnvoll sein.

Des Weiteren legt das Feature Model auch nicht fest, in welchem Ausmaß die Features in der hierarchischen Struktur die entsprechenden Realisierungsartefakte beeinflussen: In einigen Fällen kann die Auswahl eines Features nahe des Wurzel-Features weitreichende Änderungen z. B. der Systemarchitektur nach sich ziehen. In wieder anderen Fällen bilden die Features nahe am Wurzel-Feature nur logische Gruppierungen und die eigentlichen Änderungen an Realisierungsartefakten werden einzig durch die deutlich konkreteren Blatt-Features bestimmt. Wiederum liegt es im Ermessen des SPL Betreibers, wie die Umsetzung für eine konkrete Problemstellung vorgenommen werden soll. Wird die SPL von Grund auf neu gestaltet, so bietet es sich an, die Architektur möglichst so zu planen, dass eine direkte eins-zu-eins Abbildung zwischen Features und ihrer Realisierung möglich ist. In jedem Fall ist es jedoch notwendig, eine reflektierte Entscheidung bzgl. geeigneter Konventionen zu treffen und die entsprechende Umsetzung konsequent für die gesamte SPL beizubehalten.

6.5.2 Wahl und Verwendung des Variabilitätsrealisierungsmechanismus

Der Variabilitätsrealisierungsmechanismus bestimmt maßgeblich, wie Variabilität in Realisierungsartefakten dargestellt wird und wie die Variantengenerierung abläuft. Der annotative Ansatz vereinfacht den Überblick durch die Entwicklung aller Variabilitäten innerhalb eines Realisierungsartefakts in Form eines 150 % Modells, seine Anwendbarkeit hängt jedoch stark davon ab, wie sehr geeignet die entsprechenden Realisierungsartefakte für interne oder externe Annotation sind. Der kompositionale Ansatz erfordert eine Strukturierung der Änderungen an Realisierungsartefakten in sehr ähnlicher Granularität wie im Variabilitätsmodell und hat dadurch auch starke Anforderungen an die Systemarchitektur, welche in der Praxis nicht immer ohne Weiteres erfüllt werden können. Der transformative Ansatz besitzt eine große Ausdrucksstärke und kann den natürlichen Entwicklungsprozess abbilden, erfordert aber ein vergleichsweise weitreichendes Verständnis der SPL Techniken von allen beteiligten Entwicklern, was in der Praxis oftmals zu Adaptionshürden führt.

Prinzipiell gesehen ist es innerhalb einer SPL durchaus möglich, unterschiedliche Variabilitätsrealisierungsmechanismen für unterschiedliche Typen von Artefakten einzusetzen. So könnte Variabilität im laufenden Beispiel z. B. in den Zustandsdiagrammen mit einem transformativen und im C Quellcode mit einem annotativen Variabilitätsrealisierungsmechanismus gehandhabt werden. Die Erfahrung zeigt aber, dass es hierdurch in der Regel schon mittelfristig zu Problemen kommt: Zum einen muss der Prozess zur Variantengenerierung so angepasst werden, dass er mit den Eigenheiten der einzelnen verwendeten Variabilitätsrealisierungsmechanismen umgehen kann, was speziell dann eine Herausforderung darstellt, wenn es Abhängigkeiten zwischen einzelnen Schritten der Mechanismen gibt, z. B. bei der Reihenfolge in der Änderungen der unterschiedlichen Ansätze umgesetzt werden sollen. Des Weiteren sind die Realisierungsartefakte, die den unterschiedlichen Variabilitätsrealisierungsmechanismen unterworfen sind, in der Regel nicht vollkommen voneinander unabhängig. Beispielsweise werden aus den Transitionen der Zustandsdiagramme einzelne C Funktionen referenziert. In der Konsequenz würden Entwickler daher auch mit unterschiedlichen Variabilitätsrealisierungsmechanismen konfrontiert werden, die eine grundsätzlich andere Denkweise abverlangen. Aus diesen Gründen sollte von der Kombination unterschiedlicher Arten von Variabilitätsrealisierungsmechanismen abgesehen werden.

Dementsprechend sollte möglichst durchgängig für alle Realisierungsartefakte nur eine Art von Variabilitätsrealisierungsmechanismus verwendet werden. Die Wahl des geeigneten Variabilitätsrealisierungsmechanismus hängt sehr von der konkret vorliegenden Situation bzgl. Realisierungsartefakten und deren Entwicklern ab. In der Praxis hat sich jedoch gezeigt, dass durch das gedankliche Modell und die reduzierten technischen Anforderungen für eine Vielzahl von Entwicklern der annotative Ansatz die am besten geeignete Lösung darstellt.

Annotativer Variabilitätsrealisierungsmechanismus in C/C++ Quellcode
Bei der Software-Entwicklung mit den Programmiersprachen C und C++ wird für den annotativen Ansatz sehr häufig auf den mit den Sprachen ausgelieferten Präprozessor zurückgegriffen. Zu diesem Zweck werden Makros definiert, die einen gewissen Wahrheitswert annehmen können und so die konkret zu wählende Ausprägung an einem Variationspunkt des Realisierungsartefakts bestimmen. Die #ifdef Direktive kann dazu genutzt werden, Quellcode nur bei Präsenz einer einzelnen Konfigurationsoption oder einer Kombination von Konfigurationsoptionen in den Kompilierungsprozess und damit die resultierende Variante einzubinden.

Die Belegung der einzelnen Makros mit konkreten Wahrheitswerten stellt eine Konfiguration auf Realisierungsebene dar, sodass das über das Variabilitätsmodell des Problemraums definierte Wissen in die Realisierungsartefakte des Lösungsraumes übertragen werden muss. In der Konsequenz ergeben sich zwei essentielle Anforderungen an die Modellierung mit Präprozessordirektiven, um den Konfigurationsprozess überschaubar zu halten:

Erstens sollten die Konfigurationsoptionen des Problemraums (z. B. Features) direkt auf die Formulierung der Präprozessordirektiven übertragen werden können, d. h. eine eins-zu-eins Abbildung bestehen. Es sollte vermieden werden, dass ein Feature z. B. durch zwei Präprozessordirektiven umgesetzt wird, da dadurch sehr einfach Probleme in der Variantenerzeugung entstehen können, wenn z. B. ein gewähltes Feature ein bestimmtes Makro mit dem Wert true belegen müsste, ein anderes gewähltes Feature aber den Wert false setzen will.

Zweitens sollte die Belegung aller Makros mit konkreten Wahrheitswerten an einer gesonderten Stelle stattfinden, z. B. einer Datei configuration.h, die an allen benötigten Stellen eingebunden werden kann. Im Rahmen der Variantenerzeugung kann diese Datei aus der Konfiguration des Variabilitätsmodells erzeugt werden, sodass automatisch die Makros die entsprechenden Wahrheitswerte erhalten. Wäre die Definition der einzelnen Makros auf mehrere Dateien verteilt, so wäre eine automatische Belegung mit Wahrheitswerten weitaus komplizierter.

Nicht nur bei der Belegung der Makros mit Wahrheitswerten, sondern auch bei der Anwendung der #ifdef Direktive an konkreten Variationspunkten sollten Richtlinien befolgt werden. So sollte die #ifdef Direktive stets ein valides Sprachkonstrukt umfassen, wie z. B. in Abb. 6.11a verdeutlicht. Sollte dies nicht der Fall sein, wie z. B. in Abb. 6.11b, so spricht man von einem *undisziplinierten #ifdef*, welches die Lesbarkeit des Quellcodes unnötig verschlechtert und somit eine zusätzliche Fehlerquelle darstellt.

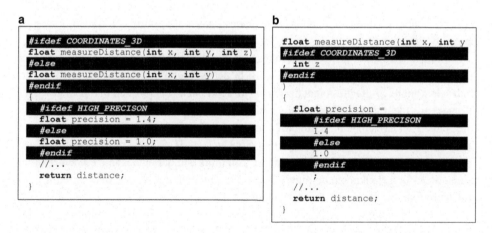

Abb. 6.11 Verwendung von #ifdef Direktiven an zwei Variationspunkten als **a** diszipliniertes #ifdef und **b** undiszipliniertes #ifdef

Annotativer Variabilitätsrealisierungsmechanismus in weiteren Realisierungsartefakten

Auch in weiteren Realisierungsartefakten lässt sich ein annotativer Variabilitätsrealisierungsmechanismus einsetzen. Wie in Abschn. 6.4.1 erklärt können Annotationen je nach Beschaffenheit der Notation des Realisierungsartefakts intern oder extern verfasst werden.

Die interne Annotation erfolgt dabei mit Sprachkonstrukten, die von der Notation des Realisierungsartefakts angeboten werden. Ausführbare Sprachen bieten in der Regel eine Kontrollflussverzweigung, z. B. in Form eines If-Statements, welche zur Annotation verwendet werden kann. Die Bedingung bildet dabei eine Konstante mit Wahrheitswert, welcher zuvor gemäß der verwendeten Konfiguration festgelegt wurde.

Denkbar ist darüber hinaus aber auch die Verwendung speziell formatierter Kommentare, die den Anfang und das Ende einer Annotation, sowie die zugehörige Bedingung an Konfigurationsoptionen enthalten. Diese Form ist auf eine weite Zahl von Notationen anwendbar, da in der Regel ein Sprachkonstrukt für Kommentare vorzufinden ist. So können z. B. Elemente der im laufenden Beispiel verwendeten Zustandsdiagramme mit Kommentaren versehen werden, die sie einer Konfigurationsoption zuordnen. In diesem Fall ist jedoch darauf zu achten, dass die Formatierung der Kommentare eine eindeutige Erkennung als Annotationen erlaubt und nicht fälschlicherweise zur Dokumentation verfasste Kommentare in den Konfigurationsprozess einbezogen werden.

Die externe Annotation wird dagegen außerhalb des Realisierungsartefakts vorgenommen, z. B. in einem expliziten Annotationsmodell. Zu diesem Zweck wird eine Reihe von Abbildungen von Konfigurationsoptionen auf Elemente eines Realisierungsartefakts erstellt. Daher müssen individuelle Elemente des Realisierungsartefakts eindeutig referenziert werden können.

Sofern die Notation des Realisierungsartefakts dies anbietet, kann die Identifikation per eindeutiger IDs erfolgen, wie dies z. B. in der Notation der Zustandsdiagramme der Fall sein könnte. Sollte dies nicht der Fall sein, so können u. U. Namen in einem gewissen Kontext zur Identifikation der entsprechenden Elemente dienen, wie z. B. im C Quellcode die Namen der einzelnen Funktionen. In Abhängigkeit von der Notation können aber auch zusammengesetzte IDs verwendet werden. So wäre es z. B. denkbar, in einer Knoten-und-Kanten-Sprache (z. B. Zustandsdiagramme, Simulink), in der eine Kante eindeutig durch einen Start- und Endknoten definiert ist, die Kombination der Namen der beiden Knoten zur Identifikation der Kante zu verwenden.

Für eine Variante werden jeweils nur die Elemente des Realisierungsartefakts verwendet, die entweder keine Annotation besitzen (und damit zum Kern der SPL gehören) oder diejenigen, deren Annotation durch die Konfiguration erfüllt ist. Alle Elemente, deren Annotation nicht erfüllt ist werden bei der Variantenerstellung entfernt.

Sowohl für interne wie auch externe Annotation gilt abermals das Prinzip, dass die Mechanismen für die konkrete Aktivierung oder Deaktivierung der Annotationen an nur einem spezifischen Ort vorgenommen werden sollten, also z. B. die in den Bedingungen von If-Statements verwendeten Konstanten in einer gesonderten Datei mit Werten belegt

werden. Dadurch wird die Wartung und ggf. die Generierung der entsprechenden Datei
aus der Konfiguration des Variabilitätsmodells ermöglicht, sodass die Variantenerzeugung
großteils automatisiert werden kann.

6.6   Weiterführende SPL Konzepte und Techniken

Neben den bislang eingeführten etablierten Notationen und Vorgehensweise existiert im
Bereich der SPLs noch eine Vielzahl weiterführender Konzepte und Techniken. Die folgenden Abschnitte stellen eine Auswahl dar, die sich auf speziell für die Automobilindustrie relevante Ansätze fokussiert.

6.6.1   Prozesse zur Aufnahme der Entwicklung von Software-Produktlinien

Sofern ein Unternehmen bislang noch keine SPL einsetzt, gibt es unterschiedliche Möglichkeiten die SPL-Entwicklung aufzunehmen. Die Wahl des geeigneten Verfahrens hat
maßgeblich damit zu tun, ob bereits ein Software-System bzw. eine Software-Familie realisiert wurden und, wenn ja, welchen Entwicklungsstand diese besitzen. Daher werden die
drei prinzipiellen Vorgehensweisen für die Aufnahme der SPL Entwicklung im Folgenden
mit ihren maßgeblichen Implikationen erklärt.

6.6.1.1   Proaktive Entwicklung von Software-Produktlinien

In der *proaktiven* SPL Entwicklung wird eine SPL von Grund auf neu aufgebaut. Besteht
noch keine Software-Familie so ist die erste Aktivität das sog. *Domain Scoping* in dem die
Anforderungen der Domäne ermittelt werden müssen. Zusätzlich zur Anforderungsermitt-
lung einzelner Software-Systeme wird beim Domain Scoping ein besonderer Fokus auf
die Unterschiede zwischen den Anforderungen einzelner potentieller Kunden gelegt. Diese bilden die Grundlage für die Konfigurationsoptionen, die im Folgenden in Form eines
Variabilitätsmodells dokumentiert werden. In dieser Phase muss sich das SPL Team auf
eine Nomenklatur eines geeigneten Abstraktionsgrades verständigen und so die entsprechenden Konfigurationsoptionen benennen. Des Weiteren muss ein für den Einsatzzweck
geeigneter Variabilitätsrealisierungsmechanismus festgelegt werden. Auf der Grundlage
des Variabilitätsmodells wird eine für den Variabilitätsrealisierungsmechanismus geeignete Gesamtarchitektur festgelegt, z. B. eine Plug-in-Architektur für einen kompositionalen
Variabilitätsrealisierungsmechanismus. Weitere Entwicklungstätigkeiten wie z. B. die automatisierte Variantengenerierung setzen auf dieser Infrastruktur auf.

In der Regel ist die proaktive Entwicklung dann geeignet, wenn eine Software-Familie
von Grund auf neu entwickelt werden soll aber bereits ein gutes Verständnis der Domäne
und daraus resultierenden Anforderungen existiert. Es ist aber auch denkbar, dass bereits
eine Software-Familie existiert, die bislang noch nicht als SPL entwickelt wurde, für die

eine neue SPL erstellt werden soll. Dies kann dann von Vorteil sein, wenn der Aufwand zu groß wäre, die bestehende Software-Familie in eine SPL umzubauen, sodass lieber von Grund auf neu gestartet wird. Zu bedenken ist dabei aber, dass die Entwicklung einer neuen SPL durchaus signifikante Zeit und Ressourcen benötigt. In der Konsequenz kommt es während der Entwicklung entweder zu einem Gewinnausfall, da die ursprüngliche Software-Familie in der Zwischenzeit nicht weiterentwickelt und vertrieben wird oder aber es kommt zu einer vorübergehenden Parallelentwicklung der beiden Software-Familien. Die erstgenannte Option ist für viele Firmen auf Grund der mangelnden Kundenakzeptanz oftmals nicht möglich. Bei der zweitgenannten Option muss damit umgegangen werden, dass u. U. mehr Entwicklungspersonal benötigt wird und es muss darauf geachtet werden, dass der Funktionsumfang der beiden Software-Familien sich in Zeiten der Parallelentwicklung nicht zu weit auseinanderentwickelt. Insgesamt ist bei einem bereits existierenden Software-System bzw. sogar einer existierenden Software-Familie ein reaktives oder extraktives Verfahren zur SPL Entwicklung in der Regel geeigneter.

6.6.1.2   Reaktive Entwicklung von Software-Produktlinien

In der *reaktiven* SPL Entwicklung wird ein einzelnes Software-System sukzessive so um Konfigurationsoptionen erweitert, dass es letztlich eine SPL bildet. Im ersten Schritt der reaktiven SPL wird ein Variabilitätsmodell etabliert, das zu Anfang noch leer ist, da das Software-System noch nicht konfigurierbar ist. Des Weiteren muss ein Variabilitätsrealisierungsmechanismus festgelegt werden, der die zukünftigen Konfigurationsoptionen in Realisierungsartefakten umsetzen soll. Im Laufe der Entwicklung ziehen weitere Kundenanforderungen zwangsläufig eine Anpassung des Software-Systems nach sich. Sind diese Anforderungen für einige aber nicht alle der existierenden oder potentiellen Kunden von Interesse, so bietet es sich an, die entsprechende Realisierung als Konfigurationsoption der kommenden SPL umzusetzen. Zu diesem Zweck wird zuerst eine neue Konfigurationsoption mit entsprechendem Namen im Variabilitätsmodell angelegt. Ist diese Konfigurationsoption direkt an- oder abwählbar handelt es sich um eine Option, ist es dagegen notwendig, andere Teile des Software-Systems zu deaktivieren, um die Funktion zu realisieren, so handelt es sich um eine Alternative. Im erstgenannten Fall kann die Realisierung gemäß des gewählten Variabilitätsrealisierungsmechanismus hinzugefügt werden. Im zweitgenannten Fall muss u. U. vorher das bestehende Software-System umgebaut werden, sodass die zu entfernende Funktionalität ebenfalls eine Konfigurationsoption bildet. Um die Kompatibilität mit existierenden Kunden zu gewährleisten ist es bei dieser Maßnahme besonders wichtig, zu dokumentieren, welche Konstellation von Konfigurationsoptionen den Funktionsumfang des ursprünglichen Software-Systems beschreibt, sodass diese Konfiguration explizit angeboten werden kann. Durch wiederholtes Hinzufügen neuer Konfigurationsoptionen bzw. das Umformen bestehender Funktionen zu Konfigurationsoptionen entsteht schrittweise aus einem Software-System eine SPL.

Die reaktive SPL Entwicklung bietet sich besonders dann an, wenn bereits ein Software-System von signifikantem Funktionsumfang am Markt etabliert wurde. Jedoch ist dabei zu beachten, dass das bestehende Software-System die Basis der kommenden SPL bildet und daher sowohl vom Stand als auch der Qualität der Entwicklung entsprechend ausgereift sein sollte, um dieser Rolle gerecht zu werden. Durch die stetige Erweiterung um Konfigurationsoptionen bleibt die Kompatibilität zu bestehenden Kunden gewahrt während zeitgleich neue Kunden gewonnen werden können, ohne dass es zu einem Ausfall der Produktverfügbarkeit kommt, wie es z. B. bei der proaktiven SPL Entwicklung der Fall sein könnte.

6.6.1.3   Extraktive Entwicklung von Software-Produktlinien

Die *extraktive* SPL Entwicklung analysiert ein existierendes Produktportfolio einer Software-Familie, um den Prozess zur Erstellung einer SPL teilweise zu automatisieren. Viele Unternehmen stellen sich den Herausforderungen durch Variabilität durch sog. *Clone-and-Own-Entwicklung*: Soll ein bestehendes Software-System in leicht geändertem Kontext eingesetzt werden, z. B. bei einem anderen Kunden mit etwas geänderten Anforderungen, so wird das bestehende Software-System in seiner Gänze kopiert und die entsprechenden Anpassungen werden auf der Kopie vorgenommen. Kurzfristig gesehen bietet dieses Verfahren Vorteile, da keine speziellen Techniken oder Werkzeuge benötigt werden. Jedoch schon mittelfristig zeigen sich dabei gravierende Probleme: Sollte ein Fehler im ursprünglichen Software-System festgestellt werden, so muss er nicht nur im Original sondern auch in allen Kopien behoben werden, die die gleiche Funktionalität beinhalten. Dies führt zu Problemen, wenn es sich um eine große Zahl von Kopien handelt, da so ein immens erhöhter Aufwand entsteht. Des Weiteren ist es u. U. nicht klar, welche der Kopien die entsprechende Funktionalität noch enthalten, da die Anpassungen oftmals nicht dokumentiert werden. Dies führt wiederum zu Problemen, wenn eine neue Kopie angelegt werden soll, die Funktionen benötigt, von denen ein Teil in einem potentiellen Vorgänger, ein anderer Teil aber in einem anderen potentiellen Vorgänger realisiert sind. Durch diese Probleme ist es wünschenswert, das bestehende Produktportfolio aus Clone-and-Own-Varianten in eine SPL umzuformen.

Die extraktive SPL Entwicklung setzt zu diesem Zweck Techniken des Variability-Mining und der SPL-Generierung ein: Zu Beginn des Prozesses wird eine Menge von Clone-and-Own-Softwaresysteme auf deren Ähnlichkeiten und Unterschiede hin untersucht. Zu diesem Zweck kommen verschiedene Metriken zum Einsatz, die die Struktur der zu vergleichenden Realisierungsartefakte unterschiedlich beurteilen können, aber auch an das konkret vorliegende Szenario angepasst werden können, z. B. indem Namenskonventionen berücksichtigt werden. Das Resultat dieses Prozesses ist eine Repräsentation der Realisierungsartefakte, die die Gemeinsamkeiten und Unterschiede der Realisierungsartefakte dokumentiert und diese Information durch Domänenexperten noch verfeinern lässt. Auf der Basis dieser Information kann dann ein initialer Satz an Artefakten einer SPL erzeugt werden, wie z. B. ein Feature Model mit den identifizierten Unterschieden als Konfigurationsoption, Quellcode Dateien mit geeigneten Annotationen der Variationspunkte und einer Abbildung zwischen den Features des Problemraums und den Variationspunkten des Lösungsraums. Prinzipbedingt ist das Feature Model in der erzeugten Form sehr nahe an der konkreten Realisierung ausgerichtet, sodass Features u. U. Namen tragen wie *Hinzu-*

fügen der Funktion measureDistance. Durch Werkzeuge für das Refactoring von SPLs ist es aber möglich, nicht nur die Benennung von Features sondern auch deren Granularität zu ändern, indem Features zusammengefügt und im Feature Model verschoben werden, ohne die Konsistenz der erzeugten SPL zu zerstören.

Die extraktive SPL Entwicklung bietet sich also dann an, wenn bereits ein Produkt-portfolio einer Software-Familie besteht, dieses aber ohne das Ziel einer SPL entwickelt wurde und somit die Relation der einzelnen Software-Systeme nicht maschinenverwertbar dokumentiert wurde. In diesem Fall kann die extraktive SPL Entwicklung durch teil-automatische Erzeugung einer SPL dazu beitragen, den Prozess zur Adaption der SPL Entwicklung gravierend zu beschleunigen, indem der manuelle Entwicklungsaufwand und potentielle Fehlerquellen reduziert werden.

6.6.2   Spezialisierte Notationen für Feature Models

Zusätzlich zu den in Abschn. 6.3.1 vorgestellten regulären Feature Models existieren verschiedene weitere Notationen, die für spezielle Einsatzzwecke angedacht sind. Im Folgenden werden die für die Automobilindustrie wichtigsten Erweiterungen kurz erläutert.

6.6.2.1   Kardinalitätsbasierte Feature Models

Im Unterschied zu den regulären Feature Models aus Abschn. 6.3.1 nutzen *kardinalitäts-basierte Feature Models* keine expliziten Variationstypen für Features oder Gruppen, sondern einheitlich Kardinalitäten. Konkret bedeutet dies, dass jedes Feature und jede Gruppe eine Minimum- und eine Maximumkardinalität in Form eines Paars zweier ganzzahliger Werte (m, n) hat. Bzgl. der Konfigurationsoptionen beschreibt die Minimumkardinalität m die untere Grenze, die Maximumkardinalität n die obere Grenze für die Auswahl von Ele-menten.

Dementsprechend lassen sich die Variationstypen der Feature Models folgendermaßen überführen: Ein optionales Feature hat die Kardinalität (0, 1), kann also auch nicht an-gewählt werden, wohingegen ein verpflichtendes Feature die Kardinalität (1, 1) besitzt, sodass es in jedem Fall gewählt werden muss. Analog hat eine Alternativgruppe die Kar-dinalität (1, 1), sodass genau ein Element gewählt werden muss, und eine Oder-Gruppe hat die Kardinalität (1, n), wobei n gleich der Anzahl der enthaltenen Features ist, sodass eine beliebige Kombination von Features gewählt werden kann. Die einzelnen Features innerhalb einer Gruppe haben in der Regel die Kardinalität (0, 1), können aber prinzipiell auch über eine andere Kardinalität verfügen.

Durch diese Eigenschaften subsumiert die kardinalitätsbasierte Notation die der regulä-ren Feature Models nicht nur, sondern erweitert sogar noch deren Ausdrucksstärke. Dies ist in unterschiedlichen Fällen von Interesse: Zum einen können Gruppen mit speziali-sierteren Anforderungen bzgl. der Zahl der auszuwählenden Features ohne komplizierte Constraints ausgedrückt werden, z. B. durch eine Kardinalität (2, 5) für eine Gruppe, die sieben Features enthält, von denen eines verpflichtend ist. Des Weiteren muss die Maximumkardinalität eines Features nicht zwangsläufig auf 1 beschränkt werden, sodass es grundsätzlich ausdrückbar ist, dass ein Feature mehrfach auswählbar ist. In diesem Fall spricht man von sog. *Cloned-Features*, deren Implementierung mehrfach instanziierbar ist. Beispielsweise könnte die Software für den Scheibenwischer eines Fahrzeugs als Cloned-Feature realisiert werden, das für Front- und Heckscheibe angewählt werden kann, für die Frontscheibe verpflichtend, für die Heckscheibe jedoch optional ist, sodass eine Kardinalität von (1, 2) entsteht.

Außerdem können kardinalitätsbasierte Feature Models Vorteile bei internen Berechnungen haben, da die ganzzahligen Kardinalitätswerte oftmals programmatisch leichter bzw. einheitlicher zu handhaben sind als z. B. Werte einer Aufzählung für spezialisierte Variationstypen. Beispielsweise ist diese Notation für die in Abschn. 6.6.3 beschriebene Staged Configuration von Vorteil, da jeder valide Teilkonfigurationsschritt als Resultat ein verkleinertes Intervall der Minimum- und Maximumkardinalität nach sich zieht, z. B. reduziert sich beim Abwählen eines Features die Maximumkardinalität seiner Gruppe für den nächsten Konfigurationsschritt.

6.6.2.2 Attributierte Feature Models

Reguläre Feature Models aus Abschn. 6.3.1 sehen ein Feature als die atomare Konfigurationseinheit und haben in der Konsequenz als einzige Art der Konfigurationsentscheidung das An- oder Abwählen eines Features. Attributierte Feature Models erweitern diese Notation, sodass Features darüber hinaus noch einzelne Attribute besitzen können. Die Attribute werden durch einen innerhalb des Features eindeutigen Namen identifiziert und besitzen in der Regel einen explizit angegebenen Typ. Beispielsweise wäre es denkbar für das Feature *Alarm System LED* ein Attribut *blinkDuration: int [30; 120]* zu definieren, das es erlaubt, die Dauer des Blinkens in einem Bereich zwischen 30 und 120 s zu konfigurieren.

Um den Konfigurationsraum endlich und damit entscheidbar zu halten haben die Typen von Attributen selbst einen endlichen Wertebereich. Dadurch sind z. B. ganz allgemein ganzzahlige Werte nicht zulässig, der Typ int aber schon, da er durch seine Computerinterpretation prinzipbedingt endlich ist. Darüber hinaus ist es üblich, Wahrheitswerte, Dezimalzahlen mit fixem Wertebereich und limitierter Präzision sowie Aufzählungen zuzulassen.

Im Konfigurationsprozess müssen bei jedem gewählten Feature für alle existierenden Attribute konkrete Werte festgelegt werden. Dadurch wird neben dem An- und Abwählen eines Features das Festlegen von Attributwerten zur weiteren Konfigurationsentscheidung.

Da die Wertebereiche von Attributen als endlich erwartet werden wäre es prinzipiell möglich, ein attributiertes Feature Model in ein reguläres Feature Model zu überführen. In der Praxis ist dies jedoch oftmals nicht wünschenswert, da eine enorme Zahl von Features erzeugt werden müsste. So müssten beispielsweise für das oben genannte Attribut *blinkDuration* einzelne Features für alle Zahlen von 30 bis 120 erstellt werden, die in einer Alternativgruppe unterhalb des Features *Alarm System LED* zur Wahl stehen würden.

Da Bedingungen auf Attributen und ihren potentiellen Werten Teil des Konfigurations-wissens sind können auch Cross-Tree Constraints auf ihnen spezifiziert werden. Üblicher-weise werden dafür Operationen zum Vergleich von Attributwerten definiert, wie z. B. Prüfungen zur Gleichheit (=) und Ungleichheit (!=).

Attributierte Feature Models sind besonders dann von Vorteil, wenn es möglich sein soll, eine Vielzahl feingranularer Konfigurationsentscheidungen zu treffen. Denkbar wäre das in der Automobilindustrie z. B. bei einer SPL für die Software zur Motorsteuerung, die Einstellungen für unterschiedliche Leistungsparameter erlaubt.

6.6.2.3 Hyper-Feature Models

Die regulären Feature Models aus Abschn. 6.3.1 legen die Konfigurationsoptionen ei-ner SPL für einen konkreten Zeitpunkt fest. Jedoch kann sich die SPL über die Zeit weiterentwickeln, weil sie, wie einzelne Software-Systeme auch, der Software-Evoluti-on unterworfen ist. In der Konsequenz kann sich die Implementierung der angebotenen Features ändern.

Hyper-Feature Models (HFMs) erweitern Feature Models derart, dass jedes Feature mehrere Feature-Versionen definieren kann. Diese Versionen repräsentieren die Version der Realisierung eines Features, sodass eine neue Version z. B. dann entsteht, wenn ein Fehler in der Implementierung des Features behoben wurde. Dementsprechend werden die Feature-Versionen entlang von Entwicklungslinien angeordnet, die die Chronologie der Erstellung von Versionen abbilden und auch Verzweigungen unterstützen. Auf Grund-lage der Feature-Versionen können auch Cross-Tree Constraints definiert werden, für die Sprachkonstrukte existieren, um auszudrücken, dass z. B. eine bestimmte Mindestversion gewählt werden soll oder dass eine zu wählende Version innerhalb eines gewissen Inter-valls liegen soll.

Im Konfigurationsprozess muss für jedes gewählte Feature genau eine Feature-Ver-sion gewählt werden, sodass die gesamte Menge aus gewählten Features und Feature-Versionen alle Konfigurationsregeln erfüllt. Hyper-Feature Models sind also dann geeig-net, wenn die Evolution einer SPL derart in das Konfigurationswissen integriert werden soll, dass sich die Implementierung einzelner Features ändern kann, die unterschiedlichen Versionen im Konfigurationsprozess explizit ausgewählt werden können sollen, die Struk-tur des Feature Models aber unverändert bleibt.

6.6.2.4 Temporal Feature Models

Bedingt durch die Software-Evolution einer SPL kann sich auch deren Konfigurationslo-gik ändern. *Temporal Feature Models (TFMs)* erweitern reguläre Feature Models derart, dass Änderungen des Konfigurationswissens integriert abgebildet werden können, z. B. wenn ein neues Feature hinzugefügt oder ein bestehendes entfernt wird. Zu diesem Zweck wird jedes Element, das potentiell der Evolution unterworfen ist, mit einem zeitlichen Intervall zu dessen Gültigkeit versehen, der sog. *Temporal Validity*. Die Grenzen des In-tervalls sind dabei Datums- bzw. Zeitangaben, wobei die Untergrenze angibt, zu welchem Zeitpunkt das Element erstmals gültig war, und die Obergrenze zu welchem Zeitpunkt es ungültig wurde. Die Temporal Validity wird dann verwendet, um zu bestimmen, wie das konkrete Feature Model zu einem gegebenen Zeitpunkt beschaffen ist. Die Temporal Validity kann angegeben werden für Feature-Namen, den Variationstyp von Features und Gruppen, sowie die Platzierung von Features und Gruppen innerhalb des Feature Models.

Die Modellierung des TFMs wird durch diese Erweiterungen gegenüber einem regulären Feature Model komplizierter, geeignete Editoren erlauben es aber, Änderungen in gewohnter Weise vorzunehmen und trotzdem von den Vorteilen von TFMs zu profitieren. So kann beispielsweise ein Feature per Entfernentaste gelöscht werden, der Editor setzt aber im Hintergrund die Temporal-Validity gemäß der aktuellen Zeit. Mit TFMs ist es möglich, nicht nur die bislang erfolgte Evolution des Konfigurationswissens rückwirkend zu betrachten, sondern, wenn das eingestellte Änderungsdatum in der Zukunft liegt, auch die weitere Entwicklung des Konfigurationswissens zu planen.

Im Konfigurationsprozess werden TFMs analog zu regulären Feature Models verwendet, da hierbei die Ausprägung zu einem gegebenen Zeitpunkt betrachtet wird. TFMs sind also dann geeignet, wenn die Evolution einer SPL derart in das Konfigurationswissen integriert werden soll, dass sich die Beschaffenheit des Feature Models ändern kann und auch vorherige Zustände des Konfigurationswissens von Relevanz sind.

6.6.3   Multi-Software-Produktlinien (MSPLs)

Eine SPL entwickelt eine Menge von Software-Systemen einer Software-Familie. Die einzelnen Varianten können dabei ihrerseits auf andere Software angewiesen sein, z. B. Funktionsbibliotheken. In der Regel wird davon ausgegangen, dass der Funktionsumfang der verwendeten Software fix definiert ist, d. h. selbst nicht der Variabilität unterworfen ist. In besonders großen Software-Systemen kann es allerdings zu der Situation kommen, dass die verwendete Software selbst wieder eine Variante einer SPL ist. Hängt die Funktionsfähigkeit der Variante aus SPL1 des Weiteren von der konkret verwendeten Konfiguration für die Variante aus SPL2 ab, so existieren zwei SPLs deren Konfigurationswissen sich gegenseitig bedingt. In diesem Fall spricht man von einer *Multi-Software-Produktlinie (MSPL)*.

Denkbar wäre z. B. das folgende Szenario aus der Automobilindustrie mit drei SPLs unterschiedlichen Entwicklungsteams: Die Software zur Motorsteuerung eines Fahrzeugs wird in der Form einer SPL entwickelt. Für den Motor sind unterschiedliche Werte bzgl. Leistung konfigurierbar. Je nach verbautem Motor sind unterschiedliche dieser Konfigurationsoptionen relevant. Daher existiert ein Feature Model, das die Konfigurationsoptionen und das entsprechende Konfigurationswissen enthält. Darunter ist auch ein optionales Feature mit einer Funktion zur Diagnostik, die es erlaubt, interne Werte des Motors auszulesen. Die SPL für die Motorsteuerung wird von einem Team von Ingenieuren entwickelt.

Des Weiteren wird im Fahrzeug eine Reihe von Sensoren verbaut, z. B. für die Abstandsmessung, den aktuellen Reifendruck und den GPS Empfang. Da je nach Fahrzeugmodell unterschiedliche Sensoren verbaut werden ist auch die entsprechende Software variabel. Daher existiert wiederum ein Feature Model in dem die Treiber-Software der einzelnen Sensoren als Features zur Konfiguration stehen. Insbesondere ist die Funktionalität für die Sensoren für Reifendruck und den GPS Empfänger jeweils als optionales Feature realisiert. Die SPL für die Sensoren wird von einem anderen Team von Ingenieuren entwickelt, das in der Regel nur limitierten Kontakt zum Team für die Motorsteuerung hat.

Letztlich wird im Fahrzeug noch ein Infotainment-System verbaut, das in seiner Funktion abermals konfigurierbar ist, um den Wünschen des Fahrzeugkäufers gerecht zu werden. Zur Wahl stehen z. B. Funktionen wie ein Audiosystem mit optionaler Bluetooth-Anbindung für Smartphones, ein GPS Navigationssystem und der Bordcomputer mit verschiedener feingranularerer Funktion, wie z. B. dem Anzeigen unterschiedlicher interner Fahrzeugwerte. Für die einzelnen Konfigurationsoptionen und das entsprechende Konfigurationswissen wird wiederum ein Feature Model definiert. Die SPL für das Infotainment-System wird von einem Team aus Informatikern entwickelt, die weder mit den Entwicklern der SPL für Sensoren noch denen für die Motorsteuerung in Verbindung stehen.

Die Funktion in Varianten der Infotainment SPL benötigt u. U. spezielle Funktionen von den Varianten der Motorsteuerung und Sensoren SPL: Das Navigationssystem der Infotainment SPL kann nur dann ausgewählt werden, wenn der GPS Empfänger der Sensoren SPL angewählt wurde und so auch dessen Treiberfunktionalität vorhanden ist. Des Weiteren kann der Bordcomputer der Infotainment SPL nur dann so konfiguriert werden, dass er interne Fahrzeugdaten anzeigt, wenn einerseits die Sensoren für den Reifendruck der Sensoren SPL und andererseits die Diagnostikfunktion der Motorsteuerung SPL ausgewählt wurden. In der Konsequenz ist es für die konfigurierte Variante nicht ohne weiteres möglich die Varianten der Motorsteuerung SPL und der Sensoren SPL als Bibliotheken mit fixem Funktionsumfang zu betrachten. Vielmehr ist es notwendig, einen Teil des Konfigurationswissens der zu Grunde liegenden SPLs zu kennen und in das eigene Konfigurationswissen einzubeziehen.

Zu diesem Zweck können die einzelnen SPLs kombiniert betrachtet werden, sodass Konfigurationsregeln über die Grenzen einer einzelnen SPL hinweg definiert werden können, wodurch eine MSPL entsteht. Abb. 6.12 zeigt die MSPL bestehend aus der Motorsteuerung SPL, der Sensoren SPL und der Infotainment SPL. Besonders hervorzuheben sind dabei die Cross-Tree Constraints, die über die Grenzen einer einzelnen SPL hinweg definiert wurden und damit eine Verbindung zwischen den einzelnen SPLs herstellen, wofür Features der unterschiedlichen Feature Models zum Einsatz kommen.

Im Beispiel ist dazu jedes Feature Model in der Gänze mit all seinen Features dargestellt. Dieses gesamte Wissen preiszugeben ist jedoch in der Praxis oftmals nicht wünschenswert: Die Entwickler der Motorsteuerung SPL verfügen nicht notwendigerweise über das Wissen, welche anderen Teams auf das Konfigurationswissen ihrer SPL zugreifen. Möchten sie ihre SPL weiter entwickeln und doch nach Möglichkeit die Kompatibilität zu anderen wahren, so könnten sie ihr Feature Model nicht mehr ohne weiteres anpassen. Wünschenswerter wäre es dagegen, das Konfigurationswissen zu kapseln und

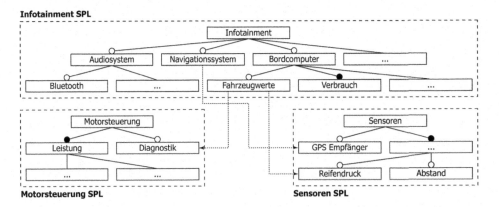

Abb. 6.12 Beispiel einer Multi-Software-Produktlinie (MSPL) bestehend aus drei Software-Produktlinien und deren Verbindungen

so nur den Teil des Feature Models nach außen hin sichtbar zu machen, der für die abhängigen Parteien der SPL von Relevanz ist. Dies kann durch ein sog. *Feature Interface* erreicht werden. Ein Feature Interface legt die Annahme zu Grunde, dass das Feature Model selbst von außen nicht einsehbar ist und zeigt nur einen ausgewählten Teil des Konfigurationswissens für die Verwendung durch andere SPLs. Für die Motorsteuerung SPL würde in dem Feature Interface lediglich das Feature zur Diagnostik gefunden werden, sowie die Information, dass es sich um ein optionales Feature handelt. In der Konsequenz wissen die Entwickler der Motorsteuerung SPL, dass sie den restlichen Teil des Konfigurationswissens weiterentwickeln können, ohne damit von ihrer SPL abhängige Parteien zu beeinträchtigen.

Neben der Kapselung von Konfigurationswissen existieren in einer MSPL noch weitere Herausforderungen auf die an dieser Stelle hingewiesen sei: Neben den im Beispiel genannten Feature Models können auch andere Notationen für Variabilitätsmodelle zum Einsatz kommen. Nutzen die Entwickler der einzelnen SPLs unterschiedliche Notationen kommt es zu einer heterogenen Zusammenstellung von Variabilitätsmodellen, z. B. ein OVM für die Motorsteuerung SPL, ein Feature Model für die Sensor SPL und ein Decision Model für die Infotainment SPL. Im Allgemeinen ist diese Situation auf Ebene des Konfigurationswissens nicht einfach zu lösen. Im Konkreten lässt sich jedoch auf Ebene der einzelnen Konfigurationen relativ einfach eine auf die vorliegende Situation maßgeschneiderte Lösung umsetzten indem jede Variante neben ihren Realisierungsartefakten noch eine Beschreibung der angewählten Konfigurationsoptionen mitliefert und bei der Konfiguration der abhängigen SPL diese Information berücksichtigt wird. Des Weiteren ist auch denkbar, dass durch die unterschiedlichen voneinander abhängigen SPLs der Konfigurationsprozess verkompliziert wird. Im Beispiel könnten Motorsteuerung SPL und Sensoren SPL zuerst konfiguriert werden bevor zuletzt die Infotainment SPL konfiguriert wird, da nur diese Abhängigkeiten zu den beiden anderen SPLs hat. Es ist aber grundsätzlich auch denkbar, dass zwei SPLs gegenseitig voneinander abhängig sind. In diesem Fall kann dann in jeder SPL nur ein Teil der Konfiguration vorgenommen werden bevor wiederum ein Teil der anderen SPL konfiguriert werden muss, was u. U. durch unterschiedliche Personen erfolgen muss. Zur Lösung dieses Problems sei auf die in Abschn. 6.6.3 beschriebene Staged Configuration verwiesen, die es erlaubt, komplexe Abläufe für Konfigurationen unterschiedlicher Stakeholder zu definieren.

Insgesamt bieten MSPLs aber die Möglichkeit in Teilen voneinander abhängige variable Software-Systeme größtenteils in Isolation zu entwickeln. Dies bietet Vorteile z. B. im Gegensatz zu einer immens großen SPL aus allen Bestandteilen, wenn sehr unterschiedliche Teams mit unterschiedlichem technischem Fokus die Entwicklung der einzelnen SPLs betreiben. Für den Einsatz in der Praxis ist dabei wichtig, dass, sofern möglich, die gleiche Notation für Variabilitätsmodelle verwendet wird und das Konfigurationswissen der einzelnen SPLs weitestgehend gekapselt wird.

6.6.4 Staged Configuration

Im Konfigurationsprozess einer wird mit Hilfe eines Variabilitätsmodells für jede potentielle Konfigurationsoption eine Entscheidung getroffen, ob (und ggf. in welcher Form) diese verwendet werden soll. So wird z. B. in einem Feature Model eine Reihe von Features ausgewählt, die in ihrer Gesamtheit alle Konfigurationsregeln erfüllen. Im einfachsten Fall wird dieser Prozess durch eine einzelne Person durchgeführt, die jede einzelne Konfigurationsentscheidung selbst trifft. Neben den explizit getroffenen Entscheidungen, ob eine Konfigurationsoption verwendet werden soll, kommen andere Entscheidungen einzig als logische Konsequenz zu Stande, z. B. wenn durch die bisherige Wahl eine andere Konfigurationsoption nicht mehr angewählt werden kann.

Im Allgemeinen und speziell bei sehr großen SPLs kann dieser Konfigurationsprozess jedoch auch deutlich komplexer ausfallen, wenn z. B. mehrere Personen beteiligt sind, die einzelne Konfigurationsentscheidungen treffen, die sich gegenseitig beeinflussen. In diesem Fall können zusätzlich komplexe Prozesse bestehen, in welcher Reihenfolge Konfigurationsentscheidungen getroffen werden dürfen. In der Automobilindustrie wäre es z. B. denkbar, dass eine SPL mehrere Bereiche der Software eines Fahrzeugs auf teils sehr unterschiedlichem Abstraktionsniveau beinhalten, die sich auch im Variabilitätsmodell und damit im Konfigurationsprozess wiederfinden. So könnte z. B. ein Teil der SPL für Funktionen der Motorsteuerung zuständig sein, ein anderer für die Treiber-Software der verbauten Sensoren und ein wieder anderer für das Infotainment System. Die Konfiguration der einzelnen Bereiche könnte dann z. B. durch die jeweiligen Domänenexperten vorgenommen werden, jedoch existieren u. U. Querbeziehungen zwischen den einzelnen Bereichen: Die Wahl des Navigationssystem im Infotainment-Bereich würde z. B. unweigerlich erfordern, dass im Sensorenbereich auch der GPS Empfänger angewählt wird. Des Weiteren würde die Abwahl der Diagnostikfunktion der Motorsteuerung unweiterlich dazu führen, dass der Bordcomputer im Infotainment-Bereich die entsprechenden Daten nicht mehr anzeigen kann, sodass die zugehörige Konfigurationsoption abgewählt werden muss. Da diese Entscheidungen im Kompetenzbereich unterschiedlicher Personen liegen ist die zeitliche Abfolge der Entscheidungen u. U. von Relevanz.

Staged Configuration bietet daher die Möglichkeit, einen komplexen Ablauf für den Konfigurationsprozess einer SPL mit mehreren beteiligten Personen festzulegen. Dazu werden zuerst mehrere am Konfigurationsprozess beteiligte *Rollen* festgelegt, wie z. B. *Motor Ingenieur*. Im einfachsten Fall ist dies eine Rolle pro Person, es sind aber auch mehrere Rollen für eine Person denkbar. Danach wird durch sog. *Views* auf das Variabilitätsmodell für jede beteiligte Rolle festgelegt, welche Teile des Variabilitätsmodells konfiguriert werden dürfen, also z. B. nur die Teile bzgl. Motorsteuerung für die Rolle *Motor Ingenieur*. Die Views müssen so festgelegt werden, dass jede einzelne View Konfigurationsentscheidungen zulässt und dass die Views in ihrer Gesamtheit den Konfigurationsraum vollständig abbilden, d. h., dass in jeder View Entscheidungen getroffen werden können und dass insgesamt alle Variabilität gebunden werden kann. Die Views dürfen sich dabei aber durchaus überlappen. Letztlich wird durch mehrere Konstrukte ein *Workflow* spezifiziert, der festlegt, in welchen Reihenfolgen die unterschiedlichen Rollen Konfigurationsentscheidungen treffen dürfen. Abb. 6.13 zeigt ein Beispiel einer Staged Configuration und eine mögliche Notation zur Spezifikation des Workflows. Ausgehend vom initialen Knoten wird über mehrere Stufen (engl. *Stages*) die Konfiguration bis hin zum finalen Knoten vorgenommen. Die einzelnen Konfigurationsschritte sind den unterschiedlichen Rollen zugeordnet und werden mit anderen Konfigurationsschritten verbunden – entweder direkt oder über Forks, die den Kontrollfluss verzweigen, bzw. Joins, die den Kontrollfluss wieder zusammenführen.

Durch Einhalten des spezifizierten Workflows wird sichergestellt, dass auch komplexe Konfigurationsprozesse mit mehreren beteiligten Personen zur vollständigen erfolgreichen Konfiguration führen, da jede einzelne Stufe eine Teilkonfiguration als Eingabe erhält, auf deren Basis die weitere Konfiguration vorgenommen wird bis schließlich die gesamte Variabilität gebunden ist.

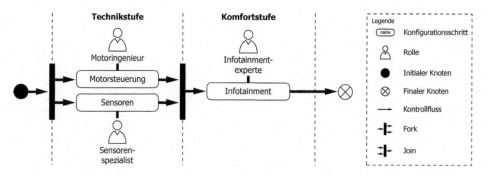

Abb. 6.13 Beispiel für Staged Configuration in einer möglichen Workflow-Notation

6.7   Zusammenfassung

Variabilität in der Automobilindustrie zeigt sich durch den zunehmend größeren Fokus auf computergestützte Funktionalitäten zunehmend in Software. Die resultierende Komplexität verursacht große Herausforderungen in der Entwicklung der resultierenden Software-Familien. Software-Produktlinien (SPLs) stellen eine Methodologie für die Entwicklung hochvariabler konfigurierbarer Software-Familien dar. Dieses Kapitel vermittelte einen Überblick über Techniken und Konzepte zur Erstellung von SPLs und gab Hinweise für den Praxiseinsatz in der Automobilindustrie. Durch die erfolgreiche Verwendung von SPLs ist es möglich, den Herausforderungen durch Software-Variabilität zu begegnen und so Chancen zu nutzen, den Entwicklungsaufwand der Software-Familie durch Wiederverwendung zu reduzieren, die Zeit zur Marktreife der Software-Systeme neuer Konfigurationen zu verkürzen und sich durch die angebotenen Konfigurationsoptionen von der Konkurrenz abzusetzen.

Zusammenfassung und Abschluss 7

Die verschiedenen technischen Aspekte der Elektronik und Software im Fahrzeug, der Softwareentwicklung und -tests sowie der Prozessmodelle wurden aus unterschiedlichen Blickwinkeln betrachtet und in das Gesamtbild der Disziplin der Fahrzeuginformatik integriert. Das gerichtete Vorgehen und gelebte Prozesse der automobilen Praxis stehen mehr als die konkrete Technologie und Umsetzung als Schlüsselfaktoren in der Automobilindustrie im Vordergrund. Nur mit diesen Praktiken der Fahrzeuginformatik können die Herausforderungen an die Entwicklung der Produkte der Elektromobilität von morgen und damit der Mobilität der Zukunft gemeistert werden.

Bei der Anwendung der vermittelten Inhalte muss berücksichtigt werden, dass sich Erkenntnisse, Methoden und Vorgehensweisen genauso schnell weiterentwickeln können wie die zugrunde liegenden Technologien. Damit sollen die dargestellten Methoden einen Leitfaden und Vorschläge für die Entwicklung innovativer Produkte und im weitesten Sinne eine nachhaltige Mobilität geben. Sie erheben dabei im Gegensatz zur grundsätzlichen Fahrphysik und Elektronik keinen Anspruch auf technische Allgemeingültigkeit oder Vollständigkeit für alle Anwendungsfälle, da der Faktor Mensch einen wesentlichen Einfluss hat.

Die Methoden unterliegen damit auch der kontinuierlichen Änderung sowie Anpassung und leben vom Rückfluss der Erfahrungen der Anwender. Jeder Anwender und Entscheider muss für seinen Einflussbereich bewerten, welche der vorgeschlagenen Methoden anwendbar sind oder angepasst werden müssen. Das gilt vor allem für den kommenden Umbruch durch die Digitalisierung im Fahrzeug.

Der übergreifende Anspruch der Politik und Automobilindustrie nach ökologischer vertretbarer Mobilität muss auch volkswirtschaftlich nachhaltig sein. Das impliziert die Wirtschaftlichkeit technischer Konzepte, da sonst die Fahrzeuge entweder zu teuer werden oder der Wirtschaftsstandort nicht überlebensfähig ist. Die eingeführte Disziplin der Fahrzeuginformatik liefert dazu einen wesentlichen Beitrag.

Literatur[1]

Weiterführende Literatur
1. Reif, Automobilelektronik: Eine Einführung für Ingenieure, Springer Vieweg Verlag, 2014
2. Borgeest, Elektronik in der Fahrzeugtechnik, Springer Vieweg Verlag, 2013
3. Schäuffele, Zurawka, Automotive Software Engineering: Grundlagen, Prozesse, Methoden und Werkzeuge effizient einsetzen, Springer Vieweg Verlag, 2016
4. Hoffmann, Software-Qualität, Springer Verlag 2013
5. Müller, Hörmann, Dittmann, Zimmer, Automotive SPICE in der Praxis: Interpretationshilfe für Anwender und Assessoren, dpunkt Verlag, 2016
6. Hennessey, Patterson, Computer Architecture: A Quantitative Approach, Morgan Kaufmann Publishers, 2011
7. Kernighan, Ritchie, Programmieren in C, Hanser Verlag, 1990
8. Balzert, Lehrbuch der Softwaretechnik: Softwaremanagement, Spektrum Verlag 2010

Referenzierte Literatur
9. Form, Vorlesung Elektronische Fahrzeugsysteme, Braunschweig 2012
10. Grünfelder, Software-Test für Embedded Systems, dpunkt Verlag 2013
11. Aho, Sethi, Ullman, Compilerbau, Addison Wesley, 1997
12. Wolf, Behavioral Intervals in Embedded Software, Kluwer Academic Publishers, 2002
13. Apel, Batory, Kästner, Saake: Feature-Oriented Software Product Lines – Concepts and Implementation, Springer Verlag, 2013
14. Pohl, Böckle, van der Linden: Software Product Line Engineering – Foundations, Principles and Techniques, Springer Verlag, 2005

Allgemeine Quellen
15. OSEK/VDX Operating System Version, www.osek-vdx.org (Zugriff: 17.07.2018)
16. AUTOSAR (AUTomotive Open System ARchitecture), www.autosar.org (Zugriff: 17.07.2018)
17. ASAM e. V., www.asam.net (Zugriff: 17.07.2018)
18. ISO (International Organization for Standardization), www.iso.org (Zugriff: 17.07.2018)

---

[1] Das Internet und Wikipedia sind nicht gesondert als Quellen aufgeführt. Jede beliebige Suchmaschine liefert zu den im Text verwendeten Begriffen eine große Auswahl von Referenzen und Quellen, die stetig aktualisiert werden. Bei der angegebenen Literatur handelt es sich um Standardwerke, die aus Sicht des Autors zur Vertiefung geeignet sind oder aus denen Teile der Darstellung übernommen wurden. Die Urheberrechte verbleiben bei den jeweiligen Autoren.

© Springer Fachmedien Wiesbaden GmbH, ein Teil von Springer Nature 2018   309
F. Wolf, *Fahrzeuginformatik*, ATZ/MTZ-Fachbuch,
https://doi.org/10.1007/978-3-658-21224-7

19. CMMI (Capability Maturity Model Integration). CMMI, the CMMI Logo and SCAMPI are registered marks of the CMMI Institute, Carnegie Mellon University, www.sei.cmu.edu (Zugriff: 17.07.2018)
20. IEC (International Electrotechnical Commission), www.iec.ch (Zugriff: 17.07.2018)
21. V-Modell XT, www.cio.bund.de (Zugriff: 17.07.2018)
22. Gefahren- & Risikoanalyse, Erlangen, Julian Fay, 2004
23. Gefahrenanalyse mittels Fehlerbaumanalyse, Eike Schwindt, Paderborn, 2004

Sachverzeichnis

Ihr Bonus als Käufer dieses Buches

Als Käufer dieses Buches können Sie kostenlos das eBook zum Buch nutzen.
Sie können es dauerhaft in Ihrem persönlichen, digitalen Bücherregal
auf **springer.com** speichern oder auf Ihren PC/Tablet/eReader downloaden.

Gehen Sie bitte wie folgt vor:

1. Gehen Sie zu **springer.com/shop** und suchen Sie das vorliegende Buch
   (am schnellsten über die Eingabe der eISBN).
2. Legen Sie es in den Warenkorb und klicken Sie dann auf:
   zum Einkaufswagen / zur Kasse.
3. Geben Sie den untenstehenden Coupon ein. In der Bestellübersicht wird
   damit das eBook mit 0 Euro ausgewiesen, ist also kostenlos für Sie.
4. Gehen Sie weiter **zur Kasse** und schließen den Vorgang ab.
5. Sie können das eBook nun downloaden und auf einem Gerät Ihrer Wahl lesen.
   Das eBook bleibt dauerhaft in Ihrem digitalen Bücherregal gespeichert.

EBOOK INSIDE

eISBN	978-3-658-21224-7
Ihr persönlicher Coupon	RmJeeCregJHRS4y

Sollte der Coupon fehlen oder nicht funktionieren, senden Sie uns bitte
eine E-Mail mit dem Betreff: **eBook inside** an **customerservice@springer.com**.